普通高等教育"十三五"规划教材

建设工程监理

王　莉　刘黎虹　主　编

化学工业出版社

·北京·

内容简介

　　《建设工程监理》依据《建设工程监理规范》（GB/T 50319—2013）及建设工程监理相关的法律法规，以工程监理实践为导向，系统介绍建设工程监理的基本理论、原理和方法以及工程建设监理实施程序。主要内容包括建设工程监理制度、建设工程监理相关法律法规体系、建设工程监理招标投标及监理合同、建设工程监理组织、建设工程施工合同管理、建设工程质量控制、建设工程投资控制、建设工程进度控制、建设工程安全生产管理、建设工程监理文件。

　　《建设工程监理》适用于高等学校工程管理专业、土木工程专业及工程建设类其他专业的本科和高职高专教学用书，也可作为建设工程监理从业人员的参考用书。为方便教学及适应建设行业执业人员知识需求，教材知识点及重点和难点通过大量工程类执业资格考试选择题、案例真题及解析，加深知识理解与掌握运用，提高应试能力。本书配有PPT课件、教案、例题解析、各章课后习题及答案解析。

图书在版编目（CIP）数据

　　建设工程监理/王莉，刘黎虹主编. —北京：化学工业
出版社，2020.9（2022.11重印）
　　普通高等教育"十三五"规划教材
　　ISBN 978-7-122-37110-2

　　Ⅰ.①建…　Ⅱ.①王…②刘…　Ⅲ.①建筑工程-施工
监理-高等学校-教材　Ⅳ.①TU712

　　中国版本图书馆CIP数据核字（2020）第091988号

责任编辑：满悦芝　　　　　　　　　　　　　文字编辑：王　琪
责任校对：王素芹　　　　　　　　　　　　　装帧设计：张　辉

出版发行：化学工业出版社（北京市东城区青年湖南街13号　邮政编码100011）
印　　装：三河市延风印装有限公司
787mm×1092mm　1/16　印张16¾　字数406千字　2022年11月北京第1版第3次印刷

购书咨询：010-64518888　　　　　　　　　售后服务：010-64518899
网　　址：http://www.cip.com.cn
凡购买本书，如有缺损质量问题，本社销售中心负责调换。

定　价：49.90元

《建设工程监理》编写人员名单

主　　编　王　莉　刘黎虹

其他编写人员　袁其华　崔　琦

本书依据《建设工程监理规范》(GB/T 50319—2013)及与建设工程监理相关的法律法规,以工程监理实践为导向,系统介绍建设工程监理的基本理论、原理和方法以及工程建设监理实施程序,较为详细阐述工程监理的主要工作内容"三控两管一协调"和安全生产管理。旨在使工程类学生掌握建设工程监理的基本理论与方法,强化建设工程管理的技能。

本书编写原则如下。

1.结合建设工程监理从业需求对监理质量控制、进度控制、投资控制及安全管理、合同管理进行了较为详细的阐述,理论知识全面、实践内容实用丰富,一门课程串联工程管理专业多门课程,信息量大、知识面宽,拓展思维,提高学习和实践能力。

2.注重法律规定和案例有机结合,每章配有一定数量典型的监理理论融于实践的案例,通过分析案例来理解理论。突出监理操作性与实用性,侧重监理与工程管理实务应用能力。

3.方便教学,选取工程类执业资格考试真题配合知识点及重点和难点教学,注重基础理论与工程实践的融会贯通,特别注重对工程实例的分析能力培养。

4.本书教学资源配套齐全,配有PPT课件、教案、例题解析、每章课后习题及答案解析。

本教材由王莉刘黎虹教授担任主编,全书具体编写分工如下:长春工程学院王莉编写第1、2、3、5章,吉林交通职业技术学院袁其华编写第4、7、8、9章,长春工程学院崔琦编写第6章,长春工程学院刘黎虹编写第10章及附录。

本书在编写过程中,参考了部分教材及资料,得到了监理工程师朋友们的指导。在此一并表示感谢。

鉴于编者水平有限,加之时间仓促,不妥之处在所难免,衷心希望广大读者批评指正。

编 者
2020 年 7 月

目录

第3章　建设工程监理招标投标及监理合同　　33

第4章　建设工程监理组织　　49

第5章　建设工程施工合同管理　　68

第6章　建设工程质量控制　　101

第7章 建设工程投资控制 128

第8章　建设工程进度控制　　　149

第9章　建设工程监理安全生产管理　　　169

第10章　建设工程监理文件　189

第1章　建设工程监理制度

1.1　建设工程监理概述

1.1.1　建设工程监理的工作性质

（1）建设工程监理的概念　建设工程监理（以下简称工程监理）是指工程监理单位受建设单位委托，根据法律法规、工程建设标准、勘察设计文件及合同，在施工阶段对建设工程质量、造价、进度进行控制，对合同、信息进行管理，协调工程建设相关方的关系，履行建设工程安全生产管理法定职责的服务活动。

工程监理单位是建筑市场的主体之一，工程监理是高智能的有偿技术服务，我国的工程监理属于国际上业主方项目管理的范畴。

工程监理单位根据建设工程监理合同约定，在工程勘察、设计、保修等阶段为建设单位提供的专业化服务属于相关服务。

工程监理单位与业主（建设单位）应当在实施工程监理之前以书面形式签订监理合同，合同条款中应当明确合同履行期限、工作范围和内容、双方权利义务和责任、监理酬金及支付方式，以及合同争议的解决办法等。工程监理单位不同于生产经营单位，既不直接进行工程设计和施工生产，不是建筑产品的生产经营单位，也不参与施工单位的利润分成。

（2）工程监理的工作性质　工程监理单位应当公平、独立、诚信、科学地开展工程监理与相关服务活动。工程监理单位在实施工程监理与相关服务时，要公平地处理工作中出现的问题，独立地进行判断和行使职权，科学地为建设单位提供专业化服务，诚信、科学是监理与相关服务质量的根本保证。

工程监理的工作性质有如下特点。

① 服务性。工程监理单位受业主的委托进行工程建设的监理活动，它提供的是服务，它不可能保证项目的目标一定实现，它也不可能承担由于不是它的责任而导致项目目标的失控。

② 科学性。监理工程师应用所掌握的工程监理科学的思想、组织、方法和手段从事工程监理活动。

③ 独立性。独立是工程监理单位公平地开展监理与相关服务活动的前提，工程监理单位在组织上和经济上不能依附于监理工作的对象（如承包商、材料和设备的供货商等），否则就不可能自主地履行其义务。《中华人民共和国建筑法》（以下简称《建筑法》）规定，工程监理单位与被监理工程的承包单位以及建筑材料、建筑构配件和设备供应单位不得有隶属关系或

者其他利害关系。

④ 公平性。工程监理单位受业主的委托进行工程建设的监理活动，当业主和承包商发生利益冲突或矛盾时，工程监理机构应以事实为依据，以法律和有关合同为准绳，在维护业主的合法权益时，不损害承包商的合法权益。

在监理工作范围内，为保证工程监理单位独立、公平地实施监理工作，避免出现不必要的合同纠纷，建设单位与施工单位之间涉及施工合同的联系活动，均应通过工程监理单位进行。

《建设工程监理合同（示范文本）》(GB-2012-0202)（以下简称《监理合同》）规定，"在本合同约定的监理与相关服务工作范围内，委托人对承包人的任何意见或要求应通知监理人，由监理人向承包人发出相应指令"，反之，施工单位的任何意见或要求，也应通知工程监理单位派驻的项目监理机构，通过工程监理单位派驻的项目监理机构提出。

1.1.2　建设工程监理的依据

实施工程监理的依据包括以下内容。

（1）法律法规及工程建设标准，如《建筑法》《建设工程质量管理条例》《建设工程安全生产管理条例》等法律法规及相应的工程技术和管理标准，工程建设强制性标准，《建设工程监理规范》（GB/T 50319—2013)（以下简称《监理规范》）也是实施监理的重要依据。

（2）建设工程勘察设计文件，是工程施工的重要依据，也是工程监理的主要依据。

（3）监理合同是实施监理的直接依据，建设单位与其他相关单位签订的合同（如与施工单位签订的施工合同、与材料设备供应单位签订的材料设备采购合同等）也是实施监理的重要依据。

1.1.3　建设工程监理的工作任务

1.1.3.1　《建筑法》规定

《建筑法》规定：建筑工程监理应当依照法律、行政法规及有关的技术标准、设计文件和建筑工程承包合同，对承包单位在施工质量、建设工期和建设资金使用等方面，代表建设单位实施监督。

（1）质量控制　项目监理机构应根据监理合同约定，遵循质量控制基本原理，坚持预防为主的原则，建立和运行工程质量控制系统，在满足工程造价和进度要求的前提下，采取有效措施，通过审查、巡视、旁站、见证取样、验收和平行检验等方法对工程施工质量进行控制，实现预定的工程质量目标。

（2）造价（投资）控制　项目监理机构应根据监理合同约定，运用动态控制原理，在满足工程质量、进度要求的前提下，采取有效措施，通过跟踪检查、比较分析和纠偏等方法对工程造价实施动态控制，力求使工程实际造价不超过预定造价目标。

（3）进度控制　项目监理机构应根据监理合同约定，运用动态控制原理，在满足工程质量、造价要求的前提下，采取有效措施，通过跟踪检查、比较分析和调整等方法对工程进度实施动态控制，力求使工程实际工期不超过计划工期目标。

工程监理的中心任务是对工程项目目标的控制，也就是控制工程质量、造价和进度目标，工程项目的三大目标之间是相互关联、互相制约的目标系统，工程监理应该努力在"质量优、投资省、工期短"之间寻求最佳匹配，不能强调工程监理的重点是工程质量控制，而忽视造价和进度目标的控制，这势必会影响建设工程总目标的实现。

（4）合同管理 项目监理机构应依据监理合同约定进行合同管理，处理工程暂停及复工，工程变更、索赔及施工合同争议与解除等事宜。

（5）信息管理 项目监理机构对在履行监理合同过程中形成或获取的，以一定形式记录、保存的文件资料进行收集、整理、编制、传递、组卷、归档，并向建设单位移交有关监理文件资料。

（6）组织协调 项目监理机构应建立协调管理制度，采用有效方式协调工程参建各方的关系，组织研究解决建设工程相关问题，使工程参建各方相互理解，有机配合、步调一致，促进工程监理目标的实现。

（7）安全生产管理 监理机构应根据法律法规、工程强制性标准，履行建设工程安全生产管理法定职责，并将安全生产管理的监理工作方法、内容及措施纳入监理规划和监理实施细则。

1.1.3.2 《监理规范》对工程质量、造价、进度控制及安全生产管理的监理工作的一般规定

（1）项目监理机构应根据监理合同约定，遵循动态控制原理，坚持预防为主的原则，制定和实施相应的监理措施，采用旁站、巡视和平行检验等方式对建设工程实施监理。

① 项目监理机构应根据监理合同约定的工作内容和要求，并结合工程项目特点，分析影响工程质量、造价、进度控制和安全生产管理的主要因素及可能的影响程度，找出监理工作的重点和难点，从组织、管理、技术等方面制定有针对性的控制措施，必要时制定相应的监理实施细则，并做到预防为主、事前控制。

② 在各项措施的制定和实施过程中，应遵循法律法规、标准、设计文件和建设工程合同等要求，既要强调措施实施的程序性，又要注重措施实施的实效性，并应根据实际情况的变化进行调整和完善。

③ 旁站、巡视、见证取样和平行检验等方式是实施监理的主要方式。

（2）监理人员应熟悉工程设计文件，并应参加建设单位主持的图纸会审和设计交底会议，会议纪要应由总监理工程师签认。

总监理工程师组织监理人员熟悉工程设计文件是项目监理机构实施事前控制的一项重要工作，通过熟悉工程设计文件，了解工程设计特点、工程关键部位的质量要求，便于项目监理机构按工程设计文件的要求实施监理。

项目监理机构发现工程设计文件中存在不符合建设工程质量标准或施工合同约定的质量要求，应及时通过建设单位向设计单位提出书面意见或建议。

（3）工程开工前，监理人员应参加由建设单位主持召开的第一次工地会议，会议纪要应由项目监理机构负责整理，与会各方代表会签。

（4）项目监理机构应定期召开监理例会，并组织有关单位研究解决与监理相关的问题。项目监理机构可根据工程需要，主持或参加专题会议，解决监理工作范围内工程专项问题。监理例会由总监理工程师或其授权的专业监理工程师主持。专题会议是由总监理工程师或其授权的专业监理工程师主持或参加的，为解决监理过程中的工程专项问题而不定期召开的会议。

（5）项目监理机构应协调工程建设相关方的关系。主要指项目监理机构与建设单位、施

工单位、政府监管机构等之间的关系，监理单位与设计单位之间的关系主要通过建设单位进行协调。项目监理机构与工程建设相关方之间的工作联系，除另有规定外宜采用工作联系单形式进行。项目监理机构与工程建设相关方之间的工作联系宜采用书面形式。

（6）项目监理机构应审查施工单位报审的施工组织设计，符合要求时，应由总监理工程师签认后报建设单位。项目监理机构应要求施工单位按已批准的施工组织设计组织施工。施工组织设计需要调整时，项目监理机构应按程序重新审查。

施工组织设计按规定必须经过专家论证的，由施工单位组织专家论证，符合要求后向项目监理机构报审。

（7）总监理工程师应组织专业监理工程师审查施工单位报送的开工报审表及相关资料；同时具备下列条件时，应由总监理工程师签署审查意见，并应报建设单位批准后，总监理工程师签发工程开工令。

① 设计交底和图纸会审已完成。

② 施工组织设计已由总监理工程师签认。

③ 施工单位现场质量、安全生产管理体系已建立，管理及施工人员已到位，施工机械具备使用条件，主要工程材料已落实。

④ 进场道路及水、电、通信等已满足开工要求。

总监理工程师应组织专业监理工程师对开工应具备的条件进行逐项审查，全部符合要求时签署审查意见，报建设单位得到批准后，再由总监理工程师签发工程开工令。

（8）分包工程开工前，项目监理机构应审核施工单位报送的分包单位资格报审表，专业监理工程师提出审查意见后，应由总监理工程师审核签认。分包单位资格审核应包括下列内容。

① 营业执照、企业资质等级证书。

② 安全生产许可文件。

③ 类似工程业绩。

④ 专职管理人员和特种作业人员的资格。

（9）项目监理机构宜根据工程特点、施工合同、工程设计文件及经过批准的施工组织设计对工程进行风险分析，并应制定工程质量、造价、进度目标控制及安全生产管理的方案，同时应提出防范性对策。

项目监理机构进行风险分析时，主要是找出工程目标控制和安全生产管理的重点、难点以及最易发生事故、索赔事件的原因和部位，加强对施工合同的管理，制定防范性对策。

图 1-1 为监理工作总流程图。

【例题 1】建设工程监理的实施需要建设单位（C）。

A. 任命监理工程师　　B. 签订施工合同　　C. 委托和授权　　D. 支持和配合

【例题 2】监理单位与被监理方没有利益关系，这说明建设工程监理具有（B）。

A. 公正性　　　　B. 独立性　　　　C. 科学性　　　　D. 服务性

【例题 3】在开展工程监理的过程中，当建设单位与承包单位发生利益冲突时，监理单位应以事实为依据，以法律和有关合同为准绳，在维护建设单位的合法权益的同时，不损害承建单位的合法权益。这表明建设工程监理具有（A）。

A. 公平性　　　　B. 自主性　　　　C. 独立性　　　　D. 服务性

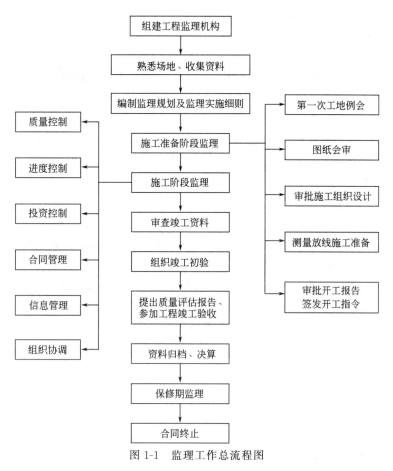

图 1-1　监理工作总流程图

【例题 4】工程监理的中心任务是（D）。

A. 合同管理　　　　B. 组织协调　　　　C. 项目管理　　　　D. 控制工程项目目标

【例题 5】监理单位与建设单位、承建单位的关系都是（C）关系。

A. 合同

B. 监理与被监理

C. 建筑市场平等主体

D. 委托服务

【例题 6】监理单位与项目业主之间是（B）关系。

A. 通过招标投标建立的承发包

B. 监理合同所约定的合同甲、乙方

C. 建筑市场上的三大主体

D. 组织内授权与被授权

1.2　工程监理的主要方法

1.2.1　旁站监理

（1）旁站监理的概念　旁站监理是指监理人员在房屋建筑施工阶段监理中，对关键部位、关键工序的施工质量实施全过程现场跟班的监督活动。

（2）旁站监理方案　监理单位在编制监理规划时，应当制定旁站监理方案，应明确规定旁站监理的范围、内容、程序和旁站监理人员职责等。旁站监理方案应当报送建设单位和施工企业各一份，旁站方案抄送施工单位以便协同配合，并抄送工程所在地的建设行政主管部门或其委托的工程质量监督机构。

（3）旁站监理方案实施　施工企业根据监理企业制定的旁站监理方案，在需要实施旁站监理的关键部位、关键工序进行施工前 24 小时，应当书面通知监理企业派驻工地的项目监理机构。项目监理机构应当安排旁站监理人员按旁站监理方案实施旁站监理。

（4）旁站监理人员的主要职责

① 检查施工企业现场质检人员到岗、特殊工种人员持证上岗以及施工机械、建筑材料准备情况。

② 在现场跟班监督关键部位、关键工序的施工执行施工方案以及工程建设强制性标准情况。

③ 核查进场建筑材料、建筑构配件、设备和商品混凝土的质量检验报告等，在现场监督施工企业进行检验或者委托具有资格的第三方进行复验。

④ 做好旁站监理记录和监理日志，保存旁站监理原始资料。凡旁站监理人员和施工企业现场质检人员未在旁站监理记录上签字的，不得进行下一道工序施工。

⑤ 旁站监理人员实施旁站监理时，发现施工企业有违反工程建设强制性标准行为的，责令施工企业立即整改；发现施工活动已经或者可能危及工程质量的，应当及时向监理工程师或者总监理工程师报告，由总监理工程师下达局部暂停令并报建设单位或者采取其他应急措施。

（5）旁站纪录　对于需要旁站监理的关键部位、关键工序施工，凡没有实施旁站监理或者没有旁站监理记录的，监理工程师或者总监理工程师不得在相应文件上签字。在工程竣工验收后，监理企业应当将旁站监理记录存档备查。

1.2.2　巡视

巡视是监理人员对正在施工的部位或工序在现场进行的定期或不定期的监督活动，是监理工作的日常程序。巡视检查是最基本、最常用也是最为有效的手段之一。

1.2.2.1　巡视检查内容

（1）原材料　重点检查施工现场原材料、构配件的采购和堆放是否符合施工组织设计（方案）要求；其规格、型号等是否符合设计要求；是否已见证取样，并检测合格；是否已按程序报监理验收并允许使用；有无使用不合格材料、质量合格证明资料欠缺的材料等。

（2）施工人员

① 施工现场管理人员，尤其是质检员、安全员等关键岗位人员是否在岗到位、是否合格，其内部配合和工作协调是否正常，能否确保各项管理制度和质量保证体系及时落实、稳定有效。

② 特种作业人员是否持证上岗，人证是否相符，是否进行相应的教育培训和安全技术交底并有记录。

③ 现场施工人员组织是否充分、合理，能否符合工期计划要求，是否按照经过审批的施工组织设计（方案）和设计文件施工等。

（3）施工机械　重点检查机械设备的进场、安装、验收、保管、使用等是否符合要求和规定；数量、性能是否满足施工要求；运转是否正常，有无异常现象发生。

（4）深基坑土方开挖工程

① 土方开挖前的准备工作是否到位、充分，开挖条件是否具备，机械设备配置是否合适。

② 土方开挖顺序、方法是否与设计要求一致，是否符合"开槽支撑，先撑后挖，分层开挖，严禁超挖"的要求。

③ 挖土是否分层、分块进行，分层高度和放坡坡度是否符合设计要求。

④ 基坑边和支撑上的堆载是否符合要求，是否存在安全隐患。

⑤ 施工机械有无碰撞或损伤基坑围护和支撑结构、工程桩、降水井等现象。

⑥ 挖土机械如果在已浇筑的混凝土支撑上行走时，有无采取覆土、铺钢板等措施，严禁在底部掏空的支撑构件上行走与操作。

⑦ 对围护体表面的修补、止水帷幕的渗漏及处理是否有专人负责，是否符合设计和技术处理方案的要求。

⑧ 每道支撑底面黏附的土块、垫层、竹笆等是否及时清理，避免落下伤人。

⑨ 每道支撑上的安全通道和临边防护的搭设是否及时、符合要求。

⑩ 挖土机械工是否有专人指挥，有无违章作业现象。

（5）施工现场拌制的砂浆、混凝土等混合料配合比检查

① 是否使用有资质的材料检测单位提供的正式配合比，检查是否根据实际含水量进行配合比调整。

② 现场配合比标牌的制作和放置是否规范，内容是否齐全、清楚、具有可操作性。

③ 是否有专人负责计量，能否做到"每盘计量"，尤其是外加剂和水的掺量是否严格控制在允许范围之内，计量记录是否真实、完整。

④ 计量衡器是否有合格证，物证是否相符，是否已经法定计量检定部门鉴定合格并在有效期内使用，其使用和保管是否正常，有无损坏和人为拆卸调整现象。

（6）砌体工程

① 基层清理是否干净，是否按要求用细石混凝土进行了找平。

② 是否有"碎砖"集中使用和外观质量不合格的块材使用现象。

③ 是否按要求使用皮数杆，墙体拉结筋形式、规格、尺寸、位置是否正确，砂浆饱满度是否合格，灰缝厚度是否超标，有无透明缝、"瞎缝"和"假缝"。

④ 空心砌快的砌体是否按要求对第一层进行了灌浆处理。

（7）钢筋工程

① 钢筋有无锈蚀、被隔离剂和淤泥等污染现象，是否已清理干净。

② 垫块规格、尺寸是否符合要求，强度能否满足施工需要，有无用木块、大理石板等代替水泥砂浆（或混凝土）垫块的现象。

③ 钢筋搭接长度、位置、连接方式是否符合设计要求，搭接区段箍筋是否按要求"加密"；对于梁柱或梁梁交叉部位的"核心区"有无主筋被截断、箍筋漏放等现象。

（8）模板工程

① 模板安装和拆除是否符合施工组织设计（方案）的要求，对于有特殊要求的承重支模架，是否经过专家进行论证，封模前隐蔽内容是否已经监理工程师验收合格。

② 模板表面是否清理干净、有无变形损坏，是否已涂刷隔离剂，模板拼缝是否严密，安装是否牢固。

③ 拆模是否事先按程序和要求向监理工程师报审并经监理工程师签认同意，拆模有无违章冒险行为，模板捆扎、吊运、堆放是否符合要求。

（9）混凝土工程

① 现浇混凝土结构构件的保护是否符合要求，是否允许堆载、踩踏。

② 拆模后混凝土构件的尺寸偏差是否在允许范围内，有无质量缺陷、其修补处理是否符合要求。

③ 现浇构件的养护措施是否有效、可行、及时等。

④ 各类预埋预留是否按图纸要求的尺寸、位置、大小进行。

（10）钢结构工程　检查钢结构零部件加工条件是否合格（如场地、温度、机械性能等），安装条件是否具备（如基础是否已经验收合格等）；施工工艺是否合理、符合相关规定；钢结构原材料及零部件的加工、焊接、组装、安装及涂饰质量是否符合设计文件和相关标准、要求等。

（11）屋面工程

① 基层是否平整坚固、清理干净。

② 防水卷材搭接部位、宽度、施工顺序、施工工艺是否符合要求，卷材收头、节点、细部处理是否合格。

③ 屋面块材搭接、铺贴质量如何，有无损坏现象等。

（12）装饰装修工程

① 基层处理是否合格，是否按要求使用垂直、水平控制线，施工工艺是否符合要求。

② 需要进行隐蔽的部位和内容是否已经按程序报验并通过验收。

③ 细部制作、安装、涂饰等是否符合设计要求和相关规定。

④ 各专业之间工序穿插是否合理，有无相互污染、相互破坏现象等。

（13）安装工程及其他　重点检查是否按规范、规程、设计图纸、图集和经监理工程师审批的施工组织设计（方案）施工；是否有专人负责，施工是否正常等。

（14）安全文明施工

① 各项应急救援方案是否切实可行，是否已通过监理工程师审批，是否已准备充分。

② 施工现场是否存在安全隐患，各项施工有无违章作业现象。

③ 安保体系和设施是否齐全、有效、充分，相关安全检查和记录内容是否真实、及时。

（15）施工环境

① 施工环境和外界条件是否对工程质量、安全、进度、投资的控制造成不利影响，施工单位是否已采取相应措施，是否安全、有效、符合规定和要求等。

② 各种基准控制点、周边环境和基坑自身监测点的设置、保护是否正常，有无被压损现象，被压（损）坏监测点是否有人在清理和恢复，能否及时完成，监测工作能否正常进行等。

1.2.2.2　问题处理

监理工程师在巡视检查中，发现问题要根据发生的时间、部位、性质及严重程度等情况采取口头（有些问题可以当场当面指出）或书面形式（必要时附上现场拍摄的照片等原始记录）及时通知施工单位相关人员进行整改处理；对于不按图施工、材料未经检测合格或擅自使用或其他存在严重隐患、可能造成或已经造成安全、质量事故的，在向建设单位报告后，及时签发工程暂停令，要求施工单位停工整改，以杜绝安全、质量事故的发生或延续扩大，并对处理情况进行跟踪监控直至复查合格，同时将相关问题及处理情况在监理日志及其他文件中做好记录，以备相关问题的处理及验证，要及时签发监理通知单直至施工单位签收处理并答复，对重要问题应同时抄报建设单位。

1.2.3 平行检验

（1）平行检验的含义　平行检验是指承包单位对自己负责施工的工程项目进行检查验收，监理机构受建设单位的委托，在施工单位自检的基础上，按照一定的比例，对工程项目进行独立检查和验收。平行检验的内容包括工程实体量测（检查、试验、检测）和材料检验等内容。

平行检验有以下几层含义：平行检验实施者必须是项目监理机构；项目监理机构实施的平行检验必须是在承包单位自检合格的基础上进行；平行检验的检查或检测活动必须是监理机构独立进行的；平行检验的检查或检测活动必须是按照一定比例进行的。

承包单位在进行了自检的基础上，向监理机构提出报验，专业监理工程师应根据承包单位报送的隐蔽工程验收单和验收批、分项工程报验单等自检结果进行现场复验，符合要求的予以签认，不合格的签发监理通知单，要求整改。未经监理工程师签字，建筑材料、建筑构配件和设备不得在工程上使用，分项工程检验不合格的，不得进行下一道工序施工。

（2）平行检验内容

① 进场工程材料、构配件、设备的检查、检测和复验。按照各专业施工质量验收规范规定的抽样方案和合同约定的方式进行，并依据检测实况及数据编制报告归入监理档案。

② 分项工程检验批的检查、检测。按各专业施工质量验收规范的内容和标准对工程质量控制的各个环节实施必要的平行检测，并记录归入监理档案。检验批抽检数量不得少于该分项工程检验批总数的20％。

③ 对分部工程、单位工程有关结构安全及功能的检测、抽检。工程观感质量的检查、评定等应按《建筑工程施工质量验收统一标准》及合同约定的要求进行。检测结果形成记录并归入监理档案。

④ 对隐蔽工程的验收。按有关施工图纸及各专业施工质量验收规范的有关条款进行必要的检查、检测，并依实记录，归入监理档案。

⑤ 在平行检验中发现有质量不合格的工程部位，监理人员不得对施工单位相应工程部位的质量控制资料进行审核签字，并通知施工单位不得继续进行下一道工序施工。

⑥ 监理人员必须在平行检验记录上签字，并对其真实性负责。

1.3 基本建设程序

1.3.1 建设程序的概念

建设程序是指一项建设工程从设想、提出到决策，经过设计、施工，直至投产或交付使用的整个过程中应当遵守的内在规律。

投资建设一项工程应当经过投资决策、建设实施和交付使用三个发展时期。每个发展时期又可分为若干个阶段，各阶段以及每个阶段内的各项工作之间存在着严格的先后顺序关系。科学的建设程序应当在坚持"先勘察、后设计、再施工"的原则基础上，突出优化决策、竞争择优原则。工程项目的建设程序可以分为以下几个阶段，如图 1-2 所示。

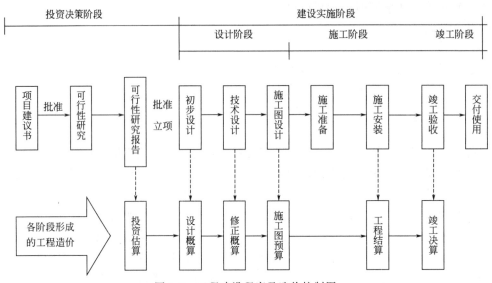

图 1-2　工程建设程序及造价控制图

1.3.2　建设程序各阶段工作内容

（1）项目建议书阶段　项目建议书是提出建设某一项目的建议性文件，是投资决策前对拟建项目的轮廓设想。项目建议书根据拟建项目规模报送有关部门审批。项目建议书批准后，项目即可列入项目建设前期工作计划，可以进行下一步的可行性研究工作。

（2）可行性研究阶段　可行性研究是指在项目决策之前，通过调查、研究、分析与项目有关的工程、技术、经济等方面的条件和情况，对可能的多种方案进行比较论证，同时对项目建成后的经济效益进行预测和评价的一种投资决策分析方法和科学分析活动。

可行性研究的主要作用是为建设项目投资决策提供依据，同时为建设项目设计、银行贷款、申请开工建设、建设项目实施、项目评估、科学实验、设备制造等提供依据。批准的可行性研究报告是项目最终决策文件，经有关部门审查通过，拟建项目正式立项。

（3）设计阶段　设计是对拟建工程的实施在技术上和经济上所进行的全面而详细的安排，是项目建设计划的具体化，是组织施工的依据。设计质量直接关系到建设工程的质量，是建设工程的决定性环节。一般项目进行两阶段设计，即初步设计和施工图设计，技术复杂而又缺乏设计经验的项目，在初步设计后加技术设计。

（4）建设准备阶段　在工程开工建设之前，应当切实做好各项准备工作。其中包括：组建项目法人；征地、拆迁和场地平整；做到通水、通电、通路；组织设备、材料订货；建设工程报建；委托工程监理；组织施工招标投标，择优选定施工单位；办理施工许可证。

（5）施工安装阶段　建设工程具备了开工条件并取得施工许可证后才能开工。本阶段的主要任务是按设计进行施工安装，建成工程实体。在施工安装阶段，施工承包单位应当认真做好图纸会审工作，参加设计交底，了解设计意图，明确质量要求；选择合适的材料供应商；做好人员培训；合理组织施工；建立并落实技术管理、质量管理体系和质量保证体系；严格把好中间质量验收和竣工验收环节。

（6）生产准备阶段　生产准备的主要内容有招收和培训人员、生产组织准备、生产技术准备、生产物资准备。

（7）竣工验收阶段　建设工程按设计文件规定的内容和标准全部完成，达到竣工验收条件，建设单位即可组织勘察、设计、施工、监理等有关单位进行竣工验收。竣工验收合格后，建设工程方可交付使用。

1.4　建设工程主要管理制度

（1）项目法人责任制　建设工程应当按照政企分开的原则组建项目法人，实行项目法人责任制，即由项目法人对项目的策划、资金筹措、建设实施、生产经营、债务偿还和资产的保值增值，实行全过程负责的制度。

新上项目在项目建议书被批准后，应及时组建项目法人筹备组，具体负责项目法人的筹建工作。筹备组主要由项目投资方派代表组成。

申报项目可行性研究报告时，需同时提出项目法人组建方案。否则，其可行性研究报告不予审批。项目可行性报告经批准后，正式成立项目法人，并按有关规定确保资金按时到位。

（2）工程招标投标制　在工程建设领域引入竞争机制，择优选定勘察单位、设计单位、施工单位以及材料、设备供应单位，需要实行工程招标投标制。

《中华人民共和国招标投标法》（以下简称《招标投标法》）《中华人民共和国政府采购法》（以下简称《政府采购法》）及《中华人民共和国招标投标法实施条例》（以下简称《招标投标法实施条例》）等法律、法规相继颁布，国家通过法律手段来推行招标投标制度，以达到规范招标投标活动的目的。

（3）建设工程监理制　1997年《建筑法》以法律制度的形式做出规定，国家推行建筑工程监理制度，从而使建设工程监理在全国范围内进入全面推行阶段。我国实行建设工程监理目前仍然以施工阶段监理为主。随着项目法人责任制的不断完善，建设单位将对工程投资效益愈加重视，工程项目前期决策阶段的监理将日益增多。从发展趋势看，代表建设单位进行全方位、全过程的工程项目管理，将是我国工程监理行业发展的方向。

（4）合同管理制　建设工程的勘察、设计、施工、材料设备采购和工程监理都要依法订立合同。各类合同都要有明确的质量要求和违约处罚条款，违约方要承担相应的法律责任。

:::::::::::: **本 章 作 业** ::::::::::::

一、单选题

1. 协助建设单位在计划的目标内将建设工程建成投入使用是建设工程监理的（　　）。
　　A. 基本目的　　　　B. 基本内涵　　　　C. 主要方式　　　　D. 主要方法

2. 项目法人通过招标确定监理单位，委托监理单位实施监理是实行（　　）的基本保障。

    A. 招标投标制   B. 合同管理制

    C. 建设工程监理制   D. 项目法人责任制

3. 监理单位是从（　　）的角度出发对工程进行质量控制。

    A. 建设工程生产者   B. 社会公众

    C. 业主或建设工程需求者   D. 项目的贷款方

4. 关于工程监理的说法，错误的是（　　）。

    A. 履行建设工程安全生产管理的法定职责

    B. 工程监理单位履行法律赋予的社会责任，具有工程建设重大问题的决策权

    C. 建设工程监理应当由具有相应资质的工程监理单位实施

    D. 工程监理单位与被监理工程的施工承包单位不得有隶属关系

5. 建设工程监理的性质可概括为（　　）。

    A. 服务性、科学性、独立性和公正性   B. 创新性、科学性、独立性和公正性

    C. 服务性、科学性、独立性和公平性   D. 创新性、科学性、独立性和公平性

二、简答题

1. 什么是建设工程监理？

2. 简述监理的依据。

3. 简述工程监理的工作性质。

4. 符合什么条件可以签发工程开工令？

5. 分包单位资格审核的内容。

第 2 章　建设工程监理相关法律法规简介

与建设工程监理密切相关的法律有《建筑法》《招标投标法》和《中华人民共和国合同法》（以下简称《合同法》）。与工程监理密切相关的行政法规有《建设工程质量管理条例》《建设工程安全生产管理条例》《生产安全事故报告和调查处理条例》和《招标投标法实施条例》等。2021 年 1 月 1 日生效的《中华人民共和国民法典》合同编取代《合同法》。

2.1　《中华人民共和国建筑法》及相关法规

《建筑法》以建筑市场管理为中心，以建筑工程质量和安全管理为重点，主要包括建筑许可、建筑工程发包与承包、建筑工程监理、建筑安全生产管理和建筑工程质量管理等方面内容。

2.1.1　建筑许可

建筑许可包括建筑工程施工许可和从业资格许可两个方面。

2.1.1.1　建筑工程施工许可

（1）施工许可证的申领　建筑工程开工前，建设单位应当按照国家有关规定向工程所在地县级以上人民政府建设主管部门申请领取施工许可证。按照国务院规定权限和程序批准开工报告的建筑工程，不再领取施工许可证。申请领取施工许可证，应当具备下列条件。

① 已经办理该建筑工程用地批准手续。

② 依法应当办理建设工程规划许可证的，已经取得建设工程规划许可证。

③ 需要拆迁的，其拆迁进度符合施工要求。

④ 已经确定建筑施工企业。

⑤ 有满足施工需要的资金安排、施工图纸及技术资料。

⑥ 有保证工程质量和安全的具体措施。

建设行政主管部门应当自收到申请之日起七日内，对符合条件的申请颁发施工许可证。

住房和城乡建设部 2018 年、2021 年修改的《建筑工程施工许可管理办法》进一步规定建设单位申请领取施工许可证，应当具备下列条件，并提交相应的证明文件。

① 依法应当办理用地批准手续的，已经办理该建筑工程用地批准手续。

② 依法应当办理建设工程规划许可证的，已经取得建设工程规划许可证。

③ 施工场地已经基本具备施工条件，需要征收房屋的，其进度符合施工要求。

④ 已经确定施工企业。按照规定应当招标的工程没有招标，应当公开招标的工程没有公开招标，或者肢解发包工程，以及将工程发包给不具备相应资质条件的企业的，所确定的施工企业无效。

⑤ 有满足施工需要的资金安排、施工图纸及技术资料，建设单位应当提供建设资金已经落实承诺书。施工图设计文件已按规定审查合格。

⑥ 有保证工程质量和安全的具体措施。施工企业编制的施工组织设计中有根据建筑工程特点制定的相应质量、安全技术措施。建立工程质量安全责任制并落实到人。专业性较强的工程项目编制了专项质量、安全施工组织设计，并按照规定办理了工程质量、安全监督手续。

【例题 1】根据《建筑法》，建设单位申请领取施工许可证应当具备的条件包括（ACDE）。

　　A. 已经取得建设工程规划许可证

　　B. 拆迁完毕

　　C. 已经确定建筑施工企业

　　D. 有保证工程质量和安全的具体措施

　　E. 建设资金已经落实

（2）施工许可证的有效期

① 建设单位应当自领取施工许可证之日起 3 个月内开工。因故不能按期开工的，应当向发证机关申请延期；延期以两次为限，每次不超过 3 个月。既不开工又不申请延期或者超过延期时限的，施工许可证自行废止。

② 在建的建筑工程因故中止施工的，建设单位应当自中止施工之日起 1 个月内，向发证机关报告。建筑工程恢复施工时，应当向发证机关报告。中止施工满 1 年的工程恢复施工前，建设单位应当报发证机关核验施工许可证。

【例题 2】根据《建筑法》，中止施工满 1 年的工程恢复施工时，施工许可证应由（C）。

　　A. 施工单位报发证机关核验　　　　　　B. 监理单位向发证机关提出核验

　　C. 建设单位报发证机关核验　　　　　　D. 建设单位向发证机关提出核验

【例题 3】关于施工许可证有效期的说法，正确的有（ACD）。

　　A. 自领取施工许可证之日起 3 个月内不能按期开工的，应当申请延期

　　B. 施工许可证延期以 1 次为限，且不超过 6 个月

　　C. 施工许可证延期以 2 次为限，每次不超过 3 个月

　　D. 因故中止施工的，应当自中止施工之日起 1 个月内向施工许可证发证机关报告

　　E. 中止施工满 6 个月以上的工程恢复施工前，应当报施工许可证发证机关核验

2.1.1.2　从业资格许可

从业资格包括工程建设参与单位资质和专业技术人员执业资格两个方面。

（1）工程建设参与单位资质要求　从事建筑活动的建筑施工企业、勘察单位、设计单位和工程监理单位，应当具备下列条件。

① 有符合国家规定的注册资本。

② 有与其从事的建筑活动相适应的具有法定执业资格的专业技术人员。

③ 有从事相关建筑活动所应有的技术装备。

④ 法律、行政法规规定的其他条件。

（2）专业技术人员执业资格要求　从事建筑活动的专业技术人员，应当依法取得相应的执（职）业资格证书，并在执（职）业资格证书许可的范围内从事建筑活动。如注册建筑师、注册结构工程师、注册监理工程师、注册造价工程师、注册建造师等。

2.1.2 建筑工程发包与承包

2.1.2.1 建筑工程发包

建筑工程实行招标发包的，发包单位应当将建筑工程发包给依法中标的承包单位。建筑工程实行直接发包的，发包单位应当将建筑工程发包给具有相应资质条件的承包单位。

提倡对建筑工程实行总承包，禁止肢解发包。

按照合同约定，建筑材料、建筑构配件和设备由工程承包单位采购的，发包单位不得指定承包单位购入用于工程的建筑材料、建筑构配件和设备或者指定生产厂家、供应商。

2.1.2.2 建筑工程承包

承包建筑工程的单位应当持有依法取得的资质证书，并在其资质等级许可的业务范围内承揽工程。禁止超越本企业资质等级许可的业务范围或者以任何形式用其他建筑施工企业的名义承揽工程。禁止允许其他单位或者个人使用本企业的资质证书、营业执照，以本企业的名义承揽工程。

（1）联合体承包　两个以上不同资质等级的单位实行联合共同承包的，应当按照资质等级低的单位的业务许可范围承揽工程。共同承包的各方对承包合同的履行承担连带责任。

（2）禁止转包　禁止承包单位将其承包的全部建筑工程转包给他人，禁止承包单位将其承包的全部建筑工程肢解以后以分包的名义分别转包给他人。

（3）工程分包　工程分包是相对总承包而言的。工程分包是施工总承包企业将所承包建设工程中的专业工程或劳务作业发包给其他建筑企业完成的活动。工程分包包括专业工程分包和劳务作业分包。

专业工程分包指总承包单位将其所承包工程中的专业工程发包给具有相应资质的其他承包单位完成的活动。

劳务作业分包是施工总承包企业或者专业承包企业将其承包工程中的劳务作业发包给劳务分包企业完成的活动。

施工专业分包合同订立后，专业分包人按照施工专业分包合同的约定对总承包人负责。同时建筑工程总承包人仍按照总承包合同的约定对发包人（建设单位）负责，总承包单位和分包单位就分包工程对建设单位承担连带责任，当分包工程发生了质量责任或者违约责任时，建设单位可以向总承包单位请求赔偿，也可以向分包单位请求赔偿，总承包单位或分包单位进行赔偿后，有权依据分包合同约定对于不属于自己责任的赔偿向另一方进行追偿。

《建筑业企业资质管理规定》规定：建筑业企业资质分为施工总承包资质、专业承包资质、施工劳务资质三个序列，取得劳务分包资质的企业，可以承接施工总承包企业或专业承包企业分包的劳务作业。取得专业承包资质的企业可以承接具有施工总承包资质的企业依法分包的专业工程或建设单位依法发包的专业工程。

专业工程分包工程承包人必须自行完成所承包的工程。劳务作业分包由劳务作业发包人与劳务作业承包人通过劳务合同约定。劳务作业承包人必须自行完成所承包的任务。

专业承包序列设 36 个类别，分别是地基基础工程、起重设备安装工程、预拌混凝土、电子与智能化工程、消防设施工程、防水防腐保温工程、桥梁工程、隧道工程、钢结构工程、模板脚手架、建筑装修装饰工程、建筑机电安装工程、建筑幕墙工程、古建筑工程、城市及道路照明工程、公路路面工程等 36 个专业承包。一般分为三个等级（一级、二级、三级）。

劳务作业分包资质不分等级。包括木工、砌筑、抹灰、石制作、油漆、钢筋、混凝土、脚手架搭设、模板、焊接、水暖电安装、钣金工程、架线工程作业分包 13 种。

取得施工劳务资质的企业可承担各类施工劳务作业，在劳务作业分包中，分包人仅提供劳务，而材料、机具及技术管理等工作由承包人负责。

《施工合同（示范文本）》规定：按照合同约定进行分包的，承包人应确保分包人具有相应的资质和能力。工程分包不减轻或免除承包人的责任和义务，承包人和分包人就分包工程向发包人承担连带责任。除合同另有约定外，承包人应在分包合同签订后 7 天内向发包人和监理人提交分包合同副本。

承接劳务分包的企业，必须获得相应劳务分包资质，总承包人或专业分包人发包劳务，无须经过建设单位或总承包人的同意。

（4）违法分包　违法分包指下列行为。

① 总承包单位将建设工程分包给不具备相应资质条件的单位，包括不具备资质条件和超越自身资质等级承揽业务两类情况。

② 建设工程总承包合同中未约定，又未经建设单位认可，承包单位将其承包的部分建设工程交由其他单位完成的。

③ 施工总承包单位将建设工程主体结构的施工分包给其他单位的。

④ 专业分包单位将其承包的建设工程再分包的。

分包合同价款由承包人与分包人结算，未经承包人同意，发包人不得向分包人支付分包工程价款。

【例题 4】根据《建筑法》，关于建筑工程发包与承包的说法，错误的是（A）。

A. 分包单位按照分包合同的约定对建设单位负责

B. 主体结构工程施工必须由总承包单位自行完成

C. 除总承包合同中约定的分包工程外，其余工程分包必须经建设单位认可

D. 总承包单位不得将工程分包给不具备相应资质条件的单位

［解析］A 错，分包单位按照分包合同的约定对承包单位负责。

【例题 5】乙施工企业和丙施工企业联合共同承包甲公司的建筑工程项目，由于联合体管理不善，造成该建筑项目损失。关于共同承包责任的说法，正确的是（A）。

A. 甲公司有权请求乙施工企业与丙施工企业承担连带责任

B. 乙施工企业和丙施工企业对甲公司各承担一半责任

C. 甲公司应该向过错较大的一方请求赔偿

D. 对于超过自己应赔偿的那部分份额，乙施工企业和丙施工企业都不能进行追偿

【例题 6】甲施工企业与乙施工企业组成联合体共同承包了某大型建筑工程的施工。关于该联合体承包行为的说法，正确的是（C）。

A. 乙施工企业按照承担施工内容及工程量的比例对建设单位负责

B. 建设单位应当与甲施工企业、乙施工企业分别签订承包合同

C. 甲施工企业和乙施工企业就工程质量对建设单位承担连带责任

D. 该行为属于肢解工程发包的违法行为

2.2 《中华人民共和国招标投标法》《中华人民共和国招标投标法实施条例》及部门规章的主要内容

2.2.1 必须招标的范围

（1）必须招标的项目　根据《招标投标法》和国家发展和改革委员会《必须招标的工程项目规定》（2018 年 6 月 1 日起实施）的规定，必须招标的项目包括以下几个。

① 大型基础设施、公用事业等关系社会公共利益、公众安全的项目。

② 全部或者部分使用国有资金投资或者国家融资的项目。

③ 使用国际组织或者外国政府贷款、援助资金的项目。

（2）必须招标项目的标准　上述三类项目包括项目的勘察、设计、施工、监理以及与工程建设有关的重要设备、材料等的采购，达到下列标准之一的，必须进行招标。

① 施工单项合同估算价在 400 万元人民币以上的。

② 重要设备、材料等货物的采购，单项合同估算价在 200 万元人民币以上的。

③ 勘察、设计、监理等服务的采购，单项合同估算价在 100 万元人民币以上的。

任何单位和个人不得将依法必须进行招标的项目化整为零或者以其他任何方式规避招标。依法必须进行招标的项目，其招标投标活动不受地区或者部门的限制。任何单位和个人不得违法限制或者排斥本地区、本系统以外的法人或者其他组织参加投标，不得以任何方式非法干涉招标投标活动。

2.2.2 招标

2.2.2.1 招标方式

招标分为公开招标和邀请招标两种方式。

（1）公开招标　招标人采用公开招标方式的，应当发布招标公告。依法必须进行招标的项目，应当通过国家指定的报刊、信息网络或者媒介发布招标公告。

（2）邀请招标　招标人采用邀请招标方式的，应当向 3 个以上具备承担招标项目的能力、资信良好的特定法人或者其他组织发出投标邀请书。

招标公告或投标邀请书应当载明招标人的名称和地址、招标项目的性质、数量、实施地点和时间以及获取招标文件的办法等事项。

全部使用国有资金投资或者国有资金投资占控股或者主导地位的项目，应当采用公开招标方式招标。《招标投标法》规定：国家重点项目和地方重点项目不适宜公开招标的，经国务院或地方批准，才可以进行邀请招标。

招标人采用资格预审办法对潜在投标人进行资格审查的，应当发布资格预审公告、编制资格预审文件。

招标人应当按照资格预审公告、招标公告或者投标邀请书规定的时间、地点发售资格预审文件或者招标文件。资格预审文件或者招标文件的发售期不得少于 5 日。

资格预审结束后，招标人应当及时向参加资格预审申请人发出资格预审结果通知书。未通过资格预审的申请人不具有投标资格。

通过资格预审的申请人少于 3 个的，应当重新招标。

招标人采用资格后审办法对投标人进行资格审查的，应当在开标后由评标委员会按照招标文件规定的标准和方法对投标人的资格进行审查。

2.2.2.2 招标文件

(1) 编制招标文件　招标人应当根据招标项目的特点和需要编制招标文件。招标文件应当包括招标项目的技术要求、对投标人资格审查的标准、投标报价要求和评标标准等所有实质性要求和条件以及签订合同的主要条款。招标项目需要划分标段、确定工期的，招标人应当合理划分标段、确定工期，并在招标文件中载明。

招标文件不得要求或者标明特定的生产供应者以及含有倾向或者排斥潜在投标人的其他内容。招标人不得向他人透露已获取招标文件的潜在投标人的名称、数量及可能影响公平竞争的有关招标投标的其他情况。

(2) 招标文件的澄清修改　招标人可以对已发出的招标文件进行必要的澄清或者修改。澄清或者修改的内容可能影响投标文件编制的，招标人应当在投标截止时间至少 15 日前，以书面形式通知所有获取招标文件的潜在投标人，不足 15 日的，招标人应当顺延提交投标文件的截止时间。该澄清或者修改的内容为招标文件的组成部分。

(3) 标底和最高投标限价（招标控制价）　招标人可以自行决定是否编制标底。一个招标项目只能有一个标底。标底必须保密。

招标人设有最高投标限价的，应当在招标文件中明确最高投标限价或者最高投标限价的计算方法。招标人不得规定最低投标限价。

(4) 两阶段招标　对技术复杂或者无法精确拟定技术规格的项目，招标人可以分两阶段进行招标。

第一阶段，投标人按照招标公告或者投标邀请书的要求提交不带报价的技术建议，招标人根据投标人提交的技术建议确定技术标准和要求，编制招标文件。

第二阶段，招标人向在第一阶段提交技术建议的投标人提供招标文件，投标人按照招标文件的要求提交包括最终技术方案和投标报价的投标文件。招标人要求投标人提交投标保证金的，应当在第二阶段提出。

(5) 招标人不得以不合理的条件限制、排斥潜在投标人或者投标人　招标人有下列行为之一的，属于以不合理条件限制、排斥潜在投标人或者投标人。

① 就同一招标项目向潜在投标人或者投标人提供有差别的项目信息。

② 设定的资格、技术、商务条件与招标项目的具体特点和实际需要不相适应或者与合同履行无关。

③ 依法必须进行招标的项目以特定行政区域或者特定行业的业绩、奖项作为加分条件或者中标条件。

④ 对潜在投标人或者投标人采取不同的资格审查或者评标标准。

⑤ 限定或者指定特定的专利、商标、品牌、原产地或者供应商。

⑥ 依法必须进行招标的项目非法限定潜在投标人或者投标人的所有制形式或者组织形式。

⑦ 以其他不合理条件限制、排斥潜在投标人或者投标人。

(6) 其他规定　招标人应当在招标文件中载明投标有效期。投标有效期从提交投标文件的截止之日起算。招标人应当确定投标人编制投标文件所需要的合理时间，依法必须进行招标的项目，最短不得少于 20 日。

招标人在招标文件中要求投标人提交投标保证金的，投标保证金不得超过招标项目估算价的 2%。投标保证金有效期应当与投标有效期一致。招标人不得组织单个或者部分潜在投标人踏勘项目现场。

2.2.3　投标

（1）投标人及其资格条件　投标人是响应招标、参加投标竞争的法人或者其他组织。投标人应当具备承担招标项目的能力，具备国家规定的和招标文件规定的对投标人的资格要求。

（2）投标文件　投标文件应当对招标文件提出的实质性要求和条件做出响应。建设施工项目的投标文件应当包括拟派出的项目负责人与主要技术人员的简历、业绩和拟用在完成招标项目的机械设备等内容。

根据招标文件载明的项目实际情况，投标人拟在中标后将中标项目的部分非主体、非关键工程进行分包的，应当在投标文件中载明。

投标人应当在招标文件要求提交投标文件的截止时间前，将投标文件送达投标地点。

① 投标文件修改、补充、撤回。投标人在招标文件要求提交投标文件的截止时间前，可以补充、修改或者撤回已提交的投标文件，并书面通知招标人。补充、修改的内容为投标文件的组成部分。

在投标截止时间后送达的投标文件，招标人应当拒收。招标人收到投标文件后，应当签收保存，不得开启。投标人少于 3 个的，招标人应当依照《招标投标法》重新招标。

投标人撤回已提交的投标文件，应当在投标截止时间前书面通知招标人。招标人已收取投标保证金的，应当自收到投标人书面撤回通知之日起 5 日内退还。投标截止后投标人撤销投标文件的，招标人可以不退还投标保证金。

② 投标文件的拒收。未通过资格预审的申请人提交的投标文件，以及逾期送达或者不按照招标文件要求密封的投标文件，招标人应当拒收。

（3）联合投标　联合体各方均应具备承担招标项目的相应能力和规定的相应资格条件。由同一专业的单位组成的联合体，按照资质等级较低的单位确定资质等级。联合体各方应当签订共同投标协议，并将其连同投标文件一并提交给招标人。联合体中标的，联合体各方应当共同与招标人签订合同，承担连带责任。招标人不得强制投标人组成联合体共同投标。

联合体各方在同一招标项目中以自己名义单独投标或者参加其他联合体投标的，相关投标均无效。

（4）其他规定　投标人不得相互串通投标报价，不得排挤其他投标人的公平竞争、损害招标人或其他投标人的合法权益。投标人不得与招标人串通投标，损害国家利益、社会公共利益或者他人的合法权益。投标人不得以低于成本的报价竞标，也不得以他人名义投标或者以其他方式弄虚作假，骗取中标。

2.2.4　开标、评标和中标

2.2.4.1　开标

开标是指招标人将所有在提交投标文件的截止时间前收到的投标文件当众予以拆封、宣读。开标应当在招标人或招标代理人主持下，在招标文件中预先确定的地点，在提交投标文件截止时间的同一时间公开进行，并邀请所有投标人参加。

2.2.4.2 评标

评标是由招标人依法组建的评标委员会根据招标文件规定的评标标准和方法，对投标文件进行系统评审和比较的过程。

（1）评标委员会　评标委员会由招标人或其委托的招标代理机构熟悉相关业务的代表和有关技术、经济等方面的专家组成，成员人数为 5 人以上单数，其中技术、经济等方面的专家不得少于成员总数的三分之二。评标委员会的专家成员应当从省级以上人民政府有关部门提供的专家名册相关专家名单中随机确定。行政监督部门的工作人员不得担任本部门负责监督项目的评标委员会成员。

评标委员会成员应当按照招标文件规定的评标标准和方法，客观、公正地对投标文件提出评审意见。招标文件没有规定的评标标准和方法不得作为评标的依据。

招标项目设有标底的，招标人应当在开标时公布。标底只能作为评标的参考，不得以投标报价是否接近标底作为中标条件，也不得以投标报价超过标底上下浮动范围作为否决投标的条件。有下列情形之一的，评标委员会应当否决其投标。

① 投标文件未经投标单位盖章和单位负责人签字。

② 投标联合体没有提交共同投标协议。

③ 投标人不符合国家或者招标文件规定的资格条件。

④ 同一投标人提交两个以上不同的投标文件或者投标报价，但招标文件要求提交备选投标的除外。

⑤ 投标报价低于成本或者高于招标文件设定的最高投标限价。

⑥ 投标文件没有对招标文件的实质性要求和条件做出响应。

评标完成后，评标委员会应当向招标人提交书面评标报告和中标候选人名单。中标候选人应当不超过 3 个，并标明排序。

（2）投标文件的澄清、说明或者补正　评标委员会可以书面方式要求投标人对投标文件中含义不明确、对同类问题表述不一致或者有明显文字和计算错误的内容作必要的澄清、说明或者补正。澄清、说明或者补正应以书面方式进行，并不得超出投标文件的范围或改变投标文件的实质性内容。评标委员会不得暗示或者诱导投标人做出澄清、说明，不得接受投标人主动提出的澄清、说明。

（3）低于成本报价的判别和处理　在评标过程中，评标委员会发现投标人的报价明显低于其他投标报价或者在设有标底时明显低于标底，使得其投标报价可能低于其个别成本的，应当要求该投标人做出书面说明并提供相关证明材料。投标人不能合理说明或者不能提供相关证明材料的，由评标委员会认定该投标人以低于成本报价竞标，其投标应作废标处理。

（4）投标偏差　评标委员会应当根据招标文件，审查并逐项列出投标文件的全部投标偏差。投标偏差分为重大偏差和细微偏差。

① 重大偏差。下列情况属于重大偏差。

a.没有按照招标文件要求提供投标担保或者所提供的投标担保有瑕疵。

b.投标文件没有投标人授权代表签字和加盖公章。

c.投标文件载明的招标项目完成期限超过招标文件规定的期限。

d. 明显不符合技术规程、技术标准的要求。

e. 投标文件载明的货物包装方式、检验标准和方法等不符合招标文件的要求。

f. 投标文件附有招标人不能接受的条件。

g. 不符合招标文件中规定的其他实质性要求。

投标文件有上述情形之一的，为未能对招标文件做出实质性响应，应作废标处理，除非招标文件另有规定。

② 细微偏差。细微偏差指投标文件在实质上响应招标文件要求，但在个别地方存在漏项或者提供了不完整的技术信息和数据等情况，并且补正这些遗漏或者不完整信息不会对其他投标人造成不公平的结果。细微偏差不影响投标文件的有效性。评标委员会应当书面要求存在细微偏差的投标人在评标结束前予以改正。

（5）评标方法　评标方法包括经评审的最低投标价法、综合评分法或法律、行政法规允许的其他评标方法。

综合评分法是指在满足招标文件实质性要求的条件下，依据招标文件中规定的各项因素进行综合评审，以评审总得分最高的投标人作为中标（候选）人的评标方法。

经评审的最低投标价法是指在满足招标文件实质性要求的条件下，评委对投标报价以外的价值因素进行量化并折算成相应的价格，再与报价合并计算得到折算投标价，从中确定折算投标价最低的投标人作为中标（候选）人的评审方法。

（6）评标步骤

① 初步评标。初步评标的内容包括投标人资格是否符合要求，投标文件是否完整，是否按规定方式提交投标保证金，投标文件是否基本上符合招标文件的要求，有无计算上的错误等

② 详细评标。在完成初步评标以后，下一步就进入到详细评定和比较阶段。只有在初评中确定合格的投标，才有资格进入详细评定和比较阶段。具体的评标方法取决于招标文件中的规定，并按评标价的高低，由低到高，评定出各投标人的排列次序。

（7）评标报告　评标委员会完成评标后，应当向招标人提出书面评标报告，并抄送有关行政监督部门。招标人根据评标委员会提出的评标报告和推荐的中标候选人确定中标人，招标人也可以授权评标委员会直接确定中标人。

2.2.4.3　中标

中标人确定后，招标人应当向中标人发出中标通知书，并同时将中标结果通知所有未中标的投标人。中标通知书对招标人和中标人具有法律效力，中标通知书发出后，招标人改变中标结果或者中标人放弃中标项目的，应当依法承担法律责任。

招标人和中标人应当自中标通知书发出之日起 30 日内，按照招标文件和中标人的投标文件订立书面合同，招标文件要求中标人提交履约保证金的，中标人应当提交。履约保证金不得超过中标合同金额的 10%。

招标人和中标人应当依照《招标投标法》和《招标投标法实施条例》的规定签订书面合同，合同的标的、价款、质量、履行期限等主要条款应当与招标文件和中标人的投标文件的内容一致。招标人和中标人不得再行订立背离合同实质性内容的其他协议。

招标人应当在书面合同签订后 5 日内向中标人和未中标的投标人退还投标保证金及银行同期存款利息。

中标人应当按照合同约定履行义务，完成中标项目。中标人不得向他人转让中标项目，

也不得将中标项目肢解后分别向他人转让。

中标人按照合同约定或者经招标人同意，可以将中标项目的部分非主体、非关键性工作分包给他人完成。接受分包的人应当具备相应的资格条件，并不得再次分包。

中标人应当就分包项目向招标人负责，接受分包的人就分包项目承担连带责任。

依法必须进行招标的项目，招标人应当自确定中标人之日起 15 日内，向有关行政监督部门提交招标投标情况的书面报告。

2.2.5 招标投标的一般程序

（1）招标程序

① 招标前准备工作。

② 决定招标方式，公布招标信息。

③ 投标人报名及资格预审。

④ 向通过资格预审的投标单位发招标文件。

⑤ 组织投标单位进行工程现场勘察。

⑥ 澄清及答疑。

⑦ 组织开标、评标，确定中标单位。

⑧ 发中标通知书。

⑨ 签订承包合同。

（2）投标程序

① 投标选择。

② 向招标单位送投标申请书。

③ 接受招标单位的资质审查。

④ 审查通过后，购买招标文件。

⑤ 参加工程现场勘察。

⑥ 对招标文件提出问题。

⑦ 编制施工组织设计或施工方案，计算投标报价。

⑧ 填写投标书，并按规定时间密封报送招标单位（或开标地点）。

⑨ 参加开标。

⑩ 中标后，与建设单位签订承包合同。

施工招标投标流程见表 2-1。

表 2-1　施工招标投标流程

招标人	投标人
招标人招标前准备	
编制资格预审、招标文件	
发布资格预审公告	投标前期工作
进行资格预审，出售资格预审文件	购买资格预审文件，编制资格预审申请
评审潜在投标人，发出投标邀请书	报送资格预审文件，获得投标邀请书

续表

招标人	投标人
发售招标文件及答疑、补遗	购买招标文件,精读分析招标文件
组织踏勘现场,召开标前会议	参加踏勘现场,参加标前会议,编制投标文件
获得投标文件	报送投标文件,交投标保证金保函
抽取评标专家	
开标	参加开标会
评标	书面答复招标人及评标委员询问,参加澄清会
定标	
发出中标通知书,合同订立谈判	获得中标通知书,参加合同订立谈判
签订合同并退还投标保证金	交履约担保,签订合同

【例题 7】投标人投标，可以（D）。

A. 投标人之间先进行内部议价、内定中标人然后再参加投标

B. 投标人之间相互约定在招标项目中分别以高、中、低价位报价投标

C. 投标人以低于成本价报价竞标

D. 联合体投标且附有联合体各方共同投标协议

【例题 8】投标人在（B）可以补充，修改或者撤回已提交的投标文件，并书面通知招标人。

A. 招标文件要求提交投标文件截止时间后

B. 招标文件要求提交投标文件截止时间前

C. 提交投标文件截止时间后到招标文件规定的投标有效期终止之前

D. 招标文件规定的投标有效期终止之前

【例题 9】招标人对已发出的招标文件进行必要的澄清或者修改的，该澄清或修改的内容为（B）的组成部分。

A. 投标文件　　　　B. 招标文件　　　　C. 评标报告　　　　D. 投标文件和招标文件

【例题 10】某建设项目招标，评标委员会由二名招标人代表和三名技术、经济等方面的专家组成，这一组成不符合《招标投标法》的规定，则下列关于评标委员会重新组成的做法中，正确的有（BD）。

A. 减少一名招标人代表，专家不再增加

B. 减少一名招标人代表，再从专家库中抽取一名专家

C. 不减少招标人代表，再从专家库中抽取一名专家

D. 不减少招标人代表，再从专家库中抽取二名专家

E. 不减少招标人代表，再从专家库中抽取三名专家

【例题 11】评标委员会名单组成如下：招标人代表 2 名，建设行政监督部门代表 2 名，技术、经济方面专家 4 人，招标人直接指定的技术专家 1 人。下列关于评标委员会人员组成说法正确的是（AC）。

A. 不应该包括建设行政监督部门代表　　B. 不应包括招标人代表

C. 技术、经济专家所占比例偏低　　　　D. 招标人代表比例偏低

E. 招标人可以直接指定专家

【案例 1】

某市政府投资的一建设工程项目，招标人单位委托某招标代理机构采用公开招标方式代理项目施工招标，并委托具有相应资质的工程造价咨询企业编制了招标控制价。招标过程中发生以下事件：

事件 1：招标信息在招标信息网上发布后，招标人考虑到该项目建设工期紧，为缩短招标时间，改用邀请招标方式。

事件 2：资格预审时，招标代理机构审查了各个潜在投标人的专业、技术资格和技术能力。

事件 3：招标代理机构设定招标文件出售的起止时间为 3 日。评标委员会由技术专家 2 人、经济专家 3 人、招标人代表 1 人、该项目主管部门主要负责人 1 人组成。

事件 4：招标人向中标人发出中标通知书后，向其提出降价要求，双方经过多次谈判，签订了书面合同，合同比中标价降低 2%。招标人在与中标人签订合同 3 周后，退还了未中标的其他投标人的投标保证金。

【问题】

(1) 指出事件 1 中招标人行为的不妥之处，并说明理由。

(2) 说明事件 2 中招标代理机构在资格预审时还应审查哪些内容。

(3) 指出事件 3 中不妥之处，并说明理由。

(4) 指出事件 4 中招标人行为的不妥之处，并说明理由。

【参考答案】

(1) 事件 1 中招标人行为的不妥之处及理由如下：

不妥之处：改用邀请招标方式进行招标；理由：该建设工程项目为政府投资项目，应该进行公开招标。

(2) 事件 2 中招标代理机构在资格预审时还应审查的内容：

① 是否具有独立订立合同的权利；

② 资金、设备和其他物资设施状况，管理能力，经验、信誉和相应的从业人员；

③ 是否处于被责令停业，投标资格被取消，财产被接管、冻结，破产状态；

④ 在最近 3 年内是否有骗取中标和严重违约及重大工程质量问题；

⑤ 是否符合法律、行政法规规定的其他资格条件。

(3) 事件 3 中不妥之处及理由如下：

① 不妥之处：设定招标文件出售的起止时间为 3 日；理由：自招标文件出售之日起至停止出售之日止，最短不得少于 5 日；

② 不妥之处：评标委员会中包括该项目主管部门主要负责人；理由：项目主管部门或者行政监督部门的人员不得担任评标委员会成员。

(4) 事件 4 中招标人行为的不妥之处及理由如下：

① 不妥之处：招标人向中标人提出降价要求；理由：确定中标人后，招标人不得就报价、工期等实质性内容进行谈判；

② 不妥之处：签订的书面合同的合同价比中标价降低 2%；理由：招标人向中标人发出中标通知书后，招标人与中标人依据招标文件和中标人的投标文件签订合同，不得再行订立背离合同实质性内容的其他协议；

③ 不妥之处：招标人在与中标人签订合同 3 周后，退还了未中标的其他投标人的投标保证金；理由：招标人与中标人签订合同后 5 日内，应当向中标人和未中标人退还投标保证金。

【案例 2】

2016 年，某服装厂为扩大生产规模需要建设一栋综合楼，10 层框架结构，建筑面积 20000m²。通过工程监理招标，该市某建设监理有限公司中标并与该服装厂于 2016 年 7 月 16 日签订了监理合同，合同价款 34 万元，通过施工招标，该市某建筑公司中标，并与服装厂于 2016 年 8 月 16 日签订了建设工程施工合同，合同价款 6200 万元。合同签订后，建筑公司进入现场施工。在施工过程中，服装厂发现建筑公司工程进度拖延并出现质量问题，为此双方出现纠纷，并告到当地法院，法院在了解情况时发现该服装厂的综合楼工程项目未办理规划许可、施工许可手续。

【问题】

本案中该服装厂有何违法行为？应该如何处理？

【参考答案】

（1）该服装厂未办理综合楼工程项目的规划、施工许可手续，属于违法建设项目。根据《建筑法》规定，"建筑工程开工前，建设单位应当按照国家有关规定向工程所在地县级以上人民政府建设行政主管部门申请领取施工许可证"。该服装厂未申请领取施工许可证就让建筑公司开工建设，属于违法擅自施工。

（2）该服装厂不具备申请领取施工许可证的条件。根据《建筑法》规定，"在城市规划区的建筑工程，已经取得规划许可证"。该服装厂未办理该项工程的规划许可证，不具备申请领取施工许可证的条件。所以，该服装厂即使申请也不可能获得施工许可证。

（3）该服装厂应该承担的法律责任。根据《建筑法》规定，"未取得施工许可证或者开工报告未经批准擅自施工的，责令改正，对不符合开工条件的责令停止施工，可以处以罚款"。《建设工程质量管理条例》规定，"建设单位未取得施工许可证或者开工报告未经批准，擅自施工的，责令停止施工，限期改正，处工程合同价款 1‰ 以上 2‰ 以下的罚款"。结合本案情况，对该工程应该责令停止施工，限期改正，对建设单位处以罚款。

依据《建筑工程施工许可管理办法》规定，"对于未取得施工许可证擅自施工的，由有管辖权的发证机关责令改正，对于不符合开工条件的，责令停止施工，并对建设单位和施工单位分别处以罚款"。

（4）对该服装公司违法不办理规划许可的问题，由城乡规划主管部门依据《中华人民共和国城乡规划法》（以下简称《城乡规划法》）给予相应处罚。

【案例 3】

某省重点工程项目计划于 2014 年 12 月 28 日开工，由于工程复杂，技术难度高，一般施工队伍难以胜任，建设单位自行决定采取邀请招标方式。2014 年 9 月 8 日向通过资格预审的 A、B、C、D、E 五家施工承包企业发出了投标邀请书。该五家企业均接受了邀请，并于规定时间 9 月 20～26 日购买了招标文件。招标文件中规定，10 月 18 日下午 4 时是招标文件规定的投标截止时间，11 月 10 日发出中标通知书。

在投标截止时间之前，A、B、D、E 四家企业提交了投标文件，C 企业于 10 月 18 日下午 5 时才送达，原因是中途堵车。10 月 21 日下午由当地招标投标监督管理办公室人员主持进行了公开开标。

评标委员会成员共由 7 人组成，其中当地招标投标监督管理办公室 1 人，公证处 1 人，招标人 1 人，技术、经济方面专家 4 人。评标时发现 E 企业投标文件虽无法定代表人签字和委托人授权书，但投标文件均已有项目经理签字并加盖了单位公章。评标委员会于 10 月 28 日提出了书面评标报告。B、A 企业分列综合得分第一、第二名。由于 B 企业投标报价高于 A 企业，11 月 10 日招标人向 A 企业发出了中标通知书，并于 12 月 12 日签订了书面合同。

【问题】

(1) 建设单位自行决定采取邀请招标方式的做法是否妥当？说明理由。

(2) C 企业和 E 企业投标文件是否有效？分别说明理由。

(3) 指出开标工作的不妥之处，说明理由。

(4) 请指出评标委员会成员组成的不妥之处，说明理由。

(5) 招标人确定 A 企业为中标人是否违规？说明理由。

【参考答案】

(1) 建设单位自行决定采取邀请招标方式的做法是否妥当？说明理由。

业主自行决定采取邀请招标方式招标的做法不妥当。因为该项工程属省重点工程项目，依据有关规定应该进行公开招标。如果采取邀请招标方式招标，应当取得当地招标投标监督管理机构的同意。

(2) C 企业和 E 企业投标文件是否有效？分别说明理由。

C 企业的投标文件应属无效标书。因为 C 企业的投标文件是在招标文件要求提交投标文件的截止时间后才送达，招标人应当拒收。

E 企业的投标文件属无效标书。因为 E 企业的投标文件没有法人代表签字和委托人的授权书。

(3) 指出开标工作的不妥之处，说明理由。

开标工作存在以下问题：

① 在 10 月 21 日开标不妥，《招标投标法》规定开标应当在招标文件确定的提交投标文件截止时间的同一时间公开进行开标，所以正确的做法应该是在 10 月 18 日下午 4 点开标；

② 开标由当地招标投标监督管理办公室人员主持的做法不妥当，按照有关规定开标应由招标人主持。

(4) 请指出评标委员会成员组成的不妥之处，说明理由。

评标委员会成员的组成存在以下问题：

① 评标委员会成员中有当地招标投标监督管理办公室人员不妥，因招标投标监督管理办公室人员不可参加评标委员会；

② 评标委员会成员中有公证处人员不妥，因为公证处人员不可参加评标委员会；

③ 评标委员会成员中技术、经济等方面的专家只有 4 人不妥，因为按照规定评标委员会中技术、经济等方面的专家不得少于成员总数的 2/3，由 7 人组成的评标委员会中技术、经济方面的专家必须要有 5 人或 5 人以上。

(5) 招标人确定 A 企业为中标人是否违规？说明理由。

招标人确定 A 企业为中标人是违规的，在按照综合评分法评标时，因投标报价已经作为评价内容考虑在得分中，再重新单列投标报价作为中标依据显然不合理，招标人应按综合得分先后顺序选择中标人。

2.3　建设工程监理规范（GB 50319—2013）主要内容

2.3.1　总则

（1）制定目的。为规范建设工程监理与相关服务行为，提高建设工程监理与相关服务水平。

（2）适用范围。

适用于新建、扩建、改建建设工程监理与相关服务活动。

（3）关于建设工程监理合同形式和内容的规定。

实施建设工程监理前，建设单位必须委托具有相应资质的工程监理单位，并以书面形式与工程监理单位订立建设工程监理合同，合同中应包括监理工作的范围、内容、服务期限和酬金，以及双方的义务、违约责任等相关条款。

在订立建设工程监理合同时，建设单位将勘察、设计、保修阶段等相关服务一并委托的，应在合同中明确相关服务的工作范围、内容、服务期限和酬金等相关条款。

（4）建设单位向施工单位书面通知工程监理的范围、内容和权限及总监理工程师姓名的规定。

（5）建设单位、施工单位及工程监理单位之间涉及施工合同联系活动的工作关系。在建设工程监理工作范围内，建设单位与施工单位之间涉及施工合同的联系活动，应通过工程监理单位进行。

（6）实施建设工程监理的主要依据。

① 法律法规及工程建设标准。

② 建设工程勘察设计文件。

③ 建设工程监理合同及其他合同文件。

（7）建设工程监理应实行总监理工程师负责制的规定。

总监理工程师负责制是指由总监理工程师全面负责建设工程监理实施工作。总监理工程师是工程监理单位法定代表人书面任命的项目监理机构负责人，是工程监理单位履行建设工程监理合同的全权代表。

《建设工程监理合同（示范文本）》（GF-2012-0202）协议书中也要写明总监理工程师的姓名、身份证号和注册号。

（8）建设工程监理实施信息化管理的规定。

（9）工程监理单位应公平、独立、诚信、科学地开展建设工程监理与相关服务活动。

（10）建设工程监理与相关服务活动应符合《建设工程监理规范》和国家现行有关标准的规定。

2.3.2　术语

《监理规范》解释了 24 个建设工程监理常用术语。

2.3.3　项目监理机构及其设施

《监理规范》明确了项目监理机构的人员构成和职责，规定了监理设施的提供和管理。

（1）项目监理机构人员　项目监理机构的监理人员应由总监理工程师、专业监理工程师和监理员组成，专业配套、数量应满足建设工程监理工作需要，必要时可设总监理工程师代表。

（2）监理设施

① 建设单位应按建设工程监理合同约定，提供监理工作需要的办公、交通、通信、生活等设施。

② 项目监理机构宜妥善使用和保管建设单位提供的设施，并应按建设工程监理合同约定的时间移交建设单位。

③ 工程监理单位宜按建设工程监理合同约定，配备满足监理工作需要的检测设备和工器具。

2.3.4　监理规划及监理实施细则

（1）监理规划　监理规划是项目监理机构全面开展建设工程监理工作的指导性文件。《监理规范》明确了监理规划的编制要求、编审程序和主要内容。

（2）监理实施细则　监理实施细则是针对某一专业或某一方面建设工程监理工作的操作性文件。如深基坑工程监理实施细则、安全生产管理监督实施细则等。《监理规范》明确了监理实施细则的编制要求、编审程序、编制依据和主要内容。

2.3.5　工程质量、造价、进度控制及安全生产管理的监理工作

详见相关章节。

2.3.6　工程变更、索赔及施工合同管理

详见第 5 章。

2.3.7　监理文件资料管理

（1）一般规定

① 项目监理机构应建立完善的监理文件资料管理制度，宜设专人管理监理文件资料。

② 项目监理机构应及时、准确、完整地收集、整理、编制、传递监理文件资料。

③ 项目监理机构宜采用信息技术进行监理文件资料管理。

（2）监理文件资料内容　监理文件资料应包括下列主要内容。

① 勘察设计文件、建设工程监理合同及其他合同文件。

② 监理规划、监理实施细则。

③ 设计交底和图纸会审会议纪要。

④ 施工组织设计、（专项）施工方案、施工进度计划报审文件资料。

⑤ 分包单位资格报审文件资料。

⑥ 施工控制测量成果报验文件资料。

⑦ 总监理工程师任命书，工程开工令、暂停令、复工令，开工或复工报审文件资料。

⑧ 工程材料、构配件、设备报验文件资料。

⑨ 见证取样和平行检验文件资料。

⑩ 工程质量检查报验资料及工程有关验收资料。

⑪ 工程变更、费用索赔及工程延期文件资料。

⑫ 工程计量、工程款支付文件资料。

⑬ 监理通知单、工作联系单与监理报告。

⑭ 第一次工地会议、监理例会、专题会议等会议纪要。

⑮ 监理月报、监理日志、旁站记录。

⑯ 工程质量或生产安全事故处理文件资料。

⑰ 工程质量评估报告及竣工验收监理文件资料。

⑱ 监理工作总结。

（3）监理文件资料归档　项目监理机构应及时整理、分类汇总监理文件资料，并应按规定组卷，形成监理档案。工程监理单位应按合同约定向建设单位移交监理档案。工程监理单位自行保存的监理档案保存期可分为永久、长期、短期三种。

2.3.8　设备采购与设备监造

（1）设备采购　包括：设备采购招标和合同谈判时的监理职责；设备采购文件资料应包括的内容。

（2）设备监造

① 项目监理机构应检查设备制造单位的质量管理体系；审查设备制造单位报送的设备制造生产计划和工艺方案，设备制造的检验计划和检验要求，设备制造的原材料、外购配套件、元器件、标准件，以及坯料的质量证明文件及检验报告等。

② 项目监理机构应对设备制造过程进行监督和检查，对主要及关键零部件的制造工序应进行抽检。

③ 项目监理机构应审核设备制造过程的检验结果，并检查和监督设备的装配过程。

④ 项目监理机构应参加设备整机性能检测、调试和出厂验收。

⑤ 专业监理工程师应审查设备制造单位报送的设备制造结算文件。

⑥ 规定了设备监造文件资料应包括的主要内容。

2.3.9　相关服务

相关服务包括：工程勘察设计阶段服务；工程保修阶段服务。

2.3.10　附录

包括三类表，即：A 类表，工程监理单位用表，由工程监理单位或项目监理机构签发；B 类表，施工单位报审、报验用表，由施工单位或施工项目经理部填写后报送工程建设相关方；C 类表，通用表，工程建设相关方工作联系的通用表。

::::::::::::::::::::::::::::::::: **本 章 作 业** :::::::::::::::::::::::::::::::::

一、单选题

1. 建设工程施工招标文件，既是承包商编制投标文件的依据，也是与将来中标的承包商（　　）。

    A. 作为竣工验收的依据   B. 制定施工方案的依据

    C. 制定索赔处理办法的基础   D. 签订工程承包合同的基础

2. 关于建设工程施工招标投标的程序，在发布招标公告后接受投标书前，招标投标程序依次为（　　）。

    A. 招标文件发放→投标人资格预审→勘察现场→标前会议

    B. 勘察现场→标前会议→投标人资格预审→招标文件发放

    C. 投标人资格预审→招标文件发放→勘察现场→标前会议

    D. 标前会议→勘察现场→投标人资格预审→招标文件发放

3. 投标单位有以下行为时，（　　）招标单位可视其为严重违约行为而没收投标保证金。

    A. 通过资格预审后不投标   B. 不参加开标会议

    C. 不参加现场考察   D. 开标后要求撤回投标书

4. 根据《招标投标法》，投标人补充、修改或者撤回已提交的投标文件，并书面通知招标人的时间期限应在（　　）。

    A. 评标截止时间前   B. 评标开始前

    C. 提交投标文件的截止时间前   D. 投标有效期内

5. 根据《招标投标法》及相关法规，下列招标、投标、评标行为中正确的是（　　）。

    A. 投标人的报价明显低于成本的，评标委员会应当否决其投标

    B. 投标人的报价高于招标文件设定的最高投标限价，评标委员会有权要求其调整

    C. 招标文件采用的评标方法不适合的，开标后评标委员会有权做出调整

    D. 招标人有权在评标委员会推荐的中标候选人之外确定中标人

6. 投标有效期应从（　　）之日起计算。

    A. 招标文件规定的提交投标文件截止   B. 提交投标文件

    C. 提交投标保证金   D. 确定中标结果

7. 甲总承包单位与乙分包单位依法签订了专业工程分包合同，在建设单位组织竣工验收时，发现该专业工程质量不合格。关于该专业工程质量责任的说法，正确的是（　　）。

    A. 乙分包单位就分包工程对建设单位承担全部法律责任

    B. 甲总承包单位就分包工程对建设单位承担全部法律责任

    C. 甲总承包单位和乙分包单位就分包工程对建设单位承担连带责任

    D. 甲总承包单位对建设单位承担主要责任，乙分包单位承担补充责任

8. 关于建设工程分包的说法，正确的有（　　）。

    A. 总承包单位可以按照合同约定将建设工程部分非主体工作分包给其他企业

    B. 总承包单位可以将全部建设工程拆分成若干部分后全部分包给其他施工企业

    C. 总承包单位可以将建设工程主体结构中技术较为复杂的部分分包给其他企业

    D. 总承包单位经建设单位同意后，可以将建设工程的关键性工作分包给其他企业

9. 某高速公路项目进行招标，开标后允许（　　）。

    A. 评标委员会要求投标人以书面形式澄清含义不明确的内容

    B. 投标人再增加优惠条件

    C. 投标人撤销投标文件

    D. 招标人更改招标文件中的评标定标办法

10. 某专业分包工程发生质量问题时，关于总分包质量责任的说法，正确的是（　　）。

    A. 建设单位必须先向总承包单位请求赔偿，不足部分再向分包单位请求赔偿

    B. 建设单位应当在分包合同价款限额内向分包单位请求赔偿

    C. 建设单位可以向分包单位请求赔偿，也可以向总承包单位请求赔偿

    D. 建设单位必须先向分包单位请求赔偿，不足部分再向总承包单位请求赔偿

11. 某建设单位欲新建一座大型综合超市，于 2016 年 3 月 20 日领到工程施工许可证。开工后因故于 2016 年 10 月 15 日中止施工。根据《建筑法》施工许可证制度的规定，该建设单位向施工许可证发证机关报告的最迟期限是 2016 年（　　）。

    A. 10 月 15 日　　　　B. 10 月 22 日　　　　C. 11 月 14 日　　　　D. 12 月 14 日

12. 某建设单位于 2016 年 3 月 1 日领取了施工许可证，由于某种原因工程未能按期开工，该建设单位按照《建筑法》的规定向发证机关多次办理了申请延期手续，该工程最迟应当在（　　）开工。

    A. 2016 年 5 月 1 日　　　　　　　　B. 2016 年 6 月 1 日

    C. 2016 年 9 月 1 日　　　　　　　　D. 2016 年 12 月 1 日

二、多项选择题

1. 施工总承包单位分包工程应当经过建设单位认可，符合法律规定的认可方式有（　　）。

    A. 总承包合同中约定分包的内容

    B. 建设单位指定分包人

    C. 总承包合同没有约定分包内容的，事先征得建设单位同意

    D. 劳务分包合同由建设单位确认

    E. 总承包单位在建设单位推荐的分包人中选择

2. 关于总承包单位与分包单位对建设工程承担质量责任的说法，正确的有（　　）。

    A. 分包单位按照分包合同的约定对其分包工程的质量向总承包单位及建设单位负责

    B. 分包单位对分包工程的质量负责，总承包单位未尽到相应监管义务，承担相应补充责任

    C. 建设工程实行总承包的，总承包单位应当对全部建设工程质量负责

    D. 当分包工程发生质量责任或者违约责任，建设单位可以向总承包单位或分包单位请求赔偿；总承包单位或分包单位赔偿后，有权就不属于自己责任的赔偿向另一方追偿

    E. 当分包工程发生质量责任或者违约责任，建设单位应当向总承包单位请求赔偿，总承包单位赔偿后，有权要求分包单位赔偿

3. 下列投标人投标的情形中，评标委员会应当否决的有（　　）。

    A. 投标人主动提出了对投标文件的澄清、修改

    B. 联合体未提交共同投标协议

    C. 投标报价高于招标文件设定的最高投标限价

    D. 投标文件未经投标人盖章和单位负责人签字

    E. 投标文件未对招标文件的实质性要求和条件做出响应

4. 甲建设单位新建办公大楼，由乙建筑公司承建，下列有关施工许可证的说法，正确的有（　　）。

    A. 该新建工程无须领取施工许可证

B.应由甲向建设行政主管部门申领施工许可证

C.应由乙向建设行政主管部门申领施工许可证

D.申请施工许可证时，应当提供安全施工措施的资料

E.申请施工许可证时，该工程应当有满足施工需要的施工图纸

三、案例分析

某大型工程项目由政府投资建设，业主委托某招标代理公司代理施工招标。招标代理公司确定该项目采用公开招标方式招标，招标公告在当地政府规定的招标信息网上发布。招标文件中规定：投标担保可采用投标保证金或投标保函方式担保。投标有效期为60d。

业主对招标代理公司提出以下要求：为了避免潜在的投标人过多，项目招标公告只在本市日报上发布，且采用邀请招标方式招标。

项目施工招标信息发布以后，共有12家潜在的投标人报名参加投标。业主认为报名参加投标的人数太多，为减少评标工作量，要求招标代理公司仅对报名的潜在投标人的资质条件、业绩进行资格审查。

开标后发现：

（1）B投标人在开标后又提交了一份补充说明，提出可以降价5％。

（2）C投标人提交的银行投标保函有效期为60d。

（3）D投标人投标文件的投标函盖有企业及企业法定代表人的印章，但没有加盖项目负责人的印章。

（4）E投标人与其他投标人组成了联合体投标，附有各方资质证书，但没有联合体共同投标协议书。

（5）F投标人投标报价最高，故F投标人在开标后第二天撤回其投标文件。

经过标书评审，A投标人被确定为中标候选人。发出中标通知书后，招标人和A投标人进行合同谈判，希望A投标人能再压缩工期、降低费用。经谈判后双方达成一致，不压缩工期，降价3％。

【问题】

（1）业主对招标代理公司提出的要求是否正确？说明理由。

（2）分析B、C、D、E投标人的投标文件是否有效？说明理由。

（3）F投标人的投标文件是否有效？对其撤回投标文件的行为应如何处理？

（4）该项目施工合同应该如何签订？合同价格应是多少？

第3章 建设工程监理招标投标及监理合同

3.1 建设工程监理招标投标

3.1.1 建设工程监理招标

(1) 强制监理范围 建设工程监理制度是我国基本建设领域的一项重要制度,目前属于强制推行阶段。根据原建设部颁布的《建设工程监理范围和规模标准规定》,下列工程必须实施建设监理。

① 国家重点建设工程。指对国民经济和社会发展有重大影响的骨干项目。

② 大中型公用事业工程。指项目总投资额在 3000 万元以上的供水、供电、供气、供热等市政工程项目,科技、教育、文化等项目,体育、旅游、商业等项目,卫生、社会福利等项目,其他公用事业项目。

③ 成片开发建设的住宅小区工程。建筑面积在 5 万平方米以上的住宅建设工程必须实行监理,5 万平方米以下的住宅建设工程可以实行监理,具体范围和规模标准,由建设行政主管部门规定,对高层住宅及地基、结构复杂的多层住宅应当实行监理。

④ 利用外国政府或者国际组织贷款、援助资金的工程。指使用世界银行、亚洲开发银行等国际组织贷款资金的项目,或使用国外政府及其机构贷款资金的项目,或使用国际组织或者国外政府援助资金的项目。

⑤ 国家规定必须实行监理的其他工程。指项目总投资额在 3000 万元以上关系社会公共利益、公众安全的基础设施项目和学校、影剧院、体育场馆项目。

2018 年 6 月 1 日起施行的《必须招标的工程项目规定》规定勘察、设计、监理等服务的采购,单项合同估算价在 100 万元人民币以上的必须招标。

监理单位取得监理业务一是通过投标竞争取得,二是由业主直接委托取得。通过投标取得监理业务,是市场经济体制下比较普遍的形式。

(2) 建设工程监理招标与投标的主体 监理招标主体是承建招标项目的建设单位,又称招标人。参加投标的监理单位是投标人,具有法人资格的监理公司、监理事务所或承担监理业务的工程设计、科学研究及工程建设咨询的单位,同时必须具有与招标工程规模相适应的资质等级。资质等级是经各级建设行政主管部门按照监理单位的人员素质、资金数量、专业技能、管理水平及监理业绩的不同而审批核定的。

工程监理企业资质分为综合资质、专业资质和事务所资质。其中,专业资质按照工程性质和技术特点划分为若干工程类别。综合资质、事务所资质不分级别。专业资质分为甲级、乙级；其中，房屋建筑、水利水电、公路和市政公用专业资质可设立丙级。

（3）建设工程监理招标与投标程序　工程监理招标与投标应按下列程序进行。

① 招标人组建项目管理班子，确定委托监理的范围；若自行办理招标事宜的，则应在规定时间内到招标投标管理机构办理备案手续。

② 编制招标文件。

③ 发布招标公告或发出邀标通知书。

④ 向投标人发出投标资格预审通知书，对投标人进行资格预审。

⑤ 招标人向投标人发出招标文件；投标人组织编写投标文件。

⑥ 招标人组织必要的答疑、现场勘察，解答投标人提出的问题，编写答疑文件或补充招标文件等。

⑦ 投标人递送投标书，招标人接受投标书。

⑧ 招标人组织开标、评标、决标。

⑨ 招标人确定中标人后，向招标投标管理机构提交招标投标情况的书面报告。

⑩ 招标人向投标人发出中标或者未中标通知书。

⑪ 招标人与中标单位进行谈判，订立监理书面合同。

⑫ 投标人报送监理规划，实施监理工作。

（4）监理招标的特点　监理招标的标的是"监理服务"，与工程项目建设中其他各类招标的最大区别表现为监理单位不承担物质生产任务，是受招标人委托对生产建设过程提供监督、管理、协调、咨询等服务。鉴于监理招标标的具有的特殊性，招标人选择中标人的基本原则是"基于能力的选择"。

① 招标宗旨是对监理单位能力的选择。监理服务是监理单位的高智能投入，服务工作完成的好坏不仅依赖于执行监理业务是否遵循规范化的管理程序和方法，更多地取决于参与监理工作人员的业务专长、经验、判断能力、创新想象力以及风险意识。因此，招标选择监理单位时，鼓励的是能力竞争，而不是价格竞争。如果对监理单位的资质和能力不给予足够重视，只依据报价高低确定中标人，忽视高质量服务，报价最低的投标人不一定就是最能胜任工作的监理单位。

② 报价在选择中居于次要地位。工程项目的施工、物资供应招标选择中标人的原则是在技术上达到要求标准的前提下，主要考虑价格的竞争性。而监理招标对能力的选择放在第一位，当价格过低时监理单位很难把招标人的利益放在第一位，后果必然导致对工程项目的损害。监理单位提供高质量的服务，往往能使招标人获得节约工程投资和提前投产的实际效益，招标人应在能力相当的投标人之间再进行价格比较。

③ 邀请投标人较少。选择监理单位时，一般邀请投标人的数量以 3～5 家为宜。因为监理招标是对知识、技能和经验等方面综合能力的选择，如果邀请过多投标人参与竞争，会增大评标工作量。

（5）资格审查　监理招标资格预审的目的是对邀请的监理单位的资质、能力是否与拟实施项目特点相适应的总体考察，审查的重点应侧重于投标人的资质条件、监理经验、可用资源、社会信誉、监理能力等方面，具体内容见表3-1。

表 3-1 监理招标资格预审的内容

审查内容	审查重点	判别原则
资质条件	(1)资质等级 (2)营业执照、注册范围 (3)隶属关系 (4)公司的组成形式,以及总公司和分公司的所在地	(1)监理公司的资质等级应与工程项目级别相适应 (2)注册的监理工作范围满足工程项目的要求 (3)监理单位与可能选择的施工承包商或供货商不应有行政隶属关系或合伙关系,以保证监理工作的公正性
监理经验	(1)已监理过的工程项目一览表 (2)已监理过类似的工程项目	(1)通过一览表考察其监理过哪些行业的工程,以及哪些专业项目具有监理经验 (2)考察已监理过的工程中,类似工程的数量和工程规模,是否与本项目相适应。应当要求其已完成过或参与过与拟委托项目级别相适应的监理工作
现有资源条件	(1)公司人员 (2)开展正常监理工作可采用的检测方法或手段 (3)计算机管理能力	(1)对可动用人员的数量,专业覆盖面,高、中、初级人员的组成结构,管理人员和技术人员的能力,已获得监理工程师证书的人员数量等进行考察,看其是否满足本项目监理工作要求 (2)自有的检测仪器、设备不作为考察是否胜任的必要条件,若有的话,可予以优先考虑。但对必要的检测方法及获取的途径、以往做法应重点考察,看其是否能满足本项目监理工作的需要 (3)已拥有的计算机管理软件是否先进,能否满足监理工作的需要
公司信誉	(1)监理单位在专业方面的声望、地位 (2)在以往服务过的工程项目中的信誉 (3)是否能全心全意地与业主和承包商合作	(1)通过对监理过工程项目业主的咨询,了解监理单位在科学、诚实、公正方面是否有良好信誉 (2)以往监理工作中是否有因其失职行为而给业主带来重大损失的情况 (3)是否有因与业主发生合同纠纷而导致仲裁或诉讼的记录
承接新项目的监理能力	(1)正在实施监理的工程项目数量、规模 (2)正在实施监理的各项目的开工和预计竣工时间 (3)正在实施监理工程的地点	(1)依据监理单位所拥有的人力、物力资源,判别其可投入的资源能否满足本项目的需要 (2)当其资源不能满足要求时,能否从其他项目上临时调用或其他项目监理工作完成后对本项目补充的资源能否满足工程进展的需求 (3)对部分不满足专业要求的监理工作,其提出的解决方案是否可接受

3.1.2 建设工程监理投标

3.1.2.1 编制监理投标文件

工程监理投标文件反映了工程监理单位的综合实力和完成监理任务的能力,是招标人选择工程监理单位的主要依据之一。

(1)监理投标文件的内容

① 投标书。

② 监理大纲。

③ 监理企业证明资料。

④ 近三年来承担监理的主要工程。

⑤ 监理机构人员资料。

⑥ 反映监理单位自身信誉和能力的资料。

⑦ 监理费用报价及其依据。

⑧ 招标文件中要求提供的其他内容。

⑨ 如委托有关单位对本工程进行试验检测，须明示其单位名称和资质等级。

（2）投标文件编制依据

① 国家及地方有关建设工程监理投标的法律法规及政策。

② 建设工程监理招标文件。

③ 企业现有的设备资源。

④ 企业现有的人力及技术资源。

⑤ 企业现有的管理资源。

（3）监理大纲的编制　工程监理投标文件的核心是反映监理服务水平高低的监理大纲，尤其是针对工程具体情况制定的监理对策，以及向建设单位提出的原则性建议等。

监理大纲的主要内容包括以下几方面。

① 工程概述。

② 监理依据和监理工作内容。监理工作内容可概括为"三控两管一协调"和安全生产管理。

③ 建设工程监理实施方案。监理实施方案是监理评标的重点，建设单位会特别关注工程监理单位资源的投入，一方面是项目监理机构的设置和人员配备；另一方面是监理设备配置。

实施方案主要内容包括：针对建设单位委托监理工程特点，拟定监理工作指导思想、工作计划；主要管理措施、技术措施以及控制要点；拟采用的监理方法和手段；监理工作制度和流程；监理文件资料管理和工作表式；拟投入的资源等。工程监理单位资源的投入包括：项目监理机构的设置和人员配备，监理人员（尤其是总监理工程师）素质、监理人员数量和专业配套情况；监理设备配置，包括检测、办公、交通和通信等设备。

④建设工程监理难点、重点及合理化建议。建设工程监理难点、重点及合理化建议是整个投标文件的精髓。工程监理单位在熟悉招标文件和施工图纸的基础上，既要全面涵盖"三控两管一协调"和安全生产管理职责的内容，又要有针对性地提出重点工作内容、分部分项工程控制措施和方法以及合理化建议，并说明采纳这些建议将会在工程质量、造价、进度等方面产生的效益。

3.1.2.2　编制投标文件的注意事项

（1）投标文件应对招标文件内容做出实质性响应。

（2）项目监理机构的设置应合理，要突出监理人员素质，尤其是总监理工程师人选，将是建设单位重点考察的对象。

（3）应有类似建设工程监理经验。

（4）监理大纲能充分体现工程监理单位的技术、管理能力。

（5）监理服务报价应符合国家收费规定和招标文件对报价的要求，以及建设工程监理成本利润测算。

3.1.3 建设工程监理招标的开标、评标、定标

3.1.3.1 开标

开标由工程招标人或其代理人主持，并邀请招标管理机构有关人员参加。参加开标是工程监理单位需要认真准备的投标活动，应按时参加开标，工程监理单位要充分做好答辩前准备工作。

3.1.3.2 评标

（1）评标内容

① 工程监理单位的基本素质。包括工程监理单位资质、技术及服务能力、社会信誉和企业诚信度以及类似工程监理业绩和经验。

② 工程监理人员配备。项目监理机构监理人员的数量和素质，特别是总监理工程师的综合能力和业绩是建设工程监理评标需要考虑的重要内容。对工程监理人员配备的评价内容具体包括：项目监理机构的组织形式是否合理；总监理工程师人选是否符合招标文件规定的资格及能力要求；监理人员的数量、专业配置是否符合工程专业特点要求；工程监理整体力量投入是否能满足工程需要；工程监理人员年龄结构是否合理；现场监理人员进退场计划是否与工程进展相协调等。

③ 建设工程监理大纲。建设工程监理大纲是反映投标人技术、管理和服务综合水平的文件，反映了投标人对工程的分析和理解程度。评标时应重点评审工程监理大纲的全面性、针对性和科学性。

工程监理大纲内容是否全面，工作目标是否明确，组织机构是否健全，工作计划是否可行，质量、造价、进度控制措施是否全面、得当，安全生产管理、合同管理、信息管理等方法是否科学，以及项目监理机构的制度建设是否到位，监督机制是否健全等。

工程监理大纲中应对工程特点、监理重点与难点进行识别。在对招标工程进行透彻分析的基础上，结合自身工程经验，从工程质量、造价、进度控制及安全生产管理等方面确定监理工作的重点和难点，提出针对性措施和对策。

除常规监理措施外，工程监理大纲中应对招标工程的关键工序及分部分项工程制定有针对性的监理措施；制定针对关键点、常见问题的预防措施；合理设置旁站清单和保障措施等。

④ 试验检测仪器设备及其应用能力。重点评审投标人在投标文件中所列的设备、仪器、工具等能否满足工程监理要求。

⑤ 工程监理费用报价。工程监理费用报价所对应的服务范围、服务内容、服务期限应与招标文件中的要求相一致。要重点评审监理费用报价水平和构成是否合理、完整，分析说明是否明确。

（2）评标委员会　评标由评标委员会进行。对组成评标委员会的专家，有以下要求：从事监理工作满八年并具有高级职称或者同等专业水平；熟悉有关招标投标的法律法规，并具有与监理招标项目相关的实践经验；能够认真、公正、诚实、廉洁地履行职责。

评标委员会应当根据招标文件确定的评标标准和方法，对其技术部分和商务部分进行评审、比较。评标方法包括专家评审法和综合评估法。

① 专家评审法。专家评审法是由评标委员会的各位专家分别就各投标书的内容充分进行优缺点评论，共同进行讨论、比较，最终以投票的方式评选出最具实力的监理单位。这种方法的优点是各评审专家可充分发表自己对各标书的意见，能集思广益进行全面评价，节约

评标时间。但其缺点是以定性的因素作为评审原则，没有量化指标对各个标书进行全面的综合比较，评审人的主观因素影响较大。

② 综合评估法。综合评估法是指采用量化指标考察每一投标人综合水平，以各项因素评价得分的累计分值高低，排出各标书的优劣顺序。评标的原则是技术、管理能力是否符合工程监理要求，监理方法是否科学，措施是否可靠，监理取费是否合理。

采用综合评估法时，首先应根据项目监理内容的特点划分评审比较的内容，然后再根据重要程度规定各主要部分的分值权重，在此基础上还应细致地规定出各主要部分的打分标准。各投标书的分项内容经过评标委员会专家打分后，再乘以预定的权重，即可算出该项得分，各项分数的累计值构成该标书的总评分。某工程监理招标评分表见表3-2。

表3-2　某工程监理招标评分表

评分项目	分值分配	评分内容和评分办法	最高分
监理大纲	20分	1. 工程质量控制	3
		2. 工程进度控制	3
		3. 工程投资控制	3
		4. 安全文明施工控制	2
		5. 合同管理、信息管理措施	3
		6. 工程组织协调措施	3
		7. 工程施工重点和难点分析、处理方法及监理对策	3
总监	12分	1. 总监为国家注册监理工程师且注册专业为市政公用工程的得3分	3
		2. 总监年龄在30～55周岁(含30、55周岁)之间的得3分，其余得2分	3
		3. 总监职称为高级工程师的得3分，中级的得2分	3
		4. 总监的学历为本科及以上的得3分，其余得2分	3
监理人员(不含总监)	15分	1. 监理机构人员人数不少于5人，专业配套齐全(路桥2人、测量1人、造价1人、安全1人)且均有住建部或建设主管部门颁发的监理上岗证的得6分，少一人或少一专业扣一分，扣完为止	6
		2. 除总监外，监理机构需配备专业监理工程师不少于2人，专业监理工程师应具有某省注册监理工程师或国家注册监理工程师证书得4分(不满足不得分)，增加1人加1分，本项最高得5分	5
		3. 监理机构人员的平均年龄在30～55周岁(含30、55周岁)之间的得2分，其余得1分	2
		4. 监理机构成员中具有注册安全工程师资格的得2分	2
监理费	25分	监理费报价以国家现行收费标准为依据，本项目基价暂按3000万元造价为基数，监理服务费基准价78.10万元； 所有有效投标报价的算术平均值为评标基准价； 投标人投标报价与评标基准价对比，得出报价评分，等于评标基准价的投标报价得分为25分，高于或低于评标基准价的投标报价，每高1%，扣0.2分，每低1%，扣0.2分，偏离不足1%的，中间以插入法计	25
检测设备	10分	有委托检测协议或能满足工程检测需要，得10分(能满足工程检测:指投标单位的检测设备中要有GPS、经纬仪、水准仪、混凝土回弹仪、路基压实度测定仪，缺一项扣2分)	10

续表

评分项目	分值分配	评分内容和评分办法	最高分
企业业绩和社会信誉	18分	1.2015年至今企业连续5年在某市监理企业综合考评均获A类的得3分，2017年至今企业连续3年在某市监理企业综合考评均获A类的得2分，近三年(2017年至今)获得过A类的得1分，没有的不得分，上述评分不重复计算	4
		2.企业获得省级及以上工商行政管理局颁发的重合同守信用企业的得3分，获得省辖市级重合同守信用企业的得2分	4
		3.2015年至今企业获得过省级及以上示范监理企业的得3分，市级得2分(限评一项)	4
		4.2012年至今企业所监理的道桥类的工程获得省级及以上示范监理项目的得3分，市级示范监理项目得2分(限评一项)	4
		5.2015年至今企业监理的道桥类工程项目获得全国市政金杯示范工程的得3分，获得省级优质工程奖的得2分，获得市级优质工程奖的得1分(限评一项)	2
合计			100

3.1.3.3　定标

招标人应按有关规定在招标投标监督部门指定的媒体或场所公示推荐的中标候选人，并根据相关法律法规和招标文件规定的定标原则和程序确定中标人，向中标人发出中标通知书。同时，将中标结果通知所有未中标的投标人，并在15日内将监理招标投标情况书面报告提交招标投标行政监督部门。

3.1.3.4　签订建设工程监理合同

招标人与中标人应当自发出中标通知书之日起30日内，依据中标通知书、招标文件签订工程监理合同。

3.1.4　建设工程监理评标示例

某房屋建筑工程监理评标办法中规定，采用定量综合评估法进行评标，以得分最高者为中标单位。对总监理工程师素质、资源配置、监理大纲、类似工程业绩及诚信行为、监理服务报价等进行综合评分，并按综合评分顺序推荐3名合格中标候选人。

（1）初步评审　评标委员会对投标文件进行初步评审，并填写符合性检查表。只有通过初步评审的投标文件才能参加详细评审。不能通过初步评审的主要条件包括以下几个。

① 投标人以他人名义投标、串通投标、以行贿手段谋取中标或以其他方式弄虚作假。

② 投标文件未按招标文件规定加盖本单位公章及法定代表人印章或签字。

③ 总监理工程师资格条件不符合招标文件要求，或担任在建工程项目总监理工程师超出规定。

④ 投标文件未对招标文件的实质性要求和条件做出响应。

⑤ 投标人递交两份或多份内容不同的投标文件，或在一份投标文件中对同一项目的报价有两个或多个报价，且未声明哪一个为最终报价。

⑥ 有两个或两个以上投标人的投标文件内容基本一致。

⑦ 投标文件未按招标文件要求提交投标保证金。

⑧ 投标文件有其他重大偏差。

⑨ 招标文件明确规定可以废标的其他情形。

投标文件存在以上条件之一的，经评标委员会讨论，应认为其存在重大偏差，对该投标文件作废标处理，并记录在评标报告中。

（2）详细评审　评标委员会按评标办法中规定的量化因素和分值进行打分，并计算出综合评估得分。

（3）投标文件的澄清　评标委员会可以书面通知投标人澄清或说明其投标文件中不明确的内容，或要求补充相应资料或对细微偏差进行补正。投标人对此不得拒绝，否则，作废标处理。

有关澄清、说明和补正的要求和回答均以书面形式进行，但投标人不得因此而提出改变投标文件实质内容的要求。投标人的书面澄清、说明或补正属于投标文件的组成部分。评标委员会不接受投标人对投标文件的主动澄清、说明和补正。

（4）评标结果　评标委员会汇总每位评标专家的评分后，去掉一个最高分和一个最低分，取其他评标专家评分的算术平均值计算每个投标人的最终得分，并以投标人的最终得分高低顺序推荐3名中标候选人。

投标人综合评分相等时，以投标报价低的优先；投标报价也相等的，由招标人自行确定。

评标委员会完成评标后，应当向招标人提交书面评标报告。

3.2　建设工程监理合同

3.2.1　建设工程监理合同的订立

3.2.1.1　建设工程监理合同及其特点

建设工程监理合同（以下简称监理合同）是一种委托合同，除具有委托合同的共同特点外，还具有以下特点。

（1）接受委托的监理人必须是依法成立、具有工程监理资质的企业，其所承担的工程监理业务应与企业资质等级和业务范围相符合。

（2）监理合同委托的工作内容必须符合法律法规、有关工程建设标准、工程设计文件、施工合同及物资采购合同。

（3）监理合同的标的是服务。

监理合同是工程监理单位实施监理与相关服务的主要依据之一，实施工程监理前建设单位必须委托具有相应资质的工程监理单位，并以书面形式与工程监理单位订立建设工程监理合同，合同中应包括监理工作的范围、内容、服务期限和酬金，以及双方的权利义务、违约责任等相关条款。

在订立监理合同时，建设单位将勘察、设计、保修阶段等相关服务一并委托的，应在合同中明确相关服务的工作范围、内容、服务期限和酬金等相关条款。

3.2.1.2　《建设工程监理合同（示范文本）》的结构

住房和城乡建设部和国家工商行政管理总局于2012年3月发布了《建设工程监理合同

（示范文本）》，该合同示范文本由协议书、通用条件、专用条件、附录 A 和附录 B 组成。

（1）协议书　明确委托人和监理人；明确双方约定的委托建设工程监理与相关服务的工程概况、总监理工程师、签约酬金、服务期限以及双方对履行合同的承诺及合同订立的时间、地点、份数等。建设工程监理合同的组成文件有以下几个。

① 协议书。

② 中标通知书（适用于招标工程）或委托书（适用于非招标工程）。

③ 投标文件（适用于招标工程）或监理与相关服务建议书（适用于非招标工程）。

④ 专用条件。

⑤ 通用条件。

⑥ 附录。

附录 A 为相关服务的范围和内容。

附录 B 为委托人派遣的人员和提供的房屋、资料、设备。

双方依法签订的补充协议也是建设工程监理合同文件的组成部分。

（2）通用条件　通用条件涵盖了建设工程监理合同中所用的词语定义与解释，监理人的义务，委托人的义务，签约双方的违约责任，酬金支付，合同的生效、变更、暂停、解除与终止，争议解决及其他诸如外出考察费用、检测费用、咨询费用、奖励、守法诚信、保密、通知、著作权等方面的约定。通用文件适用于各类建设工程监理，各委托人、监理人都应遵守通用条件中的规定。

（3）专用条件　专用条件是对通用条件中的某些条款进行补充、修改。

3.2.2　建设工程监理合同的履行

3.2.2.1　监理人的义务及职责

（1）监理的范围和工作内容

① 监理范围。合同双方需要在专用条件中明确建设工程监理的具体范围。

② 监理工作内容。

a. 收到工程设计文件后编制监理规划，并在第一次工地会议 7 天前报委托人。根据有关规定和监理工作需要，编制监理实施细则。

b. 熟悉工程设计文件，并参加由委托人主持的图纸会审和设计交底会议。

c. 参加由委托人主持的第一次工地会议；主持监理例会并根据工程需要主持或参加专题会议。

d. 审查施工承包人提交的施工组织设计，重点审查其中的质量安全技术措施、专项施工方案与工程建设强制性标准的符合性。

e. 检查施工承包人工程质量、安全生产管理制度及组织机构和人员资格。

f. 检查施工承包人专职安全生产管理人员的配备情况。

g. 审查施工承包人提交的施工进度计划，核查施工承包人对施工进度计划的调整。

h. 检查施工承包人的试验室。

i. 审核施工分包人资质条件。

j. 查验施工承包人的施工测量放线成果。

k. 审查工程开工条件，对条件具备的签发开工令。

l.审查施工承包人报送的工程材料、构配件、设备的质量证明资料，抽检进场的工程材料、构配件的质量。

m.审核施工承包人提交的工程款支付申请，签发或出具工程款支付证书，并报委托人审核、批准。

n.在巡视、旁站和检验过程中，发现工程质量、施工安全存在事故隐患的，要求施工承包人整改并报委托人。

o.经委托人同意，签发工程暂停令和复工令。

p.审查施工承包人提交的采用新材料、新工艺、新技术、新设备的论证材料及相关验收标准。

q.验收隐蔽工程、分部分项工程。

r.审查施工承包人提交的工程变更申请，协调处理施工进度调整、费用索赔、合同争议等事项。

s.审查施工承包人提交的竣工验收申请，编写工程质量评估报告。

t.参加工程竣工验收，签署竣工验收意见。

u.审查施工承包人提交的竣工结算申请并报委托人。

v.编制、整理建设工程监理归档文件并报委托人。

委托人需要监理人提供相关服务（如勘察阶段、设计阶段、保修阶段服务及其他专业技术咨询、外部协调工作等）的，其范围和内容应在附录A中约定。

（2）项目监理机构和人员

①项目监理机构。项目监理机构应由总监理工程师、专业监理工程师和监理员组成，专业配套、人员数量满足监理工作需要。总监理工程师必须由注册监理工程师担任，必要时可设总监理工程师代表。配备必要的检测设备，是保证建设工程监理效果的重要基础。

②项目监理机构人员的更换。

a.在建设工程监理合同履行过程中，总监理工程师及重要岗位监理人员应保持相对稳定，以保证监理工作正常进行。

b.监理人可根据工程进展和工作需要调整项目监理机构人员。需要更换总监理工程师时，应提前7天向委托人书面报告，经委托人同意后方可更换；监理人更换项目监理机构其他监理人员，应以不低于现有资格与能力为原则，并应将更换情况通知委托人。

c.委托人可要求监理人更换不能胜任本职工作的项目监理机构人员。

（3）履行职责

①委托人、施工承包人及有关各方意见和要求的处置。在建设工程监理与相关服务范围内，项目监理机构应及时处置委托人、施工承包人及有关各方的意见和要求。当委托人与施工承包人及其他合同当事人发生合同争议时，项目监理机构应充分发挥协调作用与委托人、施工承包人及其他合同当事人协商解决。

②提供证明材料。委托人与施工承包人及其他合同当事人发生合同争议的，首先应通过协商、调解等方式解决。如果协商、调解不成而通过仲裁或诉讼途径解决的，监理人应按仲裁机构或法院要求提供必要的证明材料。

③处理合同变更。监理人应在专用条件约定的授权范围（工程延期的授权范围、合同价款变更的授权范围）内，处理委托人与承包人所签订合同的变更事宜。如果变更超过授权范围，应以书面形式报委托人批准。

在紧急情况下，为了保护财产和人身安全，项目监理机构可不经请示委托人而直接发布指令，但应在发出指令后的 24 小时内以书面形式报委托人。项目监理机构拥有一定的现场处置权。

④ 调换承包人工作不力的有关人员。项目监理机构有权要求施工承包人及其他合同当事人调换其不能胜任本职工作的人员。与此同时，为限制项目监理机构在此方面有过大的权力，委托人与监理人可在专用条件中约定项目监理机构指令施工承包人及其他合同当事人调换其人员的限制条件。

（4）提交报告和文件资料　项目监理机构应按专用条件约定的种类、时间和份数向委托人提交监理与相关服务的报告，包括监理规划、监理月报，还可根据需要提交专项报告等。

在监理合同履行期内，项目监理机构应在现场保留工作所用的图纸、报告及记录监理工作的相关文件。工程竣工后应当按照档案管理规定将监理有关文件归档。

（5）使用委托人的财产　在建设工程监理与相关服务过程中，委托人派遣的人员以及提供给项目监理机构无偿使用的房屋、资料、设备应在附录 B 中予以明确。监理人应妥善使用和保管，并在合同终止时将这些房屋、设备按专用条件约定的时间和方式移交委托人。

3.2.2.2　委托人的义务

（1）告知　委托人应在其与施工承包人及其他合同当事人签订的合同中明确监理人、总监理工程师和授予项目监理机构的权限。如果监理人、总监理工程师以及委托人授予项目监理机构的权限有变更，委托人也应以书面形式及时通知施工承包人及其他合同当事人。

（2）提供资料　委托人应按照附录 B 约定，无偿、及时向监理人提供工程有关资料。在建设工程监理合同履行过程中，委托人应及时向监理人提供最新的与工程有关的资料。

（3）提供工作条件　委托人应为监理人实施监理与相关服务提供必要的工作条件。

① 派遣人员并提供房屋、设备。

② 协调外部关系。委托人应负责协调工程建设中所有外部关系，为监理人履行合同提供必要的外部条件。如果委托人将工程建设中所有或部分外部关系的协调工作委托监理人完成的，则应与监理人协商，并在专用条件中约定或签订补充协议，支付相关费用。

（4）委托人代表　委托人应授权一名熟悉工程情况的代表，负责与监理人联系。委托人应在双方签订合同后 7 天内，将其代表的姓名和职责书面告知监理人。当委托人更换其代表时，也应提前 7 天通知监理人。

（5）委托人意见或要求　在建设工程监理合同约定的监理与相关服务工作范围内，委托人对承包人的任何意见或要求应通知监理人，由监理人向承包人发出相应指令。

（6）答复　对于监理人以书面形式提交委托人并要求做出决定的事宜，委托人应在专用条件约定的时间内给予书面答复。逾期未答复的，视为委托人认可。

（7）支付　委托人应按合同（包括补充协议）约定的额度、时间和方式向监理人支付酬金。

3.2.2.3　违约责任

（1）监理人的违约责任　监理人未履行监理合同义务的，应承担相应的责任。

① 违反合同约定造成的损失赔偿。因监理人违反合同约定给委托人造成损失的，监理人应当赔偿委托人损失。赔偿金额的确定方法在专用条件中约定。

监理人承担部分赔偿责任的，其承担赔偿金额由双方协商确定。监理人的违约情况包括不履行合同义务的故意行为和不正确履行合同义务的过错行为。

监理人不履行合同义务的情形包括以下几种。

a. 无正当理由单方解除合同。

b. 无正当理由不履行合同约定的义务。

监理人未正确履行合同义务的情形包括以下几种。

a. 未完成合同约定范围内的工作。

b. 未按规范程序进行监理。

c. 未按正确数据进行判断而向施工承包人及其他合同当事人发出错误指令。

d. 未能及时发出相关指令，导致工程实施进程发生重大延误或混乱。

e. 发出错误指令，导致工程受到损失等。

当合同协议书是根据《建设工程监理与相关服务收费管理规定》约定酬金的，则应按专用条件约定的百分比方法计算监理人应承担的赔偿金额：

赔偿金＝直接经济损失×正常工作酬金÷工程概算投资额（或建筑工程安装费）

② 索赔不成立时的费用补偿。监理人向委托人的索赔不成立时，监理人应赔偿委托人由此发生的费用。

（2）委托人的违约责任　委托人未履行合同义务的，应承担相应的责任。

① 违反合同约定造成的损失赔偿。委托人违反合同约定造成监理人损失的，委托人应予以赔偿。

② 索赔不成立时的费用补偿。委托人向监理人的索赔不成立时，应赔偿监理人由此引起的费用。

③ 逾期支付补偿。委托人未能按合同约定的时间支付相应酬金超过 28 天，应按专用条件约定支付逾期付款利息。逾期付款利息应按专用条件约定的方法计算（拖延支付天数应从应支付日算起）。

逾期付款利息＝当期应付款总额×银行同期贷款利率×拖延支付天数

（3）除外责任　因非监理人的原因，且监理人无过错，发生工程质量事故、安全事故、工期延误等造成的损失，监理人不承担赔偿责任。因不可抗力导致监理合同全部或部分不能履行时，双方各自承担其因此而造成的损失、损害。如果委托人投保"建筑工程一切险"或"安装工程一切险"的被保险人中包括监理人，则监理人的物质损害也可从保险公司获得相应的赔偿。监理人应自行投保现场监理人员的意外伤害保险。

3.2.3　建设工程监理合同的生效、变更与终止

3.2.3.1　监理合同的生效

合同双方当事人依法订立后合同即生效。

3.2.3.2　监理合同的变更

在建设工程监理合同履行期间，由于主观或客观条件的变化，当事人任何一方均可提出变更合同的要求，经过双方协商达成一致后可以变更合同。

（1）监理合同履行期限延长、工作内容增加　除不可抗力外，因非监理人的原因导致监理人履行合同期限延长、内容增加时，监理人应将此情况与可能产生的影响及时通知委托人。增加的监理工作时间、工作内容应视为附加工作。附加工作酬金的确定方法在专用条件

中约定。附加工作分为延长监理或相关服务时间、增加服务工作内容两类。

（2）监理合同暂停履行、终止后的善后服务工作及恢复服务的准备工作　监理合同生效后，如果实际情况发生变化使得监理人不能完成全部或部分工作时，监理人应立即通知委托人。其善后工作以及恢复服务的准备工作应为附加工作，附加工作酬金的确定方法在专用条件中约定。监理人用于恢复服务的准备时间不应超过 28 天。

监理合同生效后，出现致使监理人不能完成全部或部分工作的情况可能包括以下几种。

① 因委托人原因致使监理人服务的工程被迫终止。

② 因委托人原因致使被监理合同终止。

③ 因施工承包人或其他合同当事人原因致使被监理合同终止，实施工程需要更换施工承包人或其他合同当事人。

④ 不可抗力原因致使被监理合同暂停履行或终止等。

在上述情况下，附加工作酬金按下式计算：

$$附加工作酬金 = 善后工作及恢复服务的准备工作时间（天）\times 正常工作酬金 \div$$
$$协议书约定的监理与相关服务期限（天）$$

（3）相关法律法规、标准颁布或修订引起的变更　增加的监理工作内容或延长的服务时间应视为附加工作。若致使委托范围内的工作相应减少或服务时间缩短，也应调整监理与相关服务的正常工作酬金。

（4）工程投资额或建筑安装工程费增加引起的变更　正常工作酬金增加额按下式计算：

$$正常工作酬金增加额 = 工程投资额或建筑安装工程费增加额 \times 正常工作酬金 \div$$
$$工程概算投资额（或建筑安装工程费）$$

（5）因工程规模、监理范围的变化导致监理人的正常工作量的减少　在监理合同履行期间，工程规模或监理范围的变化导致正常工作减少时，监理与相关服务的投入成本也相应减少，因此，也应对协议书中约定的正常工作酬金做出调整。减少正常工作酬金的基本原则，按照减少工作量的比例从协议书约定的正常工作酬金中扣减相同比例的酬金。

3.2.3.3　建设工程监理合同暂停与解除

（1）解除合同或部分义务　在合同有效期内，由于双方无法预见和控制的原因导致合同全部或部分无法继续履行或继续履行已无意义，经双方协商一致，可以解除合同或监理人的部分义务。除不可抗力等原因依法可以免除责任外，因委托人原因致使正在实施的工程取消或暂停等，监理人有权获得因合同解除导致损失的补偿。补偿金额由双方协商确定。

解除合同的协议必须采取书面形式，协议未达成之前，监理合同仍然有效，双方当事人应继续履行合同约定的义务。

（2）暂停全部或部分工作　委托人因不可抗力影响、筹措建设资金遇到困难、与施工承包人解除合同、办理相关审批手续、征地拆迁遇到困难等导致工程施工全部或部分暂停时，应书面通知监理人暂停全部或部分工作。除不可抗力外，由此导致监理人遭受的损失应由委托人予以补偿。

暂停全部或部分监理或相关服务的时间超过 182 天，监理人可自主选择继续等待委托人恢复服务的通知，也可向委托人发出解除全部或部分义务的通知。

（3）监理人未履行合同义务　当监理人无正当理由未履行合同约定的义务时，委托人应通知监理人限期改正。委托人在发出通知后 7 天内没有收到监理人书面形式的合理解释，则可进一步发出解除合同的通知，自通知到达监理人时合同解除。监理人因违约行为给委托人造成损失的，应承担违约赔偿责任。

（4）委托人延期支付　监理人在专用条件约定的支付日的28天后没有收到应支付的款项，可发出酬金催付通知。委托人接到通知14天后仍未支付或未提出监理人可以接受的延期支付安排，监理人可向委托人发出暂停工作的通知并可自行暂停全部或部分工作。

暂停工作后14天内监理人仍未获得委托人应付酬金或委托人的合理答复，监理人可向委托人发出解除合同的通知，自通知到达委托人时合同解除。委托人应对支付酬金的违约行为承担违约赔偿责任。

（5）不可抗力造成合同暂停或解除　因不可抗力致使合同部分或全部不能履行时，一方应立即通知另一方，可暂停或解除合同。

（6）合同解除后的结算、清理、争议解决　无论是协商解除合同，还是委托人或监理人单方解除合同，合同解除生效后，合同约定的有关结算、清理条款仍然有效。

单方解除合同的解除通知到达对方时生效，任何一方对对方解除合同的行为有异议，仍可按照约定的合同争议条款采用调解、仲裁或诉讼的程序保护自己的合法权益。

3.2.3.4　监理合同的终止

以下条件全部成就时，监理合同即告终止。

（1）监理人完成合同约定的全部工作。

（2）委托人与监理人结清并支付全部酬金。

【例题1】建设工程监理投标文件的核心是（B）。

　　A.监理实施细则　　B.监理大纲　　　　C.监理服务报价单　D.监理规划

【例题2】建设工程监理招标的标的是（D）。

　　A.监理酬金　　　　B.监理设备　　　　C.监理人员　　　　D.监理服务

【例题3】根据《监理合同（示范文本）》，协调外部关系是委托人（C）的义务。

　　A.告知　　　　　　B.提供材料　　　　C.提供工作条件　　D.答复

［解析］监理合同委托人的义务中，提供工作条件包括派遣人员并提供房屋、设备和协调外部关系。

【例题4】根据《监理合同（示范文本）》，以下各项中，属于委托人义务的是（B）。

　　A.提供证明材料　　　　　　　　　　B.提供工作条件

　　C.监理范围和工作内容　　　　　　D.提交报告

［解析］委托人的义务包括：告知、提供资料、提供工作条件、授权委托人代表、委托人意见或建议、答复、支付等。

【例题5】依据《建设工程监理范围和规模标准规定》，下列项目中，必须实行监理的是（A）。

　　A.建筑面积4000m^{2}的影剧院项目　　B.建筑面积40000m^{2}的住宅项目

　　C.总投资额2800万元的新能源项目　　D.总投资额2700万元的社会福利项目

【例题6】根据《监理合同（示范文本）》，监理人需要完成的工作内容有（CD）。

　　A.主持工程竣工验收

　　B.编制工程竣工结算报告

　　C.检查施工承包人的试验室

　　D.验收隐蔽工程、分部分项工程

　　E.主持召开第一次工地会议

【例题 7】依据《建设工程监理范围和规模标准规定》，（ADE）必须实行监理。

A. 使用国外政府援助资金的项目

B. 投资额为 2000 万元的公路项目

C. 建筑面积在 4 万平方米的住宅小区项目

D. 投资额为 1000 万元的学校项目

E. 投资额为 3500 万元的医院项目

【例题 8】依据《工程监理企业资质管理规定》，我国工程监理企业资质等级划分为（ABD）。

A. 综合　　　　　B. 专业　　　　　　C. 技术咨询

D. 事务所　　　　E. 管理所

本 章 作 业

一、单选题

1. 下列各类建设工程中，属于《建设工程监理范围和规模标准规定》中规定的必须实行监理的是（　　）。

　　A. 投资总额 2000 万元的学校工程　　　　B. 投资总额 2000 万元的科技、文化工程

　　C. 投资总额 2000 万元的社会福利工程　　D. 投资总额 2000 万元的道路、桥梁工程

2. 监理人根据多个同时实施工程项目需要调整项目监理机构中的土建专业监理工程师，按照《监理合同（示范文本）》的规定，以下说法中正确的是（　　）。

　　A. 自行更换后通知委托人

　　B. 自行更换，无须通知委托人

　　C. 需要报告委托人，未经同意不得更换

　　D. 项目监理机构的主要人员应保持稳定，监理业务完成前不得更换

3. 按照《监理合同（示范文本）》对委托人授权的规定，下列表述中不正确的是（　　）。

　　A. 委托人的授权范围应通知承包商

　　B. 委托人的授权一经在专用条件内注明不得更改

　　C. 监理人在授权范围内处理变更事宜，不需经委托人同意

　　D. 监理人处理的变更事宜超过授权范围，须经委托人同意

4.《监理合同》示范文本对监理人职责的规定中，不包括（　　）。

　　A. 对委托人和承包人提出的意见和要求及时提出处置意见

　　B. 当委托人与承包人之间发生合同争议时，协助委托人、承包人协商解决

　　C. 委托人与监理人协商达不成一致时，作为独立的第三方公正地做出处理决定

　　D. 当委托人与承包人之间的合同争议提交仲裁或人民法院审理时，作为证人提供必要的证明资料

5. 施工过程中，委托人对承包人的要求应（　　）。

　　A. 直接指令承包人执行

　　B. 与承包人协商后，书面指令承包人执行

　　C. 通知监理人，由监理人通过协调发布相关指令

D. 与监理人、承包人协商后书面指令承包人执行

6. 下列关于监理人向委托人索赔的说法中，表述正确的是（　　）。

A. 监理人的索赔不成立时，不应针对此事件再提索赔

B. 监理人是委托人的代理人，因此不应提出任何索赔要求

C. 监理人的索赔不成立时，应赔偿委托人由此发生的费用

D. 监理人的索赔报告应提交给施工合同约定的合同争议评审组

二、简述题

1. 简述监理人的工作范围有哪些？

2. 简述委托人的义务有哪些？

第4章 建设工程监理组织

4.1 建设工程组织管理基本模式

4.1.1 平行承发包模式

4.1.1.1 平行承发包模式的概念

平行承发包是指业主将建设工程的设计、施工以及材料设备采购的任务经过分解分别发包给若干个设计单位、施工单位和材料设备供应单位，并分别与各方签订合同。各设计单位之间的关系是平行的，各施工单位之间的关系也是平行的，各个材料设备供应单位之间的关系也是平行的。

图 4-1 为平行承发包模式。

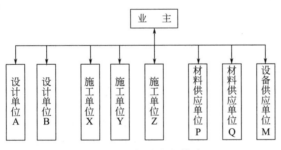

图 4-1 平行承发包模式

4.1.1.2 平行承发包模式的优缺点

（1）优点 有利于缩短工期；有利于质量控制；有利于业主选择承建单位。

（2）缺点

① 合同数量多，会造成合同管理困难；组织协调工作量大。

② 投资控制难度大。总合同价不易确定，影响投资控制实施；工程招标任务量大，需控制多项合同价格，增加了投资控制难度；在施工过程中设计变更和修改较多，导致投资增加。

4.1.1.3 工程监理委托模式

在工程平行承发包模式下，工程监理委托模式有以下两种主要形式。

（1）业主委托一家工程监理单位实施监理 在这种情况下，工程监理单位应具有较强的合同管理与组织协调能力，并能做好全面规划工作。可以组建多个监理分支机构对各施工单位分别实施监理。

（2）建设单位委托多家工程监理单位实施监理　建设单位需要协调各工程监理单位之间的相互协作与配合。工程监理单位的监理对象相对单一，便于管理，各家工程监理单位各负其责，缺少一个对建设工程进行总体规划与协调控制的工程监理单位。建设单位一般委托一个"总监理工程师单位"，总体负责建设工程总规划和协调控制，再由建设单位与"总监理工程师单位"共同选择几家工程监理单位分别承担不同施工合同段监理任务。在建设工程监理工作中，由"总监理工程师单位"负责协调、管理各工程监理单位工作，从而可大大减轻建设单位的管理压力。

图 4-2 为平行承发包模式下委托一家工程监理单位组织方式。

图 4-3 为平行承发包模式下委托多家工程监理单位组织方式。

图 4-4 为平行承发包模式下委托总监理工程师单位组织方式。

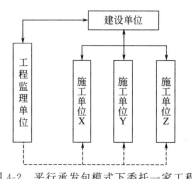

图 4-2　平行承发包模式下委托一家工程
监理单位的组织方式

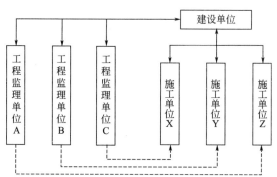

图 4-3　平行承发包模式下委托多家工程
监理单位的组织方式

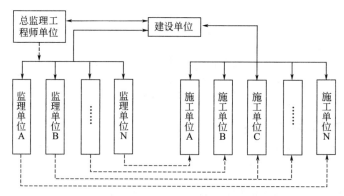

图 4-4　平行承发包模式下委托总监理工程师单位的组织方式

4.1.2　设计或施工总分包模式

4.1.2.1　设计或施工总分包模式的概念

设计或施工总分包是指业主将全部设计或施工任务发包给一个设计单位或一个施工单位作为总包单位，总包单位可以将其部分任务再分包给其他承包单位，形成一个设计总包合同或一个施工总包合同以及若干个分包合同的结构模式。

图 4-5 为设计和施工总分包模式。

4.1.2.2　设计或施工总分包模式的优缺点

（1）优点

① 有利于建设工程的组织管理。工程合同数量比平行承发包模式要少很多，有利于业主的合同管理，业主协调工作量减少，可发挥监理工程师与总包单位多层次协调的积极性。

② 有利于投资控制。

③ 有利于质量控制。

④ 有利于工期控制。总包单位具有控制的积极性，分包单位之间也有相互制约的作用，有利于总体进度的协调控制，也有利于控制进度。

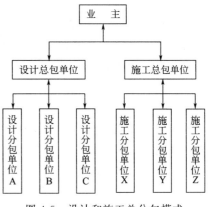

图 4-5　设计和施工总分包模式

（2）缺点

① 建设周期较长。

② 总包报价可能较高。

在建设工程施工总承包模式下，建设单位通常应委托一家工程监理单位实施监理。监理工程师必须做好对分包单位资格的审查、确认工作。

图 4-6 为施工总分包模式。

图 4-7 为施工总分包模式下委托工程监理单位组织方式。

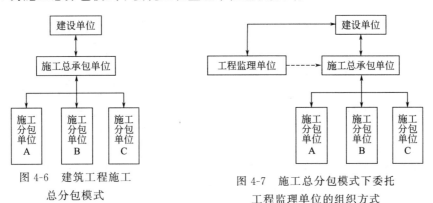

图 4-6　建筑工程施工
总分包模式

图 4-7　施工总分包模式下委托
工程监理单位的组织方式

4.1.3　工程总承包模式

（1）工程总承包模式的特点　建筑工程的发包单位可以将建筑工程的勘察、设计、施工、设备采购一并发包给一个工程总承包单位，也可以将建筑工程勘察、设计、施工、设备采购的一项或者多项发包给一个工程总承包单位。但是，不得将应当由一个承包单位完成的建筑工程肢解成若干部分发包给几个承包单位。

工程总承包企业受业主委托，按照合同约定对工程建设项目的勘察、设计、采购、施工、试运行等实行全过程或若干阶段的承包，工程总承包企业按照合同约定对工程项目的质量、工期、造价等向业主负责。工程总承包企业可依法将所承包工程中的部分工作发包给具有相应资质的分包企业，分包企业按照分包合同的约定对总承包企业负责。建设项目工程总承包主要有以下两种方式。

① 设计-施工总承包（Design-Build）。设计-施工总承包是指工程总承包企业按照合同约

定，承担工程项目设计和施工，并对承包工程的质量、安全、工期、造价全面负责。

②设计采购施工总承包（Engineering，Procurement，Construction，EPC）。设计采购施工总承包是指工程总承包企业按照合同约定，承担工程项目的设计、采购、施工、试运行服务等工作，并对承包工程的质量、安全、工期、造价全面负责。

（2）工程总承包模式的优缺点

①优点。合同关系简单，组织协调工作量小；缩短建设周期；有利于投资控制。通过设计与施工的统筹考虑可以提高项目的经济性，从价值工程或全寿命费用的角度可以取得明显的经济效果，但并不意味着项目总承包的价格低。

②缺点。招标发包工作难度大；合同条款不易准确确定，容易造成较多的合同争议。因此，虽然合同量最少，但是合同管理难度一般较大；业主择优选择承包方范围小；质量控制难度大，其原因是质量标准和功能要求不易做到全面、具体、准确，质量控制标准制约性受到影响；"他人控制"机制薄弱。

图 4-8 为工程总承包模式。

图 4-9 为工程总承包模式下委托工程监理单位组织方式。

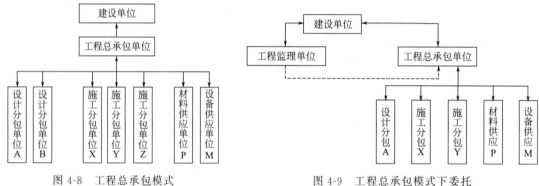

图 4-8　工程总承包模式

图 4-9　工程总承包模式下委托工程监理单位的组织方式

在工程总承包模式下，建设单位一般应委托一家工程监理单位实施监理。在该委托方式下，监理工程师需具备较全面的知识，做好合同管理工作。

建设工程组织管理基本模式优缺点对比见表 4-1。

表 4-1　建设工程组织管理基本模式优缺点对比

项目		平行承发包模式	设计或施工总分包模式	工程总承包模式
优点		有利于缩短工期	有利于工期控制	缩短建设周期
		有利于质量控制	有利于质量控制	
			有利于投资控制	有利于投资控制
		有利于业主选择承建单位	有利于建设工程的组织管理，业主协调工作量减少	合同关系简单,组织协调工作量小
缺点			建设周期较长	
				质量控制难度大
		投资控制难度大	总包报价可能较高	
		合同数量多,组织协调工作量大;会造成合同管理困难		招标发包工作难度大,合同管理难度一般较大;业主择优选择承包方范围小

【例题1】建设工程平行承包模式下，需委托多家工程监理单位实施监理时，各工程监理单位之间的关系需要自（B）进行协调。

A. 设计单位　　　　 B. 建设单位　　　　 C. 质量监督机构　　 D. 施工总承包单位

【例题2】针对工程项目平行承发包模式的缺点，在业主委托一家监理单位监理的条件下，要求监理单位有较强的（D）能力。

A. 质量控制与组织协调　　　　　　 B. 质量控制与合同管理

C. 质量控制与投资控制　　　　　　 D. 合同管理与组织协调

【例题3】建设工程平行承发包模式的缺点是（B）。

A. 业主选择承包单位范围小　　　　 B. 投资控制难度大

C. 进度控制难度大　　　　　　　　 D. 质量控制难度大

［解析］平行承发包模式的缺点是：合同数量多，会造成合同管理困难；投资控制难度大。

【例题4】对择优选择承建单位最有利的工程承发包模式是（A）。

A. 平行承发包　　　　　　　　　　 B. 设计和施工总分包

C. 项目总承包　　　　　　　　　　 D. 设计和施工联合体承包

［解析］采用平行承发包模式，无论大型承建单位还是中、小型承建单位都有机会竞争。

【例题5】业主将全部设计或施工的任务发包给一个设计单位或一个施工单位，这个施工单位可以将其任务的一部分再分包给其他承包单位。这种工程项目承发包模式称为（B）。

A. 平行承发包模式　　　　　　　　 B. 设计或施工总分包模式

C. 工程项目总承包模式　　　　　　 D. 工程项目总承包管理模式

【例题6】对建设单位而言，工程总承包模式的主要缺点是（A）。

A. 质量控制难度大　　　　　　　　 B. 不利于缩短建设工期

C. 组织协调工作量大　　　　　　　 D. 不利于投资控制

［解析］工程总承包模式的缺点包括：招标发包工作难度大、业主择优选承包方范围小、质量控制难度大。

【例题7】下列关于委托建设工程监理的说法中，正确的有（D）。

A. 工程总承包模式下，建设单位宜分阶段委托监理单位监理

B. 设计或施工总分包模式下，建设单位应只委托一家监理单位监理

C. 平行承发包模式下，建设单位应只委托一家监理单位监理

D. 平行承发包模式下，建设单位可以委托一家或多家监理单位监理

［解析］工程总承包模式下，业主应委托一家监理单位提供监理服务，所以A错误；设计或施工总分包模式下可以委托一家监理单位，也可以按照设计阶段和施工阶段委托监理单位，所以B错误；平行承发包模式下，建设单位可以委托一家或多家监理单位监理，所以C错误。

【例题8】对建设单位而言，平行承发包模式的主要缺点有（AB）。

A. 协调工作量大　　　　　　　　　 B. 投资控制难度大

C. 不利于缩短工期　　　　　　　　 D. 质量控制难度大

E. 选择承包方范围小

【例题9】与平行承发包模式相比，施工总承包模式的特点有（ABD）。

A. 业主的合同管理工作量大大减小

B. 业主的组织和协调工作量大大减小

C. 业主的投资控制难度大

D. 建设周期可能比较长，不利于进度控制

E. 合同交互界面比较多，应非常重视合同之间界面的定义

[解析] 考核的是施工总承包模式的特点。施工总承包模式的特点是：与平行承发包模式相比，采用施工总承包模式，业主的合同管理工作量大大减小了，组织和协调工作量也大大减小，协调比较容易。但建设周期可能比较长，对进度控制不利。

4.2　监理组织机构形式

4.2.1　直线制监理组织形式

直线制组织形式的特点是项目监理机构中任何一个下级只接受唯一上级的命令。各级部门主管人员对各自所属部门的事务负责，项目监理机构中不再设置职能部门。

这种组织形式适用于能划分为若干个相对独立的子项目的大、中型建设工程。总监理工程师负责整个工程的规划、组织和指导，并负责整个工程范围内各方面的指挥、协调工作，子项目监理组分别负责各子项目的目标值控制。

如果建设单位将相关服务一并委托，项目监理机构的部门还可按不同的建设阶段分解设立直线制监理机构组织形式。

对于小型建设工程，项目监理机构也可采用按专业内容分解的直线制组织形式。

直线制监理组织形式的主要优点是组织机构简单，权力集中，命令统一，职责分明，决策迅速，隶属关系明确。缺点是实行没有职能部门的"个人管理"，要求总监理工程师通晓各种业务和具备多种专业技能，成为"全能"式人物。

图 4-10 为直线制组织结构。

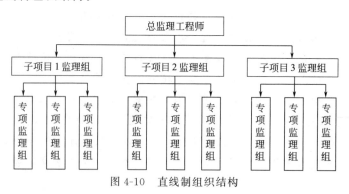

图 4-10　直线制组织结构

4.2.2　职能制监理组织形式

职能制组织形式是在项目监理机构内设立一些职能部门，将相应的监理职责和权力交给职能部门，各职能部门在其职能范围内有权直接发布指令指挥下级。职能制组织形式一般适用于大中型建设工程。如果子项目规模较大时，也可以在子项目设置职能部门。

职能制组织形式的主要优点是加强了项目监理目标控制的职能化分工，可以发挥职能机构的专业管理作用，提高管理效率，减轻总监理工程师负担。由于下级人员受多头指挥，如果这些指令相互矛盾，会使下级在监理工作中无所适从。

图 4-11 为职能制组织结构。

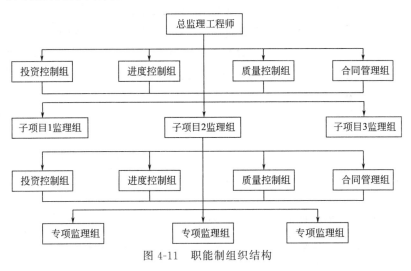

图 4-11　职能制组织结构

4.2.3　直线职能制监理组织形式

直线职能制组织形式是吸收直线制组织形式和职能制组织形式的优点而形成的一种组织形式。这种组织形式将管理部门和人员分为两类：一类是直线指挥部门的人员，他们拥有对下级实行指挥和发布命令的权力，并对该部门的工作全面负责；另一类是职能部门的人员，他们是直线指挥人员的参谋，他们只能对下级部门进行业务指导，不能对下级部门直接进行指挥和发布命令。

直线职能制组织形式既保持了直线制组织形式实行直线领导、统一指挥、职责分明的优点，又保持了职能制组织形式目标管理专业化的优点。缺点是职能部门与指挥部门易产生矛盾，信息传递路线长，不利于互通信息。

图 4-12 为直线职能制组织结构。

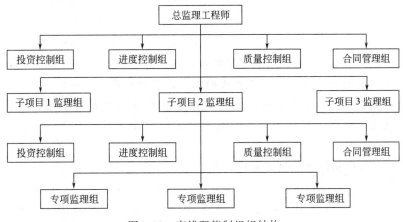

图 4-12　直线职能制组织结构

4.2.4 矩阵制监理组织形式

矩阵制组织形式是由纵横两套管理系统组成的矩阵组织结构，一套是纵向职能系统，另一套是横向子项目系统。这种组织形式的纵、横两套管理系统在监理工作中是相互融合关系。图中虚线所绘的交叉点上，表示了两者协同以共同解决问题。

矩阵制组织形式的优点是加强了各职能部门的横向联系，具有较大的机动性和适应性，将上下左右集权与分权实行最优结合，有利于解决复杂问题，有利于监理人员业务能力的培养。缺点是纵横向协调工作量大，处理不当会造成扯皮现象，产生矛盾。

图 4-13 为矩阵式组织结构。

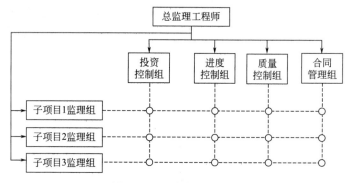

图 4-13 矩阵式组织结构

【例题 10】下列项目监理组织形式中，信息传递路线长，不利于互通信息的是（C）组织形式。

A. 矩阵制   B. 直线制   C. 直线职能制   D. 职能制

【例题 11】在直线职能制组织形式中，有直线指挥部门的人员和职能部门的人员，关于以上两类人员的表述中，错误的是（D）。

A. 直线指挥部门的人员拥有对下级实行指挥和发布命令的权力

B. 直线指挥部门的人员对该部门的工作全面负责

C. 职能部门的人员对下级部门进行业务指导

D. 职能部门的人员对下级部门直接进行指挥和发布命令

【例题 12】某工程项目监理机构具有统一指挥、职责分明、目标管理专业化的特点，则该项目监理机构的组织形式为（C）。

A. 直线制   B. 职能制   C. 直线职能制   D. 矩阵制

［解析］直线职能制保持了直线制组织实行直线领导、统一指挥、职责清楚的优点，另一方面又保持了职能制组织目标管理专业化的优点；其缺点是职能部门与指挥部门易产生矛盾，信息传递路线长，不利于互通情报。本题容易错选 A 选项，其中统一指挥、职责分明也是直线制的优点，目标管理化是直线职能制特有的而直线制没有的特点，所以不选择 A 选项。

【例题 13】组织机构简单，权力集中，命令统一，决策迅速的监理组织形式是（A）。

A. 直线制   B. 职能制   C. 直线职能制   D. 矩阵制

［解析］直线制监理组织形式的主要优点是组织机构简单，权力集中，命令统一，职责分明，决策迅速，隶属关系明确。缺点是实行没有职能部门的"个人管理"，这就要求总监

理工程师通晓各种业务，通晓多种知识技能，成为"全能"式人物。

【例题 14】矩阵制监理组织形式的主要优点是（D）。

A. 权力集中，隶属关系明确　　　　B. 命令统一，决策迅速

C. 发挥职能机构的专业管理作用　　D. 机动性大，适应性好

［解析］矩阵制监理组织形式的优点是加强了各职能部门的横向联系，具有较大的机动性和适应性，把上下左右集权与分权实行最优的结合，有利于解决复杂难题，有利于监理人员业务能力的培养。缺点是纵横向协调工作量大，处理不当会造成扯皮现象，产生矛盾。

4.3　项目监理机构设立及人员配备

4.3.1　项目监理机构设立

监理单位在组建项目监理机构时，一般按以下步骤进行。

4.3.1.1　确定项目监理机构目标

建设工程监理目标是项目监理机构建立的前提，项目监理机构建立应根据监理合同中确定的监理目标，制定总目标并明确划分监理机构的分解目标。

4.3.1.2　确定监理工作内容

根据监理目标和监理合同中规定的监理任务，对监理工作内容进行分类归并及组合。综合考虑监理工程的组织管理模式、工程结构特点、合同工期要求、工程复杂程度、工程管理及技术特点；还应考虑监理单位自身组织管理水平、监理人员数量、技术业务特点等。

建设工程进行实施阶段全过程监理，监理工作划分可按设计阶段和施工阶段分别归并和组合。

4.3.1.3　项目监理机构的组织结构设计

（1）选择组织结构形式　由于建设工程规模、性质、建设阶段等的不同，设计项目监理机构的组织结构时应选择适宜的组织结构形式以适应监理工作的需要。组织结构形式选择的基本原则是：有利于工程合同管理，有利于监理目标控制，有利于决策指挥，有利于信息沟通。

（2）合理确定管理层次与管理跨度　项目监理机构中一般应有三个层次。

① 决策层。由总监理工程师和其他助手组成，主要根据建设工程监理合同的要求和监理活动内容进行科学化、程序化决策与管理。

② 中间控制层（协调层和执行层）。由各专业监理工程师组成，具体负责监理规划的落实、监理目标控制及合同实施的管理。

③ 作业层（操作层）。主要由监理员组成，具体负责监理活动的操作实施。

项目监理机构中管理跨度的确定应考虑监理人员的素质、管理活动的复杂性和相似性、监理业务的标准化程度、各项规章制度的建立健全情况、建设工程的集中或分散情况等，按监理工作实际需要确定。

（3）项目监理机构部门划分　项目监理机构中合理划分各职能部门，将投资控制、进度控制、质量控制、合同管理、组织协调等监理工作内容按不同的职能活动形成相应的管理

部门。

4.3.1.4 制定岗位职责及考核标准

岗位职务及职责的确定，要有明确的目的性。根据责权一致的原则，应进行适当的授权，以承担相应的职责，并应确定考核标准，对监理人员的工作进行定期考核。

4.3.1.5 选派监理人员

根据监理工作的任务，选择适当的监理人员，包括总监理工程师、专业监理工程师和监理员，必要时可配备总监理工程师代表。监理人员的选择除应考虑个人素质外，还应考虑人员总体构成的合理性与协调性。项目监理机构由总监理工程师、总监理工程师代表、专业监理工程师和监理员构成。

（1）注册监理工程师　注册监理工程师是指通过建设工程监理职业资格考试，取得中华人民共和国监理工程师职业资格证书，并经注册后从事建设工程监理及相关业务活动的专业技术人员。

2020年2月28日，住房和城乡建设部等部委联合印发《监理工程师职业资格制度规定》《监理工程师职业资格考试实施办法》的通知，2022年3月人社部发布《部分准入类职业资格考试工作年限要求调整方案》，自2022年起实施。

关于监理工程师报考条件规定，凡遵守中华人民共和国宪法、法律、法规，具有良好的业务素质和道德品行，具备下列条件之一者，可以申请参加监理工程师职业资格考试。

① 具有各工程大类专业大学专科学历（或高等职业教育），从事工程施工、监理、设计等业务工作满4年。

② 具有工学、管理科学与工程类专业大学本科学历或学位，从事工程施工、监理、设计等业务工作满3年。

③ 具有工学、管理科学与工程一级学科硕士学位或专业学位，从事工程施工、监理、设计等业务工作满2年。

④ 具有工学、管理科学与工程一级学科博士学位。

监理工程师职业资格考试设《建设工程监理基本理论和相关法规》《建设工程合同管理》《建设工程目标控制》《建设工程监理案例分析》4个科目。其中《建设工程监理基本理论和相关法规》《建设工程合同管理》为基础科目，《建设工程目标控制》《建设工程监理案例分析》为专业科目。

监理工程师职业资格考试成绩实行4年为一个周期的滚动管理办法，在连续的4个考试年度内通过全部考试科目，方可取得监理工程师职业资格证书。

（2）总监理工程师　总监理工程师是由工程监理单位法定代表人书面任命，负责履行建设工程监理合同、主持项目监理机构工作的监理工程师。应由取得监理工程师职业资格并注册的监理工程师担任。

一名总监理工程师可担任一项建设工程监理合同的总监理工程师。当需要同时担任多项建设工程监理合同的总监理工程师时，应经建设单位书面同意，且最多不得超过三项。

（3）总监理工程师代表　经工程监理单位法定代表人同意，由总监理工程师书面授权，代表总监理工程师行使其部分职责和权力。

总监理工程师代表可以由具有工程类执业资格的人员（如注册监理工程师、注册造价工程师、注册建造师、注册建筑师等）担任，也可由具有中级及以上专业技术职称、3年及以上工程监理实践经验的监理人员担任。

（4）专业监理工程师　由总监理工程师授权，负责实施某一专业或某一岗位的监理工作，有相应监理文件签发权，可以由具有工程类的注册执业资格的人员（如注册监理工程师、注册造价工程师、注册建造师、注册建筑师等）担任，也可由具有中级及以上专业技术职称、2 年及以上工程实践经验的监理人员担任，专业监理工程师可由非注册监理工程师担任。

（5）监理员　从事具体监理工作，具有中专及以上学历并经过监理业务培训的人员。项目监理机构的监理人员应该专业配套、数量满足建设工程监理工作的需要。

4.3.1.6　制定工作流程和信息流程

为使监理工作科学、有序进行，应按监理工作的客观规律制定工作流程和信息流程，规范化地开展监理工作。

4.3.2　项目监理机构各类人员基本职责

（1）总监理工程师职责

① 确定项目监理机构人员及其岗位职责。

② 组织编制监理规划，审批监理实施细则。

③ 根据工程进展及监理工作情况调配监理人员，检查监理人员工作。

④ 组织召开监理例会。

⑤ 组织审核分包单位资格。

⑥ 组织审查施工组织设计、（专项）施工方案。

⑦ 审查开复工报审表，签发工程开工令、暂停令和复工令。

⑧ 组织检查施工单位现场质量、安全生产管理体系的建立及运行情况。

⑨ 组织审核施工单位的付款申请，签发工程款支付证书，组织审核竣工结算。

⑩ 组织审查和处理工程变更。

⑪ 调解建设单位与施工单位的合同争议，处理工程索赔。

⑫ 组织验收分部工程，组织审查单位工程质量检验资料。

⑬ 审查施工单位的竣工申请，组织工程竣工预验收，组织编写工程质量评估报告，参与工程竣工验收。

⑭ 参与或配合工程质量安全事故的调查和处理。

⑮ 组织编写监理月报、监理工作总结，组织质量监理文件资料。

（2）总监理工程师代表职责　按总监理工程师的授权，负责总监理工程师指定或交办的监理工作，行使总监理工程师的部分职责和权力。涉及工程质量、安全生产管理及工程索赔等重要职责不得委托给总监理工程师代表。总监理工程师不得将下列工作委托给总监理工程师代表。

① 组织编制监理规划，审批监理实施细则。

② 根据工程进展及监理工作情况调配监理人员。

③ 组织审查施工组织设计、（专项）施工方案。

④ 签发工程开工令、暂停令和复工令。

⑤ 签发工程款支付证书，组织审核竣工结算。

⑥ 调解建设单位与施工单位的合同争议，处理工程索赔。

⑦ 审查施工单位的竣工申请，组织工程竣工预验收，组织编写工程质量评估报告，参与工程竣工验收。

⑧ 参与或配合工程质量安全事故的调查和处理。

（3）专业监理工程师职责

① 参与编制监理规划，负责编制监理实施细则。

② 审查施工单位提交的涉及本专业的报审文件，并向总监理工程师报告。

③ 参与审核分包单位资格。

④ 指导、检查监理员工作，定期向总监理工程师报告本专业监理工作实施情况。

⑤ 检查进场的工程材料、构配件、设备的质量。

⑥ 验收检验批、隐蔽工程、分项工程，参与验收分部工程。

⑦ 处置发现的质量问题和安全事故隐患。

⑧ 进行工程计量。

⑨ 参与工程变更的审查和处理。

⑩ 组织编写监理日志，参与编写监理月报。

⑪ 收集、汇总、参与整理监理文件资料。

⑫ 参与工程竣工预验收和竣工验收。

（4）监理员职责

① 检查施工单位投入工程的人力、主要设备的使用及运行状况。

② 进行见证取样。

③ 复核工程计量有关数据。

④ 检查工序施工结果。

⑤ 发现施工作业中的问题，及时指出并向专业监理工程师报告。

【例题15】根据《监理规范》，下列监理职责中，属于监理员职责的是（B）。

A. 处置生产安全事故隐患　　　　　　B. 复核工程计量有关数据

C. 验收分部分项工程质量　　　　　　D. 进行工程计量

【例题16】根据《监理规范》，属于专业监理工程师职责的是（B）。

A. 审查分包单位的资质，并提出审查意见

B. 处置发现的质量问题和安全事故隐患

C. 检查施工单位投入工程的人力、主要设备的使用及运行状况

D. 检查和记录工艺过程或施工工序

【例题17】根据《监理规范》，专业监理工程师需要履行的基本职责有（CDE）。

A. 组织编写监理月报　　　　　　　　B. 参与编制监理实施细则

C. 参与验收分部工程　　　　　　　　D. 组织编写监理日志

E. 参与审核分包单位资格

【案例1】

某工程项目分为三个相对独立的标段，业主经过招标并分别和三家施工单位签订了施工承包合同。根据第三标段的施工合同约定，打桩工程由施工单位分包给专业基础工程公司施工。工程项目施工前，业主委托一家监理公司承担施工监理任务。总监理工程师根据本项目合同结构的特点，组建了监理组织机构，绘制了业主、监理、被监理单位三方关系示意图（图4-14），各类人员的基本职责如下：

A. 确定项目监理机构人员的分工及岗位职责。

B. 组织编写监理规划，审批项目监理实施细则。

C. 组织召开监理例会。

D. 检查进场工程材料质量。

E. 组织审查处理变更。

F. 检查承包单位投入的人力、主要设备及其使用与运行情况。

G. 负责有关专业分项工程验收及隐蔽工程验收。

H. 检查工序施工结果。

I. 参与工程质量事故调查。

J. 检查进场材料、设备、构配件有关质量文件，对合格者予以签认。

K. 组织编写监理月报。

L. 进行工程计量。

【问题】

（1）如果要求每个监理工程师的工作职责范围只能分别限定在某一个合同标段范围内，则总监理工程师应建立什么样的监理组织形式并请绘出组织结构示意图。

（2）图4-14表达的业主、监理和被监理单位三方关系是否正确？为什么？用文字加以说明。

（3）对各类监理人员职责分工进行正确分工。

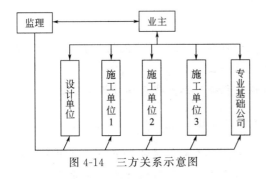

图4-14 三方关系示意图

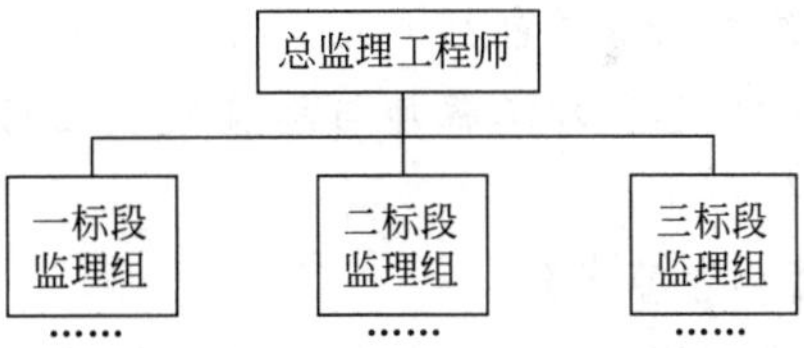

图4-15 该项目直线制监理组织结构

【参考答案】

此题涉及监理机构的组织形式，不同组织形式的优缺点及适用范围、不同监理模式下的各方关系、各类监理人员的职责分工等知识。

（1）总监理工程师应建立直线制监理组织机构，如图4-15所示。

（2）图4-13表达的三方关系不正确（正确关系如图4-16所示）：

① 业主与分包单位之间不是合同关系；

② 施工阶段监理，故监理单位与设计单位之间无监理与被监理关系；

③ 因业主与分包单位之间无直接合同关系，故监理单位与分包单位之间不是直接的监理与被监理关系。

（3）各类人员职责归属如下：

① 属于总监理工程师的职责有A、B、C、E、I、K；

② 属于监理工程师的职责有D、G、J、L；

③ 属于监理员的职责有F、H。

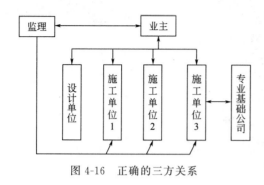

图 4-16 正确的三方关系

【案例 2】

某建设单位采用公开招标方式将工程建设项目的设计和施工任务先后发包给某设计单位和某施工单位，并按规定签订了工程设计合同和工程施工合同。开始施工前一个月，建设单位委托某监理单位对项目施工实施全过程监理，与监理单位签订了监理合同。合同规定，监理工程范围与工程施工合同所涵盖的工程范围相一致。

在工程项目的监理规划中，监理组织部分列入了监理组织结构、监理人员名单和职责分工等内容。监理组织结构见图 4-17。在监理人员职责分工中，列入了总监理工程师、总监代表、各专业监理组组长和监理员的职责与权限。

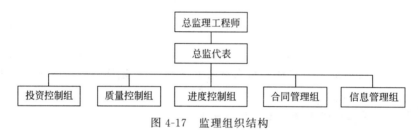

图 4-17 监理组织结构

【问题】

（1）监理规划中的监理组织结构属于哪种组织结构形式？有何优点？有几个管理层次？该组织结构形式包括哪几个管理层次？总监代表属什么层次？

（2）总监理工程师与总监代表之间、总监理工程师及总监代表同建设单位之间的责任关系如何？

【参考答案】

（1）属于直线职能制监理组织结构，其优点是：权力集中、命令统一、职责分明、决策迅速、隶属关系明确。管理层次有两个，决策层和操作层。总监代表属于决策层。

（2）总监代表对总监负责，而不直接对项目法人负责。总监理工程师对总监代表的行为负责，总监理工程师对项目法人负责。

4.4 监理组织协调

4.4.1 组织协调的概念

协调就是联结、联合、调和所有的活动及力量，使各方适当配合，促使各方协同一致，以实现预定目标。协调工作应贯穿于整个建设工程实施及其管理过程中。

建设工程系统是一个由人员、物质、信息等构成的人为组织系统。建设工程的协调一般有三大类："人员/人员界面"；"系统/系统界面"；"系统/环境界面"。

在工程监理中，要保证项目的参与各方围绕建设工程开展工作，使项目目标顺利实现，组织协调工作最为重要，也最为困难，是监理工作能否成功的关键，只有通过积极的组织协调才能实现整个系统全面协调控制的目的。

4.4.2　组织协调的范围和层次

项目监理机构协调的范围分为系统内部的协调和系统外部的协调，系统外部协调又分为近外层协调和远外层协调。近外层和远外层的主要区别是，建设工程与近外层关联单位一般有合同关系，与远外层关联单位一般没有合同关系。

4.4.3　项目监理机构组织协调的内容

4.4.3.1　项目监理机构内部的协调

（1）项目监理机构内部人际关系的协调　总监理工程师在项目监理机构协调的重点是人员安排上要量才录用，配置上应注意能力与性格互补，确立明确的岗位职责制度，公正评价监理人员的工作成绩，营造团结、和谐的工作氛围。

（2）项目监理机构内部组织关系的协调　协调的重点是明确组织内各机构及监理人员的责权及相互关系，建立信息沟通制度。

（3）项目监理机构内部需求关系的协调　应该做好对监理设备、材料的平衡，对监理人员的平衡。

4.4.3.2　与业主的协调

监理工程师应从以下几方面加强与业主的协调。

（1）监理工程师首先要理解建设工程总目标、理解业主的意图。

（2）增进业主对监理工作的理解。

（3）尊重业主。

4.4.3.3　与承包商的协调

监理工程师对质量、进度和投资的控制都是通过承包商的工作来实现的，做好与承包商的协调工作是监理工程师组织协调工作的重要内容。

（1）坚持原则，实事求是，严格按规范、规程办事。

（2）协调不仅是方法、技术问题，更多的是语言艺术，高超的协调能力则往往能起到事半功倍的效果。

（3）施工阶段的协调工作内容。

① 与施工项目经理关系的协调。监理工程师既要懂得坚持原则，又善于理解施工项目经理的意见，工作方法灵活，能够随时提出或愿意接受变通办法解决问题。

② 施工进度和质量问题的协调。监理工程师应采用科学的进度和质量控制方法，设计合理的奖罚机制及组织现场协调会议等协调工程施工进度和质量问题。

③ 对施工单位违约行为的处理。当发现施工单位采用不适当的方法进行施工，或采用不符合质量要求的材料时，监理工程师除立即制止外，还需要采取相应的处理措施。遇到这种情况，监理工程师需要在其权限范围内采用恰当的方式及时作出协调处理。

④ 施工合同争议的协调。对于工程施工合同争议，监理工程师应首先采用协商解决方式，协调建设单位与施工单位的关系。协商不成时，才由合同当事人申请调解，甚至申请仲裁或诉讼。

⑤ 对分包单位的管理。监理工程师不直接与分包合同发生关系，但可对分包合同中的工程质量、进度进行直接跟踪监控，然后通过总承包单位进行调控、纠偏。分包单位在施工中发生的问题，由总承包单位负责协调处理。分包合同履行中发生的索赔问题，一般应由总承包单位负责，涉及总包合同中建设单位的义务和责任时，由总承包单位通过项目监理机构向建设单位提出索赔，由项目监理机构进行协调。

4.4.3.4 与设计单位的协调

监理单位必须协调与设计单位的工作，以加快工程进度，确保质量，降低消耗。

施工中发现设计问题，应及时向设计单位提出，以免造成大的直接损失。注意信息传递的及时性和程序性。监理联系单、设计单位申报表或设计变更通知单传递，要按设计单位（经业主同意）—监理单位—承包商的程序进行。

4.4.3.5 与政府部门及其他单位的协调

（1）与政府部门的协调

① 工程质量监督站是由政府授权的工程质量监督的实施机构，对委托监理的工程，质量监督站主要是核查勘察设计、施工单位的资质和工程质量检查。监理单位在进行工程质量控制和质量问题处理时，要做好与工程质量监督站的交流和协调。

② 出现重大质量事故，在承包商采取急救、补救措施的同时，应敦促承包商立即向政府有关部门报告情况，接受检查和处理。

（2）与其他单位的协调 一个工程项目的开展，还存在政府部门及其他单位的影响，如金融组织、社会团体、服务单位、新闻媒介等，对工程项目起着一定的或决定性的控制、监督、支持、帮助作用，这些关系如果协调不好，工程项目实施也可能严重受阻，协调的重点是运用请示、报告、汇报、送审、取证、说明等方法和手段，实现矛盾的及时化解。

4.4.4 组织协调方法

项目监理机构可采用以下方法进行组织协调。

4.4.4.1 会议协调法

会议协调法是建设工程监理中最常用的一种协调方法，包括第一次工地会议、监理例会、专题会议等。

（1）第一次工地会议 第一次工地会议应由建设单位主持，监理单位、总承包单位授权代表参加，也可邀请分包单位代表参加，必要时可邀请有关设计单位人员参加。第一次工地会议上，总监理工程师应介绍监理工作的目标、范围和内容、项目监理机构及人员职责分工、监理工作程序、方法和措施等。

（2）监理例会 监理例会是项目监理机构定期组织有关单位研究解决与监理相关问题的会议。监理例会应由总监理工程师或其授权的专业监理工程师主持召开，每周召开一次。

参加人员包括项目总监理工程师或总监理工程师代表、其他有关监理人员、施工项目经理、施工单位其他有关人员。需要时，也可邀请其他有关单位代表参加。

监理例会主要内容应包括以下几方面。

① 检查上次例会议定事项的落实情况，分析未完事项原因。

② 检查分析工程项目进度计划完成情况，提出下一阶段进度目标及其落实措施。

③ 检查分析工程项目质量、施工安全管理状况，针对存在的问题提出改进措施。

④ 检查工程量核定及工程款支付情况。

⑤ 解决需要协调的有关事项。

⑥ 其他有关事宜。

（3）专题会议　专题会议是由总监理工程师或其授权的专业监理工程师主持或参加的，为解决建设工程监理过程中的工程专项问题而不定期召开的会议。

4.4.4.2　交谈协调法

交谈包括面对面的交谈和电话交谈两种形式。这种方法使用频率相当高，其作用包括保持信息畅通，寻求协作和帮助，还可以及时发布工程指令。

4.4.4.3　书面协调法

书面协调法的特点是具有合同效力，一般常用于以下几方面：不需双方直接交流的书面报告、报表、指令和通知等；需要以书面形式向各方提供详细信息和情况通报的报告、信函和备忘录等；事后对会议记录、交谈内容或口头指令的书面确认。

本章作业

一、单选题

1. 平行承发包模式的缺点（　　　）。

    A. 不利于缩短工期　　　　　　　　　　B. 合同数量多，管理困难

    C. 质量控制难度大　　　　　　　　　　D. 不利于业主选择承建单位

2. 建设工程施工实行平行发包时，若业主委托多家监理单位实施监理，则"总监理工程师单位"在监理工作中的主要职责是（　　　）。

    A. 协调、管理各承建单位的工作　　　　B. 协调、管理各监理单位的工作

    C. 协调业主与各参建单位的关系　　　　D. 协调、管理各承建单位和监理单位的工作

3. 直线制监理组织形式的主要特点是（　　　）。

    A. 下级人员接受职能部门多头指挥、指令矛盾时，将使下级在监理工作中无所适从

    B. 统一指挥、直线领导，但职能部门与指挥部门易产生矛盾

    C. 具有较大的机动性和适应性，但纵横向协调工作量大

    D. 组织机构简单、权力集中、命令统一、职责分明、隶属关系明确

4. 下列项目监理组织形式中，信息传递路线长，不利于互通信息的是（　　　）组织形式。

    A. 矩阵制　　　　　B. 直线制　　　　　C. 直线职能制　　　　D. 职能制

5. 矩阵制监理组织形式的优点是（　　　）。

    A. 权力集中，隶属关系明确　　　　　　B. 命令统一，决策迅速

    C. 发挥职能机构的专业管理作用　　　　D. 有较大的机动性和适应性

6. 根据《监理规范》，属于专业监理工程师职责的是（　　　）。

    A. 审查分包单位的资质，并提出审查意见

    B. 处置发现的质量问题和安全事故隐患

C. 检查施工单位投入工程的人力、主要设备的使用及运行状况

D. 检查施工工序

7. 某地铁工程，业主将 10 座车站的土建工程分别发包给 10 个土建施工单位，机电安装工程分别发包给 10 个机电安装单位。业主采用的承发包模式是（　　）。

A. 施工总承包模式　　　　　　　　　B. 施工平行承发包模式

C. 施工总承包管理模式　　　　　　　D. EPC 承包模式

二、多项选择题

1. 根据《监理规范》，总监理工程师不得委托给总监理工程师代表的工作有（　　）。

A. 组织编写监理规划　　　　　　　　B. 调换不称职的监理人员

C. 审查和处理工程变更　　　　　　　D. 主持监理工作会议

E. 审核竣工结算

2.《监理规范》规定，监理员应当履行的职责有（　　）。

A. 负责本专业的工程计量工作　　　　B. 检查工序施工结果

C. 复核工程计量有关数据　　　　　　D. 负责本专业分项工程验收及隐蔽工程验收

E. 检查施工单位投入工程的人力、主要设备的使用及运行状况

3. 项目监理机构开展监理工作的主要依据有（　　）。

A. 与工程有关的标准　　　　　　　　B. 监理合同

C. 施工总承包单位与分包单位签订的分包合同

D. 工程设计文件　　　　　　　　　　E. 施工分包单位编制的施工组织设计

三、案例分析

【案例分析 1】

某工程项目在设计文件完成后，项目业主委托了一家监理公司协助业主进行施工招标和承担施工阶段监理。监理合同签订后，总监理工程师分析项目规模和特点，建立本项目的监理组织机构。

监理规划中规定各监理人员的主要职责如下：

（1）总监理工程师职责如下：

① 组织审核确认分包单位资格；

② 签发工程款支付证书；

③ 进行工程计量；

④ 参与工程变更审查和处理；

⑤ 签发开工令。

（2）监理工程师职责如下：

① 进行见证取样；

② 复核工程计量有关数据；

③ 检查工序施工结果；

④ 签发停工令、复工令；

⑤ 组织工程竣工预验收。

（3）监理员职责如下：

① 进行见证取样；

② 检查施工单位人力、设备运行情况；

③ 检查进场工程材料质量。

【问题】

(1) 常见的监理组织结构形式有哪几种？若想建立具有机构简单、权力集中、命令统一、职责分明、隶属关系明确的监理组织机构，应选择哪一种组织结构形式？

(2) 各监理人员的主要职责划分有哪几条不妥？如何调整？

【案例分析 2】

某工程，建设单位与甲施工企业签订了施工总承包合同，并委托一家监理单位实施施工阶段监理。经建设单位同意，甲施工企业将工程划分为 A1、A2 标段，并将 A2 标段分包给乙施工企业。根据监理工作需要，监理单位设立了投资控制组、进度控制组、质量控制组、安全管理组、合同管理组和信息管理组六个职能管理部门，同时设立了 A1 和 A2 两个标段的项目监理组，并按专业分别设置了若干专业监理小组，组成直线职能制监理组织机构形式。

为有效地开展监理工作，总监理工程师安排项目监理组负责人分别主持编制 A1、A2 标段两个监理规划。总监理工程师要求：六个职能管理部门根据 A1、A2 标段的特点，直接对 A1、A2 标段的施工单位进行管理；在施工过程中，A1 标段出现的质量隐患由 A1 标段项目监理组的专业监理工程师直接通知甲施工企业整改，A2 标段出现的质量隐患由 A2 标段项目监理组的专业监理工程师直接通知乙施工企业整改，如未整改，则由相应标段项目监理组负责人签发"工程暂停令"，要求停工整改。总监理工程师主持召开了第一次工地会议。会后，总监理工程师对监理规划审核批准后报送建设单位。

在报送的监理规划中，项目监理人员的部分职责分工如下：

(1) 投资控制组负责人审核工程款支付申请，并签发工程款支付证书，但竣工结算须由总监理工程师签认。

(2) 合同管理组负责调解建设单位与施工单位的合同争议，处理工程索赔。

(3) 进度控制组负责审查施工进度计划及其执行情况，并由该组负责人审批工程延期。

(4) 质量控制组负责人审批项目监理实施细则。

(5) A1、A2 两个标段项目监理组负责人分别组织、指导、检查和监督本标段监理人员的工作，及时调换不称职的监理人员。

【问题】

(1) 绘制监理单位设置的项目监理机构的组织机构图，说明其缺点。

(2) 指出总监理工程师工作中的不妥之处，写出正确做法。

(3) 指出项目监理人员职责分工中的不妥之处，写出正确做法。

第 5 章　建设工程施工合同管理

5.1　建设工程合同类型

5.1.1　建设工程合同类型概述

5.1.1.1　按工程实施的不同阶段和职能分类

分为勘察合同、设计合同、施工合同、招标投标代理合同、监理或项目管理合同、工程咨询合同、物资采购合同、工程保险合同等。

5.1.1.2　按合同联系结构分类

可分为总承包合同与分别承包合同。

（1）总承包合同　是指发包人将整个建设工程承包给一个总承包人而订立的建设工程合同。总承包人就整个工程对发包人负责。

（2）分别承包合同　是指发包人将建设工程的勘察、设计、施工工作分别发包给勘察人、设计人、施工人而订立的勘察合同、设计合同、施工合同。勘察人、设计人、施工人作为承包人，就其各自承包的工程勘察、设计、施工部分，分别对发包人负责。

5.1.1.3　按承包方式分类

分为工程总承包合同、工程施工合同、专业工程分包合同、劳务作业分包合同。

（1）工程总承包合同　是指从事工程总承包的企业受建设单位的委托，按照工程总承包合同的约定，对工程项目的勘察、设计、采购、施工、试运行等实行全过程或若干阶段的承包。

（2）工程施工合同　是指发包人（建设单位）和承包人（施工单位）为完成商定的建筑安装工程施工任务，明确相互之间权利、义务关系的书面协议。

工程施工合同包括施工总承包合同与专业工程分包合同。建设工程施工分包可分为专业工程分包与劳务作业分包。

（3）专业工程分包合同　是施工总承包企业将其所承包工程中的专业工程发包给具有相应资质的其他建筑企业完成的合同。如单位工程中的地基、装饰、幕墙工程。

总承包单位如果要将所承包的工程再分包给他人，应当依法告知建设单位并取得认可。这种认可应当依法通过两种方式：一种是在总承包合同中规定分包的内容；另一种是在总承包合同中没有规定分包内容的，应当事先征得建设单位的同意。

（4）劳务作业分包合同　是施工总承包企业或者专业承包企业将其承包工程中的劳务作业发包给劳务分包企业完成的合同。劳务作业分包不用经过建设单位同意。

5.1.1.4　按合同计价方式分类

建设工程施工合同可以划分为总价合同、单价合同和成本加酬金合同三大类。根据招标准备情况和建设工程项目的特点不同，建设工程施工合同可选用其中的任何一种。

（1）总价合同　总价合同分为固定总价合同和可调总价合同。

① 固定总价合同。承包商按投标时业主接受的合同价格一笔包死。在合同履行过程中，如果业主没有要求变更原定的承包内容，承包商在完成承包任务后，不论其实际成本如何，均应按合同价款获得工程款支付。

采用固定总价合同时，承包商要考虑承担合同履行过程中的全部风险，因此投标报价较高。固定总价合同的适用条件一般如下。

a. 工程招标时的设计深度已达到施工图设计的深度，合同履行过程中不会出现较大的设计变更，承包商依据的报价工程量与实际完成的工程量不会有较大差异。

b. 工程规模较小，技术不太复杂的中小型工程或承包内容较为简单的工程部位。这样可以使承包商在报价时能够合理地预见到实施过程中可能遇到的各种风险。

c. 工程合同期较短（一般为 1 年之内），双方可以不必考虑市场价格浮动可能对承包价格的影响。

② 可调总价合同。这类合同与固定总价合同基本相同，但合同期较长（1 年以上），只是在固定总价合同的基础上，增加合同履行过程因市场价格浮动对承包价格调整的条款。由于合同期较长，承包商不可能在投标报价时预见 1 年后市场价格的浮动影响，因此，应在合同内明确约定合同价款的调整原则、方法和依据。

（2）单价合同　单价合同是指承包商按工程量清单填报单价，以实际完成工程量乘以所报单价确定结算价款的合同。承包商所填报的单价应为计入各种摊销费用后的综合单价，而非直接费单价。

单价合同大多用于工期长、技术复杂、实施过程中发生各种不可预见因素较多的大型土建工程，以及业主为了缩短工程建设周期，初步设计完成后就进行施工招标的工程。单价合同的工程量清单内所列的工程量一般是估计工程量，而非准确工程量。承发包双方约定以工程量清单及综合单价进行合同价款计算、调整和确认的建设工程施工合同。

单价合同可以分为固定单价合同和可调单价合同。

① 固定单价合同。这是经常采用的合同形式，特别是在设计或其他建设条件（如地质条件）还不太落实的情况下，而以后又需增加工程内容或工程量时，可以按单价适当追加合同内容。在每月（或每阶段）工程结算时，根据实际完成的工程量结算，在工程全部完成时以竣工图的工程量是最终结算工程总价款。

② 可调单价合同。合同单价可调，一般在工程招标文件中规定。在合同中签订的单价，根据合同约定的条款，如在工程实施过程中物价发生变化等，可作调整。有的工程在招标或签约时，因某些不确定因素在合同中暂定某些分部分项工程的单价，在工程结算时，再根据实际情况和合同约定合同单价进行调整，确定实际结算单价。

（3）成本加酬金合同　成本加酬金合同是将工程项目的实际造价划分为直接成本费和承包商完成工作后应得酬金两部分。工程实施过程中发生的直接成本费由业主实报实销，另按合同约定的方式付给承包商相应报酬。

成本加酬金合同大多适用于边设计、边施工的紧急工程或灾后修复工程。在签订合同时，业主还不可能为承包商提供用于准确报价的详细资料，因此，在合同中只能商定酬金的计算方法。在成本加酬金合同中，业主需承担工程项目实际发生的一切费用，因而也就承担了工程项目的全部风险。承包商由于无风险，其报酬往往也较低。

5.1.2 建设工程施工合同类型的选择

建设工程施工应综合考虑以下因素选择不同计价模式的合同。

（1）工程项目复杂程度 规模大且技术复杂的工程项目，承包商风险较大，各项费用不易准确估算，因而不宜采用固定总价合同。最好是有把握的部分采用总价合同，估算不准的部分采用单价合同或成本加酬金合同。有时，在同一工程项目中采用不同的合同形式，是业主和承包商合理分担施工风险因素的有效办法。

（2）工程项目设计深度 施工招标时所依据的工程项目设计深度，是选择合同类型的重要因素。招标图纸和工程量清单的详细程度能否使投标人进行合理报价，取决于已完成的设计深度。

（3）工程施工技术先进程度 如果工程施工中有较大部分采用新技术和新工艺，当业主和承包商都没有经验，且在国家颁布的标准、规范、定额中又没有可作为依据的规定时，为了避免投标人盲目地提高承包价款或由于对施工难度估计不足而导致承包亏损，不宜采用固定总价合同，而应选用成本加酬金合同。

（4）工程施工工期紧迫程度 有些紧急工程（如灾后恢复工程等）要求尽快开工且工期较紧时，可能仅有实施方案，还没有施工图纸，因此，承包商不可能报出合理的价格，宜采用成本加酬金合同。

对于一个建设工程项目，采用何种合同形式不是固定的。即使在同一个工程项目中，不同的工程部分或不同阶段，也可采用不同类型的合同。在划分标段、进行合同策划时，应根据实际情况，综合考虑各种因素后再做出决策。

合同工期在1年以内且施工图设计文件已通过审查的建设工程，可选择总价合同；紧急抢修、救援、救灾等建设工程，可选择成本加酬金合同；其他情形的建设工程，宜选择单价合同。

5.2 建设工程施工合同（示范文本）（GF-2017-0201）主要内容

为指导建设工程施工合同当事人的签约行为，维护合同当事人的合法权益，依据《中华人民共和国合同法》《中华人民共和国建筑法》《中华人民共和国招标投标法》以及相关法律法规，住房城乡建设部、国家工商行政管理总局对《建设工程施工合同（示范文本）》(GF-2013-0201)进行了修订，制定了《建设工程施工合同（示范文本）》(GF-2017-0201)（以下简称《施工合同（示范文本）》)。

《施工合同（示范文本）》由合同协议书、通用合同条款和专用合同条款三部分组成。

5.2.1 施工合同文件组成及解释顺序

组成建设工程施工合同的文件及解释顺序如下。
（1）合同协议书。
（2）中标通知书（如果有）。

（3）投标函及其附录（如果有）。

（4）专用合同条款及其附件。

（5）通用合同条款。

（6）技术标准和要求。

（7）图纸。

（8）已标价工程量清单或预算书。

（9）其他合同文件。

在合同订立及履行过程中形成的与合同有关的文件均构成合同文件组成部分，双方有关工程的洽商、变更等书面协议或文件可视为施工合同的组成部分。

在工程实践中，当发现合同文件出现含糊不清或不相一致的情形时，通常按合同文件的优先顺序进行解释。合同文件的优先顺序，除双方另有约定的外，排在前面的合同文件比排在后面的更具有权威性。当事人就该项合同文件所做出的补充和修改，属于同一类内容的文件，应以最新签署的为准。

【例题 1】在下列合同文件中，（A）具有最高的解释效力。

A. 工程洽商文件　　　　　　　　　　　B. 施工合同通用条款

C. 图纸　　　　　　　　　　　　　　　D. 施工合同专用条款

【例题 2】按照《施工合同（示范文本）》的规定，对合同双方有约束力的合同文件包括（ABDE）。

A. 投标书及其附件　　　　　　B. 图纸　　　　　C. 资格审查文件

D. 工程量清单　　　　　　　　E. 履行合同过程中的变更协议

5.2.2　发包人、承包人和监理人的一般规定

5.2.2.1　发包人的一般义务

（1）许可和批准　发包人应遵守法律，并办理法律规定由其办理的许可、批准或备案。包括但不限于建设用地规划许可证、建设工程规划许可证、建设工程施工许可证、施工所需临时用水、临时用电、中断道路交通、临时占用土地等许可和批准。发包人应协助承包人办理法律规定的有关施工证件和批件。

因发包人原因未能及时办理完毕前述许可、批准或备案，由发包人承担由此增加的费用和（或）延误的工期，并支付承包人合理的利润。

（2）施工现场、施工条件和基础资料的提供

① 提供施工现场。发包人应最迟于开工日期 7 天前向承包人移交施工现场。

② 提供施工条件。发包人应负责提供施工所需要的条件，包括以下几个。

a. 将施工用水、电力、通信线路等施工所必需的条件接至施工现场内。

b. 保证向承包人提供正常施工所需要的进入施工现场的交通条件。

c. 协调处理施工现场周围地下管线和邻近建筑物、构筑物、古树名木的保护工作，并承担相关费用。

d. 按照专用合同条款约定应提供的其他设施和条件。

（3）提供基础资料　发包人应当在移交施工现场前向承包人提供施工现场及工程施工所必需的毗邻区域内供水、排水、供电、供气、供热、通信、广播电视等地下管线资料，气象和水文观测资料，地质勘察资料，相邻建筑物、构筑物和地下工程等有关基础资料，并对所

提供资料的真实性、准确性和完整性负责。

（4）逾期提供的责任　因发包人原因未能按合同约定及时向承包人提供施工现场、施工条件、基础资料的，由发包人承担由此增加的费用和（或）延误的工期。

（5）资金来源证明及支付担保　发包人应在收到承包人要求提供资金来源证明的书面通知后 28 天内，向承包人提供能够按照合同约定支付合同价款的相应资金来源证明。

（6）支付合同价款　发包人应按合同约定向承包人及时支付合同价款。

（7）组织竣工验收　发包人应按合同约定及时组织竣工验收。

（8）现场统一管理协议　发包人应与承包人、由发包人直接发包的专业工程的承包人签订施工现场统一管理协议，明确各方的权利义务。

5.2.2.2　承包人的一般义务

（1）办理法律规定应由承包人办理的许可和批准，并将办理结果书面报送发包人留存。

（2）按法律规定和合同约定完成工程，并在保修期内承担保修义务。

（3）按法律规定和合同约定采取施工安全和环境保护措施，办理工伤保险，确保工程及人员、材料、设备和设施的安全。

（4）按合同约定的工作内容和施工进度要求，编制施工组织设计和施工措施计划，并对所有施工作业和施工方法的完备性和安全可靠性负责。

（5）在进行合同约定的各项工作时，不得侵害发包人与他人使用公用道路、水源、市政管网等公共设施的权利，避免对邻近的公共设施产生干扰。承包人占用或使用他人的施工场地，影响他人作业或生活的，应承担相应责任。

（6）负责施工场地及其周边环境与生态的保护工作及治安保卫工作。

（7）采取施工安全措施，确保工程及其人员、材料、设备和设施的安全，防止因工程施工造成的人身伤害和财产损失。

（8）将发包人按合同约定支付的各项价款专用于合同工程，且应及时支付其雇用人员工资，并及时向分包人支付合同价款。

（9）按照法律规定和合同约定编制竣工资料，完成竣工资料立卷及归档，并按要求移交发包人。

（10）工程照管与成品、半成品保护。自发包人向承包人移交施工现场之日起，承包人应负责照管工程及工程相关的材料、工程设备，直到颁发工程接收证书之日止。

5.2.2.3　监理人的一般规定

工程实行监理的，发包人和承包人应在专用合同条款中明确监理人的监理内容及监理权限等事项。监理人应当根据发包人授权及法律规定，代表发包人对工程施工相关事项进行检查、查验、审核、验收，并签发相关指示，但监理人无权修改合同，且无权减轻或免除合同约定的承包人的任何责任与义务。监理人在施工现场的办公场所、生活场所由承包人提供，所发生的费用由发包人承担。

（1）监理人员　发包人授予监理人对工程实施监理的权利由监理人派驻施工现场的监理人员行使，监理人应将授权的总监理工程师的姓名及授权范围以书面形式提前通知承包人。更换总监理工程师的，监理人应提前 7 天书面通知承包人，更换其他监理人员，监理人应提前 48 小时书面通知承包人。

（2）监理人的指示　监理人应按照发包人的授权发出监理指示。监理人的指示应采用书面形式，并经其授权的监理人员签字。紧急情况下，监理人员可以口头形式发出指示，该指示与书面形式的指示具有同等法律效力，但必须在发出口头指示后 24 小时内补发书面监理指示，补发的书面监理指示应与口头指示一致。

监理人发出的指示应送达承包人项目经理或经项目经理授权接收的人员。承包人对监理人发出的指示有疑问的，应向监理人提出书面异议，监理人应在 48 小时内对该指示予以确认、更改或撤销，监理人逾期未回复的，承包人有权拒绝执行指示。

监理人对承包人的任何工作、工程或其采用的材料和工程设备未在约定的或合理期限内提出意见的，视为批准，但不免除或减轻承包人对该工作、工程、材料、工程设备等应承担的责任和义务。

（3）商定或确定　合同当事人进行商定或确定时，总监理工程师应当会同合同当事人尽量通过协商达成一致，不能达成一致的，由总监理工程师按照合同约定审慎做出公正的确定。

总监理工程师应将确定内容以书面形式通知发包人和承包人，并附详细依据。合同当事人对总监理工程师的确定没有异议的，按照总监理工程师的确定执行。任何一方合同当事人有异议，按照争议解决约定处理。争议解决前，合同当事人暂按总监理工程师的确定执行；争议解决后，争议解决的结果与总监理工程师的确定不一致的，按照争议解决的结果执行，由此造成的损失由责任人承担。

【例题3】按照《施工合同（示范文本）》的规定，承包人应当完成的工作是（C）。

A. 使施工场地具备施工条件　　　　B. 提供施工场地的地下管线资料

C. 已完工程照管　　　　　　　　　D. 组织竣工验收

【例题4】某施工项目由于拆迁工作延误不能按约定日期开工，监理人以书面形式通知承包人推迟开工时间，则发包人（C）。

A. 无须赔偿承包人损失，工期也不顺延　B. 无须赔偿承包人损失，工期应予顺延

C. 应当赔偿承包人损失，工期应予顺延　D. 应当赔偿承包人损失，工期不予顺延

【例题5】依据《施工合同（示范文本）》规定，施工合同发包人的义务包括（ACE）。

A. 办理临时用地、停水、停电申请手续

B. 向施工单位进行设计交底

C. 提供施工场地地下管线资料

D. 做好施工现场地下管线和邻近建筑物的保护

E. 开通施工现场与城乡公共道路的通道

5.2.3　工程质量管理

（1）质量要求　工程质量标准必须符合现行国家有关工程施工质量验收规范和标准的要求。有关工程质量的特殊标准或要求由合同当事人在专用合同条款中约定。

因发包人原因造成工程质量未达到合同约定标准的，由发包人承担由此增加的费用和（或）延误的工期，并支付承包人合理的利润。

因承包人原因造成工程质量未达到合同约定标准的，发包人有权要求承包人返工直至工程质量达到合同约定的标准为止，并由承包人承担由此增加的费用和（或）延误的工期。

（2）质量保证措施

① 发包人的质量管理。发包人应按照法律规定及合同约定完成与工程质量有关的各项

工作。

② 承包人的质量管理。承包人按照施工组织设计约定向发包人和监理人提交工程质量保证体系及措施文件，建立完善的质量检查制度，并提交相应的工程质量文件。对于发包人和监理人违反法律规定和合同约定的错误指示，承包人有权拒绝实施。

承包人应对施工人员进行质量教育和技术培训，定期考核施工人员的劳动技能，严格执行施工规范和操作规程。

承包人应按照法律规定和发包人的要求，对材料、工程设备以及工程的所有部位及其施工工艺进行全过程的质量检查和检验，并作详细记录，编制工程质量报表，报送监理人审查。此外，承包人还应按照法律规定和发包人的要求，进行施工现场取样试验、工程复核测量和设备性能检测，提供试验样品、提交试验报告和测量成果以及其他工作。

③ 监理人的质量检查和检验。监理人按照法律规定和发包人授权对工程的所有部位及其施工工艺、材料和工程设备进行检查和检验。承包人应为监理人的检查和检验提供方便，包括监理人到施工现场，或制造、加工地点，或合同约定的其他地方进行察看和查阅施工原始记录。监理人为此进行的检查和检验，不免除或减轻承包人按照合同约定应当承担的责任。

监理人的检查和检验不应影响施工正常进行。监理人的检查和检验影响施工正常进行的，且经检查检验不合格的，影响正常施工的费用由承包人承担，工期不予顺延；经检查检验合格的，由此增加的费用和（或）延误的工期由发包人承担。

④ 隐蔽工程检查。承包人应当对工程隐蔽部位进行自检，并经自检确认是否具备覆盖条件。

除专用合同条款另有约定外，工程隐蔽部位经承包人自检确认具备覆盖条件的，承包人应在共同检查前48小时书面通知监理人检查，通知中应载明隐蔽检查的内容、时间和地点，并应附有自检记录和必要的检查资料。

监理人应按时到场并对隐蔽工程及其施工工艺、材料和工程设备进行检查。经监理人检查确认质量符合隐蔽要求，并在验收记录上签字后，承包人才能进行覆盖。经监理人检查质量不合格的，承包人应在监理人指示的时间内完成修复，并由监理人重新检查，由此增加的费用和（或）延误的工期由承包人承担。

除专用合同条款另有约定外，监理人不能按时进行检查的，应在检查前24小时向承包人提交书面延期要求，但延期不能超过48小时，由此导致工期延误的，工期应予以顺延。监理人未按时进行检查，也未提出延期要求的，视为隐蔽工程检查合格，承包人可自行完成覆盖工作，并作相应记录报送监理人，监理人应签字确认。监理人事后对检查记录有疑问的，可按重新检查的约定重新检查。

⑤ 重新检查。承包人覆盖工程隐蔽部位后，发包人或监理人对质量有疑问的，可要求承包人对已覆盖的部位进行钻孔探测或揭开重新检查，承包人应遵照执行，并在检查后重新覆盖恢复原状。经检查证明工程质量符合合同要求的，由发包人承担由此增加的费用和（或）延误的工期，并支付承包人合理的利润；经检查证明工程质量不符合合同要求的，由此增加的费用和（或）延误的工期由承包人承担。

⑥ 承包人私自覆盖。承包人未通知监理人到场检查，私自将工程隐蔽部位覆盖的，监理人有权指示承包人钻孔探测或揭开检查，无论工程隐蔽部位质量是否合格，由此增加的费用和（或）延误的工期均由承包人承担。

⑦ 不合格工程的处理。因承包人原因造成工程不合格的，发包人有权随时要求承包人采取补救措施，直至达到合同要求的质量标准，由此增加的费用和（或）延误的工期由承包人承担。无法补救的，按照拒绝接收全部或部分工程的约定执行。

因发包人原因造成工程不合格的，由此增加的费用和（或）延误的工期由发包人承担，并支付承包人合理的利润。

⑧ 质量争议检测。合同当事人对工程质量有争议的，由双方协商确定的工程质量检测机构鉴定，由此产生的费用及因此造成的损失，由责任方承担。

合同当事人均有责任的，由双方根据其责任分别承担。合同当事人无法达成一致的，按照商定或确定执行。

5.2.4　材料与设备管理

（1）发包人供应材料与工程设备　发包人自行供应材料、工程设备的，应在签订合同时在专用合同条款的附件《发包人供应材料设备一览表》中明确材料、工程设备的品种、规格、型号、数量、单价、质量等级和送达地点。

承包人应提前 30 天通过监理人以书面形式通知发包人供应材料与工程设备进场。承包人施工进度计划的修订约定修订施工进度计划时，需同时提交经修订后的发包人供应材料与工程设备的进场计划。

（2）承包人采购材料与工程设备　承包人负责采购材料、工程设备的，应按照设计和有关标准要求采购，并提供产品合格证明及出厂证明，对材料、工程设备质量负责。合同约定由承包人采购的材料、工程设备，发包人不得指定生产厂家或供应商，发包人违反约定指定生产厂家或供应商的，承包人有权拒绝，并由发包人承担相应责任。

（3）材料与工程设备的接收与拒收

① 发包人应按《发包人供应材料设备一览表》约定的内容提供材料和工程设备，并向承包人提供产品合格证明及出厂证明，对其质量负责。发包人应提前 24 小时以书面形式通知承包人、监理人材料和工程设备到货时间，承包人负责材料和工程设备的清点、检验和接收。

发包人提供的材料和工程设备的规格、数量或质量不符合合同约定的，或因发包人原因导致交货日期延误或交货地点变更等情况的，按照发包人违约约定办理。

② 承包人采购的材料和工程设备，应保证产品质量合格，承包人应在材料和工程设备到货前 24 小时通知监理人检验。承包人进行永久设备、材料的制造和生产的，应符合相关质量标准，并向监理人提交材料的样本以及有关资料，并应在使用该材料或工程设备之前获得监理人同意。

承包人采购的材料和工程设备不符合设计或有关标准要求时，承包人应在监理人要求的合理期限内将不符合设计或有关标准要求的材料、工程设备运出施工现场，并重新采购符合要求的材料、工程设备，由此增加的费用和（或）延误的工期，由承包人承担。

（4）材料与工程设备的保管与使用

① 发包人供应材料与工程设备的保管与使用。发包人供应的材料和工程设备，承包人清点后由承包人妥善保管，保管费用由发包人承担，但已标价工程量清单或预算书已经列支或专用合同条款另有约定除外。因承包人原因发生丢失毁损的，由承包人负责赔偿；监理人未通知承包人清点的，承包人不负责材料和工程设备的保管，由此导致丢失毁损的由发包人

负责。

发包人供应的材料和工程设备使用前，由承包人负责检验，检验费用由发包人承担，不合格的不得使用。

② 承包人采购材料与工程设备的保管与使用。承包人采购的材料和工程设备由承包人妥善保管，保管费用由承包人承担。法律规定材料和工程设备使用前必须进行检验或试验的，承包人应按监理人的要求进行检验或试验，检验或试验费用由承包人承担，不合格的不得使用。

发包人或监理人发现承包人使用不符合设计或有关标准要求的材料和工程设备时，有权要求承包人进行修复、拆除或重新采购，由此增加的费用和（或）延误的工期，由承包人承担。

（5）禁止使用不合格的材料和工程设备

① 监理人有权拒绝承包人提供的不合格材料或工程设备，并要求承包人立即进行更换。监理人应在更换后再次进行检查和检验，由此增加的费用和（或）延误的工期由承包人承担。

② 监理人发现承包人使用了不合格的材料和工程设备，承包人应按照监理人的指示立即改正，并禁止在工程中继续使用不合格的材料和工程设备。

③ 发包人提供的材料或工程设备不符合合同要求的，承包人有权拒绝，并可要求发包人更换，由此增加的费用和（或）延误的工期由发包人承担，并支付承包人合理的利润。

【例题6】在工程施工中，经监理人检验合格已经覆盖的工程，监理人重新检验，结果合格，由此发生的费用应当全部由（A）承担。

A. 发包人 　　　B. 监理人 　　　C. 承包人 　　　D. 监理单位

【例题7】在施工过程中，发包人供应材料设备进入施工现场后需重新检验的，（D）。

A. 检验由发包人负责，费用由承包人负责

B. 检验由发包人负责，费用由发包人负责

C. 检验由承包人负责，费用由承包人负责

D. 检验由承包人负责，费用由发包人负责

【例题8】在施工过程中，发包人供应的材料设备到货后，经清点，应当由（B）保管。

A. 发包人 　　　B. 承包人 　　　C. 监理人 　　　D. 监理单位

【例题9】下列关于施工合同履行过程中，有关隐蔽工程验收和重新检验的提法和做法正确的有（BCD）。

A. 监理人不能按时参加验收，须在开始验收前向承包人提出书面延期要求

B. 监理人未能按时提出延期要求，不参加验收，承包人可自行组织验收

C. 监理人未能参加验收应视为该部分工程合格

D. 经监理人同意承包人覆盖工程隐蔽部位后，监理人对质量有疑问的，可要求承包人揭开重新检查

E. 由于监理人没有参与验收，则不能提出对已经隐蔽的工程重新检验的要求

【例题10】下列有关隐蔽工程与重新检验提法中正确的有（ABC）。

A. 承包人自检后书面通知监理人验收

B. 监理人接到承包人的通知后，应在约定的时间与承包人共同检验

C. 若监理人未能按时提出延期检验要求，又未能按时参加验收，承包人可自行检验

D. 若监理人已经在验收合格记录上签字，只有当有确切证据证明工程有问题的情况下才能要求承包人对已隐蔽的工程进行重新检验

E. 重新检验如果不合格，应由承包人承担全部费用，但工期予以适当顺延

【案例 1】

某管道工程隐蔽后，项目监理机构对施工质量提出质疑，要求进行剥离复验。施工单位以该隐蔽工程已通过项目监理机构检验为由拒绝复验。项目监理机构坚持要求施工单位进行剥离复验，经复验该隐蔽工程质量合格。

【问题】

施工单位、项目监理机构的做法是否妥当？说明理由，该隐蔽工程剥离所发生的费用由谁承担？

【参考答案】

施工单位拒绝复验不妥当，监理机构做法妥当。监理人对已覆盖的隐蔽工程部位质量有疑问时，可要求承包人对已覆盖部位进行钻孔探测或揭开重新检验，承包人应遵照执行，并在检验后重新覆盖恢复原状。经检验证明工程质量符合合同要求，由发包人承担由此增加的费用和（或）工期延误，并支付承包人合理利润。

【案例 2】

某监理工程，建设单位采购的一批材料进场后，施工单位未向项目监理机构报验即准备用于工程，项目监理机构发现后立即给予制止并要求报验。检验结果表明这批材料质量不合格。施工单位要求建设单位支付该批材料检验费用，建设单位拒绝支付。

【问题】

指出施工单位和建设单位做法的不妥之处，并说明理由。项目监理机构应如何处置这批材料？

【参考答案】

（1）施工单位不妥之处：未报验建设单位采购的进场材料即开始使用；理由：建设单位供应的材料使用前，由施工单位负责检验。

（2）建设单位不妥之处：拒绝支付材料检验费用；理由：检验费用由建设单位承担。建设单位负责采购，检验费建设单位出。

（3）项目监理机构应要求将这批材料撤出施工现场。材料不合格不能使用。

5.2.5　施工进度管理

（1）施工组织设计的提交和修改　除专用合同条款另有约定外，承包人应在合同签订后14 天内，但至迟不得晚于载明的开工日期前 7 天，向监理人提交详细的施工组织设计，并由监理人报送发包人。除专用合同条款另有约定外，发包人和监理人应在监理人收到施工组织设计后 7 天内确认或提出修改意见。对发包人和监理人提出的合理意见和要求，承包人应自费修改完善。根据工程实际情况需要修改施工组织设计的，承包人应向发包人和监理人提交修改后的施工组织设计。

（2）施工进度计划的编制　承包人应按照约定提交详细的施工进度计划，施工进度计划的编制应当符合国家法律规定和一般工程实践惯例，施工进度计划经发包人批准后实施。施工进度计划是控制工程进度的依据，发包人和监理人有权按照施工进度计划检查工程进度情况。

（3）施工进度计划的修订　施工进度计划不符合合同要求或与工程的实际进度不一致的，承包人应向监理人提交修订的施工进度计划，并附具相关措施和相关资料，由监理人报送发包人。除专用合同条款另有约定外，发包人和监理人应在收到修订的施工进度计划后 7 天内完成审核和批准或提出修改意见。发包人和监理人对承包人提交的施工进度计划的确认，不能减轻或免除承包人根据法律规定和合同约定应承担的任何责任或义务。

（4）开工

① 开工准备。除专用合同条款另有约定外，承包人应按照施工组织设计约定的期限，向监理人提交工程开工报审表，经监理人报发包人批准后执行。工程开工报审表应详细说明按施工进度计划正常施工所需的施工道路、临时设施、材料、工程设备、施工设备、施工人员等落实情况以及工程的进度安排。

除专用合同条款另有约定外，合同当事人应按约定完成开工准备工作。

② 开工通知。发包人应按照法律规定获得工程施工所需的许可。经发包人同意后，监理人发出的开工通知应符合法律规定。监理人应在计划开工日期 7 天前向承包人发出开工通知，工期自开工通知中载明的开工日期起算。

除专用合同条款另有约定外，因发包人原因造成监理人未能在计划开工日期之日起 90 天内发出开工通知的，承包人有权提出价格调整要求，或者解除合同。发包人应当承担由此增加的费用和（或）延误的工期，并向承包人支付合理利润。

（5）测量放线　除专用合同条款另有约定外，发包人应在至迟不得晚于开工通知载明的开工日期前 7 天通过监理人向承包人提供测量基准点、基准线和水准点及其书面资料。发包人应对其提供的测量基准点、基准线和水准点及其书面资料的真实性、准确性和完整性负责。

承包人发现发包人提供的测量基准点、基准线和水准点及其书面资料存在错误或疏漏的，应及时通知监理人。监理人应及时报告发包人，并会同发包人和承包人予以核实。发包人应就如何处理和是否继续施工作出决定，并通知监理人和承包人。

承包人负责施工过程中的全部施工测量放线工作，并配置具有相应资质的人员、合格的仪器、设备和其他物品。承包人应矫正工程的位置、标高、尺寸或基准线中出现的任何差错，并对工程各部分的定位负责。

施工过程中对施工现场内水准点等测量标志物的保护工作由承包人负责。

（6）工期延误

① 因发包人原因导致工期延误。在合同履行过程中，因下列情况导致工期延误和（或）费用增加的，由发包人承担由此延误的工期和（或）增加的费用，且发包人应支付承包人合理的利润。

a. 发包人未能按合同约定提供图纸或所提供图纸不符合合同约定的。

b. 发包人未能按合同约定提供施工现场、施工条件、基础资料、许可、批准等开工条件的。

c. 发包人提供的测量基准点、基准线和水准点及其书面资料存在错误或疏漏的。

d. 发包人未能在计划开工日期之日起 7 天内同意下达开工通知的。

e. 发包人未能按合同约定日期支付工程预付款、进度款或竣工结算款的。

f. 监理人未按合同约定发出指示、批准等文件的。

g. 专用合同条款中约定的其他情形。

因发包人原因未按计划开工日期开工的，发包人应按实际开工日期顺延竣工日期，确保实际工期不低于合同约定的工期总日历天数。因发包人原因导致工期延误需要修订施工进度计划的，按照施工进度计划的修订执行。

② 因承包人原因导致工期延误。因承包人原因造成工期延误的，可以在专用合同条款中约定逾期竣工违约金的计算方法和逾期竣工违约金的上限。承包人支付逾期竣工违约金后，不免除承包人继续完成工程及修补缺陷的义务。

（7）不利物质条件　不利物质条件是指有经验的承包人在施工现场遇到的不可预见的自然物质条件、非自然的物质障碍和污染物，包括地表以下物质条件和水文条件以及专用合同条款约定的其他情形，但不包括气候条件。

承包人遇到不利物质条件时，应采取克服不利物质条件的合理措施继续施工，并及时通知发包人和监理人。通知应载明不利物质条件的内容以及承包人认为不可预见的理由。监理人经发包人同意后应当及时发出指示，指示构成变更的，按变更约定执行。承包人因采取合理措施而增加的费用和（或）延误的工期由发包人承担。

（8）异常恶劣的气候条件　异常恶劣的气候条件是指在施工过程中遇到的，有经验的承包人在签订合同时不可预见的，对合同履行造成实质性影响的，但尚未构成不可抗力事件的恶劣气候条件。合同当事人可以在专用合同条款中约定异常恶劣的气候条件的具体情形。

承包人应采取克服异常恶劣的气候条件的合理措施继续施工，并及时通知发包人和监理人。监理人经发包人同意后应当及时发出指示，指示构成变更的，按变更约定办理。承包人因采取合理措施而增加的费用和（或）延误的工期由发包人承担。

（9）暂停施工

① 发包人原因引起的暂停施工。因发包人原因引起暂停施工的，监理人经发包人同意后，应及时下达暂停施工指示。情况紧急且监理人未及时下达暂停施工指示的，按照紧急情况下的暂停施工执行。

因发包人原因引起的暂停施工，发包人应承担由此增加的费用和（或）延误的工期，并支付承包人合理的利润。

② 承包人原因引起的暂停施工。因承包人原因引起的暂停施工，承包人应承担由此增加的费用和（或）延误的工期，且承包人在收到监理人复工指示后84天内仍未复工的，视为承包人违约的情形约定的承包人无法继续履行合同的情形。

③ 指示暂停施工。监理人认为有必要时，并经发包人批准后，可向承包人作出暂停施工的指示，承包人应按监理人指示暂停施工。

④ 紧急情况下的暂停施工。因紧急情况需暂停施工，且监理人未及时下达暂停施工指示的，承包人可先暂停施工，并及时通知监理人。监理人应在接到通知后24小时内发出指示，逾期未发出指示，视为同意承包人暂停施工。监理人不同意承包人暂停施工的，应说明理由，承包人对监理人的答复有异议，按照争议解决约定处理。

⑤ 暂停施工后的复工。暂停施工后，发包人和承包人应采取有效措施积极消除暂停施工的影响。在工程复工前，监理人会同发包人和承包人确定因暂停施工造成的损失，并确定工程复工条件。当工程具备复工条件时，监理人应经发包人批准后向承包人发出复工通知，承包人应按照复工通知要求复工。

承包人无故拖延和拒绝复工的，承包人承担由此增加的费用和（或）延误的工期；因发包人原因无法按时复工的，按照因发包人原因导致工期延误约定办理。

⑥ 暂停施工持续 56 天以上。监理人发出暂停施工指示后 56 天内未向承包人发出复工通知，除该项停工属于承包人原因引起的暂停施工及不可抗力约定的情形外，承包人可向发包人提交书面通知，要求发包人在收到书面通知后 28 天内准许已暂停施工的部分或全部工程继续施工。发包人逾期不予批准的，则承包人可以通知发包人，将工程受影响的部分视为按变更的范围的可取消工作。

⑦ 暂停施工期间的工程照管。暂停施工期间，承包人应负责妥善照管工程并提供安全保障，由此增加的费用由责任方承担。

暂停施工期间，发包人和承包人均应采取必要的措施确保工程质量及安全，防止因暂停施工扩大损失。

(10) 提前竣工　发包人要求承包人提前竣工的，发包人应通过监理人向承包人下达提前竣工指示，承包人应向发包人和监理人提交提前竣工建议书，提前竣工建议书应包括实施的方案、缩短的时间、增加的合同价格等内容。发包人接受该提前竣工建议书的，监理人应与发包人和承包人协商采取加快工程进度的措施，并修订施工进度计划，由此增加的费用由发包人承担。承包人认为提前竣工指示无法执行的，应向监理人和发包人提出书面异议，发包人和监理人应在收到异议后 7 天内予以答复。任何情况下，发包人不得压缩合理工期。

发包人要求承包人提前竣工，或承包人提出提前竣工的建议能够给发包人带来效益的，合同当事人可以在专用合同条款中约定提前竣工的奖励。

【例题 11】某工程施工合同约定的工期为 20 个月，专用条款规定承包人提前竣工或延误竣工均按月计算奖金或延误损害赔偿金，施工至第 16 个月，因承包人原因导致实际进度滞后于计划进度，承包人修改了进度计划，监理人认可了该进度计划的修改，承包人的实际施工期为 21 个月。下列关于承包人的工程责任的说法中，正确的是（B）。

A. 提前工期 1 个月给予承包人奖励

B. 延误工期 1 个月追究承包人拖期违约责任

C. 对承包人既不追究拖期违约责任，也不给予奖励

D. 因监理人对修改进度计划的认可，按延误工期 0.5 个月追究承包人违约责任

［解析］发包人和监理人对承包人提交的施工进度计划的确认，不能减轻或免除承包人根据法律规定和合同约定应承担的任何责任或义务。

【例题 12】属于可以顺延的工期延误有（ACDE）。

A. 发包方不能按合同约定支付预付款，使工程不能正常进行

B. 承包商机械设备损坏

C. 工程量增加

D. 发包方不能按专用条款约定提供施工图

E. 设计变更

【例题 13】根据《建设工程施工合同（示范文本）》的规定，导致现场发生暂停施工的下列情形中，承包商在执行监理人暂停施工的指示后，可以要求发包人追加合同价款并顺延工期的包括（BCE）。

A. 施工作业方法可能危及邻近建筑物的安全　B. 施工中遇到了有考古价值的文物

C. 发包人订购的设备不能按时到货　D. 施工作业危及人身安全

E. 发包人未能按时移交后续施工现场

5.2.6　工程变更管理

（1）变更的范围　除专用合同条款另有约定外，合同履行过程中发生以下情形的，应按照约定进行变更：增加或减少合同中任何工作，或追加额外的工作；取消合同中任何工作，但转由他人实施的工作除外；改变合同中任何工作的质量标准或其他特性；改变工程的基线、标高、位置和尺寸；改变工程的时间安排或实施顺序。

（2）变更权　发包人和监理人可以提出变更。变更指示均通过监理人发出，监理人发出变更指示前应征得发包人同意。承包人收到经发包人签认的变更指示后，方可实施变更。未经许可，承包人不得擅自对工程的任何部分进行变更。

涉及设计变更的，应由设计人提供变更后的图纸和说明。如变更超过原设计标准或批准的建设规模时，发包人应及时办理规划、设计变更等审批手续。

（3）变更程序

① 发包人提出变更。发包人提出变更的，应通过监理人向承包人发出变更指示，变更指示应说明计划变更的工程范围和变更的内容。

② 监理人提出变更建议。监理人提出变更建议的，需要向发包人以书面形式提出变更计划，说明计划变更工程范围和变更的内容、理由，以及实施该变更对合同价格和工期的影响。发包人同意变更的，由监理人向承包人发出变更指示。发包人不同意变更的，监理人无权擅自发出变更指示。

③ 变更执行。承包人收到监理人下达的变更指示后，认为不能执行，应立即提出不能执行该变更指示的理由。承包人认为可以执行变更的，应当书面说明实施该变更指示对合同价格和工期的影响，且合同当事人应当按照变更估价约定确定变更估价。

（4）变更估价

① 变更估价原则。除专用合同条款另有约定外，变更估价按照本款约定处理：已标价工程量清单或预算书有相同项目的，按照相同项目单价认定；已标价工程量清单或预算书中无相同项目，但有类似项目的，参照类似项目的单价认定；变更导致实际完成的变更工程量与已标价工程量清单或预算书中列明的该项目工程量的变化幅度超过 15% 的，或已标价工程量清单或预算书中无相同项目及类似项目单价的，按照合理的成本与利润构成的原则，由合同当事人按照商定或确定条款确定变更工作的单价。

② 变更估价程序。承包人应在收到变更指示后 14 天内，向监理人提交变更估价申请。监理人应在收到承包人提交的变更估价申请后 7 天内审查完毕并报送发包人，监理人对变更估价申请有异议，通知承包人修改后重新提交。发包人应在承包人提交变更估价申请后 14 天内审批完毕。发包人逾期未完成审批或未提出异议的，视为认可承包人提交的变更估价申请。因变更引起的价格调整应计入最近一期进度款中支付。

（5）承包人的合理化建议　承包人提出合理化建议的，应向监理人提交合理化建议说明，说明建议的内容和理由，以及实施该建议对合同价格和工期的影响。

除专用合同条款另有约定外，监理人应在收到承包人提交的合理化建议后 7 天内审查完毕并报送发包人，发现其中存在技术上的缺陷，应通知承包人修改。发包人应在收到监理人报送的合理化建议后 7 天内审批完毕。合理化建议经发包人批准的，监理人应及时发出变更指示，由此引起的合同价格调整按照变更估价约定执行。发包人不同意变更的，监理人应书面通知承包人。

合理化建议降低了合同价格或者提高了工程经济效益的，发包人可对承包人给予奖励，奖励的方法和金额在专用合同条款中约定。

（6）变更引起的工期调整　因变更引起工期变化的，合同当事人均可要求调整合同工期，由合同当事人按商定或确定条款并参考工程所在地的工期定额标准确定增减工期天数。

5.2.7　支付管理

发包人和承包人应在合同协议书中选择合同价格形式。

5.2.7.1　预付款

预付款的支付按照专用合同条款约定执行，但至迟应在开工通知载明的开工日期7天前支付。预付款应当用于材料、工程设备、施工设备的采购及修建临时工程、组织施工队伍进场等。

除专用合同条款另有约定外，预付款在进度付款中同比例扣回。在颁发工程接收证书前，提前解除合同的，尚未扣完的预付款应与合同价款一并结算。

发包人逾期支付预付款超过7天的，承包人有权向发包人发出要求预付的催告通知，发包人收到通知后7天内仍未支付的，承包人有权暂停施工，并按发包人违约的情形执行。

5.2.7.2　工程进度款支付

除专用合同条款另有约定外，付款周期应按照计量周期的约定与计量周期保持一致。

（1）进度付款申请单的编制　除专用合同条款另有约定外，进度付款申请单应包括下列内容：截至本次付款周期已完成工作对应的金额；应增加和扣减的变更金额；约定应支付的预付款和扣减的返还预付款；约定应扣减的质量保证金；应增加和扣减的索赔金额；对已签发的进度款支付证书中出现错误的修正，应在本次进度付款中支付或扣除的金额；根据合同约定应增加和扣减的其他金额。

（2）进度付款申请单的提交

① 单价合同进度付款申请单的提交。单价合同的进度付款申请单，按照约定的时间按月向监理人提交，并附上已完成工程量报表和有关资料。单价合同中的总价项目按月进行支付分解，并汇总列入当期进度付款申请单。

② 总价合同进度付款申请单的提交。总价合同按月计量支付的，承包人按照约定的时间按月向监理人提交进度付款申请单，并附上已完成工程量报表和有关资料。

总价合同按支付分解表支付，承包人应按照支付分解表及进度付款申请单的编制的约定向监理人提交进度付款申请单。

合同当事人可在专用合同条款中约定其他价格形式合同的进度付款申请单的编制和提交程序。

（3）进度款审核和支付

① 除专用合同条款另有约定外，监理人应在收到承包人进度付款申请单以及相关资料后7天内完成审查并报送发包人，发包人应在收到后7天内完成审批并签发进度款支付证书。发包人逾期未完成审批且未提出异议的，视为已签发进度款支付证书。

发包人和监理人对承包人的进度付款申请单有异议的，有权要求承包人修正和提供补充资料，承包人应提交修正后的进度付款申请单。监理人应在收到承包人修正后的进度付款申请单及相关资料后 7 天内完成审查并报送发包人，发包人应在收到监理人报送的进度付款申请单及相关资料后 7 天内，向承包人签发无异议部分的临时进度款支付证书。存在争议的部分，按照争议解决的约定处理。

② 除专用合同条款另有约定外，发包人应在进度款支付证书或临时进度款支付证书签发后 14 天内完成支付，发包人逾期支付进度款的，应按照中国人民银行发布的同期同类贷款基准利率支付违约金。

③ 发包人签发进度款支付证书或临时进度款支付证书，不表明发包人已同意、批准或接受了承包人完成的相应部分的工作。

④ 进度付款的修正。在对已签发的进度款支付证书进行阶段汇总和复核中发现错误、遗漏或重复的，发包人和承包人均有权提出修正申请。经发包人和承包人同意的修正，应在下期进度付款中支付或扣除。

5.2.8　不可抗力管理

（1）不可抗力的确认　不可抗力是指合同当事人在签订合同时不可预见，在合同履行过程中不可避免且不能克服的自然灾害和社会性突发事件，如地震、海啸、瘟疫、骚乱、戒严、暴动、战争和专用合同条款中约定的其他情形。

不可抗力发生后，发包人和承包人应搜集证明不可抗力发生及不可抗力造成损失的证据，并及时认真统计所造成的损失。合同当事人对是否属于不可抗力或其损失的意见不一致的，由监理人按商定或确定的约定处理。发生争议时，按争议解决的约定处理。

（2）不可抗力的通知　合同一方当事人遇到不可抗力事件，使其履行合同义务受到阻碍时，应立即通知合同另一方当事人和监理人，书面说明不可抗力和受阻碍的详细情况，并提供必要的证明。

不可抗力持续发生的，合同一方当事人应及时向合同另一方当事人和监理人提交中间报告，说明不可抗力和履行合同受阻的情况，并于不可抗力事件结束后 28 天内提交最终报告及有关资料。

（3）不可抗力后果的承担　不可抗力引起的后果及造成的损失由合同当事人按照法律规定及合同约定各自承担。不可抗力发生前已完成的工程应当按照合同约定进行计量支付。

不可抗力导致的人员伤亡、财产损失、费用增加和（或）工期延误等后果，由合同当事人按以下原则承担。

① 永久工程、已运至施工现场的材料和工程设备的损坏，以及因工程损坏造成的第三方人员伤亡和财产损失由发包人承担。

② 承包人施工设备的损坏由承包人承担。

③ 发包人和承包人承担各自人员伤亡和财产的损失。

④ 因不可抗力影响承包人履行合同约定的义务，已经引起或将引起工期延误的，应当顺延工期，由此导致承包人停工的费用损失由发包人和承包人合理分担，停工期间必须支付的工人工资由发包人承担。

⑤ 因不可抗力引起或将引起工期延误，发包人要求赶工的，由此增加的赶工费用由发包人承担。

⑥ 承包人在停工期间按照发包人要求照管、清理和修复工程的费用由发包人承担。

不可抗力发生后，合同当事人均应采取措施尽量避免和减少损失的扩大，任何一方当事人没有采取有效措施导致损失扩大的，应对扩大的损失承担责任。

因合同一方迟延履行合同义务，在迟延履行期间遭遇不可抗力的，不免除其违约责任。

【例题14】下列对不可抗力发生后，合同责任的描述中错误的是（A）。

A. 承包人的人员伤亡由发包人负责　　　B. 工程修复费用由发包人承担

C. 承包人的停工损失由承包人承担　　　D. 发包人的人员伤亡由发包人负责

【例题15】依据《施工合同（示范文本）》，当施工过程中发生不可抗力，致使承包人机械设备损失，该损失应由（B）承担。

A. 发包人　　　　B. 承包人　　　　C. 设备供应人　　　D. 发包人和承包人分别

【例题16】某工程在施工过程中，因不可抗力造成在建工程损失16万元。承包方受伤人员医药费4万元，施工机具损失6万元，施工人员窝工费2万元，工程清理修复费4万元。承包人及时向项目监理机构提出索赔申请，并附有相关证明材料。则项目监理机构应批准的补偿金额为（A）万元。

A. 20　　　　　　B. 22　　　　　　C. 24　　　　　　D. 32

［解析］不可抗力造成的损失是各自承担各自的损失。可以索赔的费用为：$16+4=20$万元。

【例题17】《施工合同（示范文本）》，对于在施工中发生不可抗力，其发生的费用和责任的规定有（ABCD）。

A. 工程本身的损害由发包人承担

B. 人员伤亡由其所属单位负责，并承担相应费用

C. 造成承包人设备、机械的损坏，由承包人承担

D. 所需清理修复工作的责任与费用的承担，由发包人承担

E. 发生的一切损害及费用均由发包人承担

5.3　施工专业分包合同主要内容

5.3.1　工程承包人（总承包单位）的主要责任和义务

（1）承包人应提供总包合同（价格内容除外）供分包人查阅。分包人应全面了解总包合同的各项规定（价格内容除外）。

（2）项目经理应按分包合同的约定，及时向分包人提供所需的指令、批准、图纸并履行其他约定的义务。

（3）承包人的工作如下。

① 向分包人提供与分包工程相关的各种证件、批件和各种相关资料，向分包人提供具备施工条件的施工场地。

② 组织分包人参加图纸会审，进行设计图纸交底。

③ 提供约定的设备和设施，并承担因此发生的费用。

④ 为分包人提供所要求的施工场地和通道等。

⑤ 负责整个施工场地的管理工作，确保分包人按照经批准的施工组织设计进行施工。

5.3.2　专业工程分包人的主要责任和义务

（1）分包人对有关分包工程的责任　除合同条款另有约定，分包人应履行并承担总包合同中与分包工程有关的承包人的所有义务与责任。

（2）分包人与发包人的关系

① 分包人须服从承包人转发的发包人或工程师（指监理工程师，下同）与分包工程有关的指令。

② 未经承包人允许，分包人不得以任何理由与发包人或工程师发生直接工作联系，分包人不得直接致函发包人或工程师，也不得直接接受发包人或工程师的指令。

③ 如分包人与发包人或工程师发生直接工作联系，将被视为违约，并承担违约责任。

（3）承包人指令

① 就分包工程范围内的有关工作，承包人随时可以向分包人发出指令，分包人应执行承包人根据分包合同所发出的所有指令。

② 分包人拒不执行指令，承包人可委托其他施工单位完成该指令事项，发生的费用从应付给分包人的相应款项中扣除。

（4）分包人的工作

① 按合同约定对分包工程进行设计（分包合同有约定时）、施工、竣工和保修。

② 按照合同约定的时间，完成规定的设计内容，承包人承担相应费用。

③ 在合同约定时间内，向承包人提供年、季、月度进度计划及相应进度统计报表。

④ 在合同约定的时间内，向承包人提交详细施工组织设计。

⑤ 遵守管理规定，按规定办理有关手续，并以书面形式通知承包人，承包人承担由此发生的费用（分包人责任造成的罚款除外）。

⑥ 分包人应允许承包人、发包人、工程师及其三方中任何一方授权的人员在工作时间内，合理进入分包工程施工场地或材料存放的地点，以及施工场地以外与分包合同有关的分包人的任何工作或准备的地点，分包人应提供方便。

⑦ 已竣工工程未交付承包人之前，分包人应负责已完分包工程的成品保护工作。

5.3.3　合同价款及支付

合同价款及支付包括以下内容。

（1）分包工程合同价款可以采用固定价格、可调价格、成本加酬金。

（2）分包合同价款与总包合同相应部分价款无任何连带关系。

（3）承包人应在收到分包工程竣工结算报告及结算资料后 28 天内支付工程竣工结算价款，不按时支付，从第 29 天起按分包人同期向银行贷款利率支付拖欠工程价款的利息，并承担违约责任。

5.3.4　禁止转包或再分包

禁止转包或再分包包括以下内容。

（1）专业分包人不得将其承包的分包工程转包给他人，也不得将其承包的分包工程的全部或部分再分包给他人，否则将被视为违约，并承担违约责任。

（2）分包人经承包人同意可以将劳务作业再分包给具有相应劳务分包资质的劳务分包企业。

（3）分包人应对再分包的劳务作业的质量等相关事宜进行督促和检查，并承担相关连带责任。

【例题18】有关分包人与发包人的关系，正确的描述包括（A）。

A. 分包人须服从承包人转发的发包人或工程师与分包工程有关的指令

B. 在某些情况下，分包人可以与发包人或工程师发生直接工作关系

C. 分包人可以就有关工程指令问题，直接致函发包人或工程师

D. 当涉及质量问题时，发包人或工程师可以直接向分包人发出指令

［解析］分包人须服从承包人转发的发包人或工程师与分包工程有关的指令。未经承包人允许，分包人不得以任何理由与发包人或工程师发生直接工作联系，分包人不得直接致函发包人或工程师，也不得直接接受发包人或工程师的指令。如分包人与发包人或工程师发生直接工作联系，将被视为违约，并承担违约责任。

5.4 劳务分包合同主要条款

5.4.1 承包人的主要义务

（1）组建与工程相适应的项目管理班子，全面履行总（分）包合同，对工程的工期和质量向发包人负责。

（2）完成劳务分包人施工前期的工作。

① 向劳务分包人交付具备本合同项下劳务作业开工条件的施工场地。

② 满足劳务作业所需的能源供应、通信及施工道路畅通。

③ 向劳务分包人提供相应的工程资料。

④ 向劳务分包人提供生产、生活临时设施。

（3）负责编制施工组织设计，统一制定各项管理目标，组织编制年、季、月施工计划、物资需用量计划表，实施对工程质量、工期、安全生产、文明施工、计量检测、实验化验的控制、监督、检查和验收。

（4）负责工程测量定位、沉降观测、技术交底，组织图纸会审，统一安排技术档案资料的收集整理及交工验收。

（5）负责与发包人、监理、设计及有关部门联系，协调现场工作关系。

5.4.2 劳务分包人的主要义务

劳务分包人的主要义务包括以下内容。

（1）对劳务分包范围内的工程质量向承包人负责，组织具有相应资格证书的熟练工人投入工作；未经承包人授权或允许，不得擅自与发包人及有关部门建立工作联系。

（2）严格按照设计图纸、施工验收规范、有关技术要求及施工组织设计精心组织施工，确保工程质量达到约定的标准。

（3）自觉接受承包人及有关部门的管理、监督和检查；接受承包人随时检查其设备、材料保管、使用情况，及其操作人员的有效证件、持证上岗情况；与现场其他单位协调配合，照顾全局。

（4）劳务分包人须服从承包人转发的发包人及工程师的指令。

（5）除非合同另有约定，劳务分包人应对其作业内容的实施、完工负责，劳务分包人应当承担并履行总（分）包合同约定的、与劳务作业有关的所有义务及工作程序。

【例题 19】某建设工程项目中，甲公司作为工程发包人与乙公司签订了工程承包合同，乙公司又与劳务分包人丙公司签订了该工程的劳务分包合同。则在劳务分包合同中，关于丙公司应承担义务的说法，正确的有（ABCD）。

A.丙公司须服从乙公司转发的发包人及监理工程师的指令

B.丙公司应自觉接受乙公司及有关部门的管理、监督和检查

C.丙公司未经乙公司授权或允许，不得擅自与甲公司及有关部门建立工作联系

D.对劳务分包范围内的工程质量向承包人负责

E.丙公司负责组织实施施工管理的各项工作，对工期和质量向建设单位负责

【例题 20】关于建设工程分包的说法，正确的是（A）。

A.劳务作业的分包可以不经建设单位认可

B.承包单位可将其承包的全部工程进行分包

C.建设工程主体结构的施工可以分包

D.建设单位有权直接指定分包工程的承包人

【例题 21】根据《建设工程质量管理条例》，属于违法分包的情形有（ACD）。

A.总承包单位将建设工程分包给不具备相应资质条件的单位的

B.主体结构的劳务作业分包给具有相应资质的劳务分包企业的

C.未经建设单位认可，承包单位将其承包的部分工程交由其他单位完成

D.施工总承包单位将建设工程的主体结构的施工分包给其他单位的

【案例 3】

某办公楼工程，地下二层，地上十五层，框架结构，建设单位（甲方）将该工程通过招标发包给了乙方某公司，甲乙双方签订了施工承包合同。合同履行过程中，发生了如下事件：

事件 1：工程开工后，施工单位乙方某公司经建设单位同意，将土方开挖施工分包给了具备资质的某丙建筑公司。

事件 2：未经建设单位同意，施工单位乙方某公司将钢筋加工劳务作业分包给了具有相应资质的丁劳务公司。

事件 3：未经建设单位同意，合同也无约定，施工单位乙方某公司将地下室防水工程施工发包给了某防水公司。

事件 4：某防水公司又将劳务作业分包给了具有相应资质的另一个劳务公司。

【问题】

（1）事件 1 有无不妥？

（2）事件 2 有无不妥？

（3）事件 3 有无不妥？

（4）事件 4 有无不妥？

【参考答案】

(1) 事件 1 的做法妥当。施工单位乙方某公司将土方开挖施工分包给了具备资质的某丙建筑公司，虽没有合同约定，但是经过建设单位同意了。

(2) 事件 2 的做法妥当。施工单位乙公司将钢筋加工劳务作业分包给了具有相应资质的丁劳务公司，劳务分包不需建设单位同意。

(3) 事件 3 的做法不妥当。未经建设单位同意，合同也无约定，施工单位乙公司将地下室防水工程施工发包给了某防水公司，属于违法分包。专业工程不得再分包。

(4) 事件 4 的做法妥当。专业分包公司可以将劳务作业分包。

5.5 《建设工程监理规范》（GB/T 50319—2013）合同管理规定

5.5.1 工程暂停及复工处理

根据《建设工程监理规范》（GB/T 50319—2013），项目监理机构在处理工程暂停及复工、工程变更、索赔及施工合同争议、解除等方面的合同管理职责如下。

(1) 签发工程暂停令的情形

① 建设单位要求暂停施工且工程需要暂停施工的。

② 施工单位未经批准擅自施工或拒绝项目监理机构管理的。

③ 施工单位未按审查通过的工程设计文件施工的。

④ 施工单位违反工程建设强制性标准的。

⑤ 施工存在重大质量、安全事故隐患或发生质量、安全事故的。

总监理工程师签发工程暂停令，应事先征得建设单位同意。在紧急情况下，未能事先征得建设单位同意的，应在事后及时向建设单位书面报告。施工单位未按要求停工或复工的，项目监理机构应及时报告建设单位。

发生情况①时，建设单位要求停工，总监理工程师经过独立判断，认为有必要暂停施工的，可签发工程暂停令；认为没有必要暂停施工的，不应签发工程暂停令。

发生情况②时，施工单位擅自施工的，总监理工程师应及时签发工程暂停令；施工单位拒绝执行项目监理机构的要求和指令时，总监理工程师应视情况签发工程暂停令；发生情况③④⑤时，总监理工程师均应及时签发工程暂停令。

(2) 工程暂停相关事宜 暂停施工事件发生时，项目监理机构应如实记录所发生的情况。总监理工程师应会同有关各方按施工合同约定，处理因工程暂停引起的与工期、费用有关的问题。

因施工单位原因暂停施工时，项目监理机构应检查、验收施工单位的停工整改过程、结果，督促施工单位为顺利进行后续施工做准备。

(3) 复工审批或指令 施工单位提出复工申请的，施工单位报送复工报审表，项目监理机构如果能够确认暂停施工原因消失具备复工条件，审查相关资料符合要求，并报建设单位同意后，由总监理工程师在复工报审表上签署意见，签发工程复工令。项目监理机构认为不具备复工条件的，总监理工程师在复工报审表上应签署不同意复工的意见，并指出原因。建设单位不同意复工的，总监理工程师应全面分析原因做出相应处理。

施工单位不提出复工申请的，总监理工程师应分析现场具体情况，以书面形式指令施工单位恢复施工，并以此书面指令作为复工的时间依据。

工程暂停可能导致人员窝工、设备闲置等情况发生，暂停时间较长的可能造成施工单位退场和再进场损失。总监理工程师应就相关问题与建设单位、施工单位及时协商解决。

【案例 4】

某监理工程，在第一次工地会议上，总监理工程师提出以下两方面要求：

（1）签发工程暂停令的情形包括：

① 建设单位要求暂停施工的；

② 施工单位拒绝项目监理机构管理的；

③ 施工单位采用不适当的施工工艺或施工不当，造成工程质量不合格的。

（2）签发监理通知单的情形包括：

① 施工单位违反工程建设强制性标准的；

② 施工存在重大质量、安全事故隐患的。

【问题】

指出签发工程暂停令和监理通知单情形的不妥项，并写出正确做法。

【参考答案】

签发工程暂停令的不妥项有：

第①项。正确做法：建设单位要求暂停施工且工程需要暂停施工的。

第②项。正确做法：项目监理机构应签发监理通知单。

签发监理通知单的不妥项有：

①项不妥。正确做法：应签发工程暂停令。

②项不妥。正确做法：应签发工程暂停令。

5.5.2　工程变更处理

发生工程变更，无论是由设计单位或建设单位或施工单位提出的，均应经过建设单位、设计单位、施工单位和工程监理单位的签认，并通过总监理工程师下达变更指令后，施工单位方可进行施工。

工程变更需要修改工程设计文件，涉及消防、人防、环保、节能、结构等内容的，应按规定经有关部门重新审查。

（1）总监理工程师组织专业监理工程师审查施工单位提出的工程变更申请，提出审查意见。对涉及工程设计文件修改的工程变更，应由建设单位转交原设计单位修改工程设计文件。

（2）总监理工程师组织专业监理工程师对工程变更费用及工期影响作出评估。

（3）总监理工程师组织建设单位、施工单位等共同协商确定工程变更费用及工期变化，会签工程变更单。项目监理机构可在工程变更实施前与建设单位、施工单位等协商确定工程变更的计价原则、计价方法或价款。

（4）一般情况下，工程变更的计价原则或计价方法应在施工合同中规定，当施工合同中没有相关规定时，项目监理机构可与建设单位、施工单位等协商确定。建设单位与施工单位未能就工程变更费用达成协议时，项目监理机构可提出一个暂定价格并经建设单位同意，作

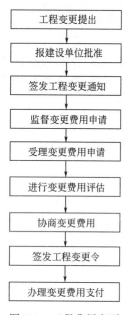

工程变更提出

报建设单位批准

签发工程变更通知

监督变更费用申请

受理变更费用申请

进行变更费用评估

协商变更费用

签发工程变更令

办理变更费用支付

图 5-1　工程费用变更
工作流程框图

为临时支付工程款的依据。工程变更款项最终结算时，应以建设单位与施工单位达成的协议为依据。

（5）工程变更价款确定的原则是：合同中已有适用于变更工程的价格，按合同已有的价格计算、变更合同价款；合同中有类似于变更工程的价格，可参照类似价格变更合同价款；合同中没有适用或类似于变更工程的价格，总监理工程师应与建设单位、施工单位就工程变更价款进行充分协商达成一致；如双方达不成一致，由总监理工程师按照成本加利润的原则确定工程变更的合理单价或价款，如有异议，按施工合同约定的争议程序处理。

（6）项目监理机构根据批准的工程变更文件监督施工单位实施工程变更。项目监理机构可对建设单位要求的工程变更提出评估意见，并应督促施工单位按会签后的工程变更单施工。项目监理机构对于工程变更可能造成的设计修改、工程暂停、返工损失、增加工程造价等进行全面评估，为建设单位正确决策提供依据，避免反复和不必要的浪费。项目监理机构评估后确实需要变更的，建设单位应要求原设计单位编制工程变更文件。

图 5-1 为工程费用变更工作流程框图。

5.5.3　工程索赔处理

（1）工程索赔的含义　建设工程索赔通常是指在工程合同履行过程中，合同当事人一方因对方不履行或未能正确履行合同或者由于其他非自身因素而受到经济损失或权利损害，通过合同规定的程序向对方提出经济或时间补偿要求的行为。

（2）工程索赔的分类

① 按索赔的目的和要求分类。分为工期索赔和费用索赔。

工期索赔一般指承包人向发包人或者分包人向承包人要求延长工期。

费用索赔即要求经济补偿损失，调整合同价格。

② 按索赔事件性质分类。可以分为工期延期索赔、工期加速索赔、工程变更索赔和不可预见的外部故障或条件索赔。

工期延期索赔是指发包人未按合同要求提供施工条件，或者发包人指令工程暂停或不可抗力事件等原因造成的工期拖延，承包人向发包人提出索赔；如果由于承包人原因导致工期拖延，发包人可以向承包人提出索赔；由于非分包人的原因导致工期拖延，分包人可以向总承包人提出索赔。

工期加速索赔是指通常由于发包人或监理工程师指令承包人加快施工进度，缩短工期，引起承包人的人力、物力、财力的额外开支，承包人提出索赔；承包人指令分包人加快进度，分包人可以向承包人提出索赔。

工程变更索赔是指由于发包人或监理工程师指令增加或减少工程量或附加工程，修改设计，变更施工顺序等，造成工期延误和费用增加，承包人由此可以向发包人提出索赔，分包人也可以向承包人提出索赔。

不可预见的外部故障或条件索赔是指施工期间在现场遇到了一个有经验的承包商通常不能预见的外界障碍或条件，例如地质条件与预计的业主提供的资料不同，出现未预见的岩石、淤泥或地下水等，导致承包人损失，这类风险通常由发包人承担，承包人可以据此提出索赔。

（3）索赔成立条件　索赔成立必须具备以下条件。

① 与合同对照，事件造成了承包人工程项目成本的额外支出，或直接经济损失。

② 造成费用增加或工期损失的原因，按合同约定不属于承包人的行为责任或风险责任。

③ 承包人按合同规定的程序和时间提交索赔意向通知和索赔报告。

（4）费用索赔处理程序　项目监理机构按下列程序处理施工单位提出的费用索赔。

① 受理施工单位在施工合同约定的期限内（索赔事件发生后 28 天内）提交的费用索赔意向通知书。

② 收集与索赔有关的资料。

③ 受理施工单位在施工合同约定的期限内提交的费用索赔报审表。

④ 审查费用索赔报审表。需要施工单位进一步提交详细资料时，应在施工合同约定的期限内发出通知。

⑤ 与建设单位和施工单位协商一致后，在施工合同约定的期限内签发费用索赔报审表，并报建设单位。

索赔意向和索赔报审都要在施工合同约定的期限内完成。费用索赔确定要依据施工合同所确定的原则和工程量清单，并与相关方通过协商取得一致。

（5）项目监理机构批准施工单位费用索赔的条件　项目监理机构批准施工单位费用索赔应同时满足下列条件。

① 施工单位在施工合同约定的期限内提出费用索赔。

② 索赔事件是因非施工单位原因造成，且符合施工合同约定。

③ 索赔事件造成施工单位直接经济损失。

当施工单位的费用索赔要求与工程延期要求相关联时，项目监理机构可提出费用索赔和工程延期的综合处理意见，并应与建设单位和施工单位协商，并与相关方协商一致。

因施工单位原因造成建设单位损失，建设单位提出索赔时，项目监理机构应与建设单位和施工单位协商处理。

（6）工程顺延（延期）索赔　施工单位提出工程延期要求符合施工合同约定时，项目监理机构应予以受理。当影响工期事件具有持续性时，项目监理机构应对施工单位提交的阶段性工程临时延期报审表进行审查，并应签署工程临时延期审核意见后报建设单位。

当影响工期事件结束后，项目监理机构应对施工单位提交的工程最终延期报审表进行审查，并应签署工程最终延期审核意见后报建设单位。

项目监理机构在作出工程临时延期批准和工程最终延期批准前，均应与建设单位和施工单位协商。当建设单位与施工单位就工程延期事宜协商达不成一致意见时，项目监理机构应提出评估意见。

项目监理机构批准工程延期应同时满足下列条件。

① 施工单位在施工合同约定的期限内提出工程延期。

② 因非施工单位原因造成施工进度滞后。

③ 施工进度滞后影响到施工合同约定的工期。

施工单位因工程延期提出费用索赔时，项目监理机构可按施工合同约定进行处理。

图 5-2 为工程费用索赔处理程序。

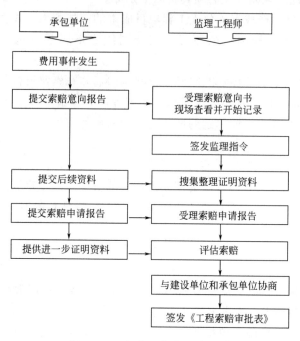

图 5-2　工程费用索赔处理程序

图 5-3 为工程（顺延）延期索赔处理程序。

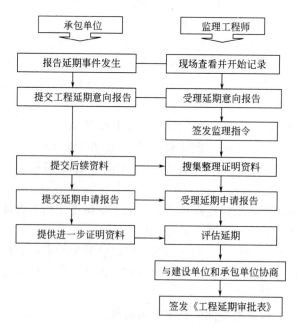

图 5-3　工程（顺延）延期索赔处理程序

《标准施工招标文件》中可以合理补偿承包人索赔的条款见表 5-1。

表 5-1 《标准施工招标文件》中可以合理补偿承包人索赔的条款

序号	条款号	主要内容	可补偿内容		
			工期	费用	利润
1	1.10.1	施工过程发现文物、古迹以及其他遗迹、化石、钱币或物品	✓	✓	
2	4.11.2	承包人遇到不利物质条件	✓	✓	
3	5.2.4	发包人要求向承包人提前交付材料和工程设备		✓	
4	5.2.6	发包人提供的材料和工程设备不符合合同要求	✓	✓	✓
5	8.3	发包人提供基准资料错误导致承包人的返工或造成工程损失	✓	✓	✓
6	11.3	发包人的原因造成工期延误	✓	✓	✓
7	11.4	异常恶劣的气候条件	✓		
8	11.6	发包人要求承包人提前竣工		✓	
9	12.2	发包人原因引起的暂停施工	✓	✓	✓
10	12.4.2	发包人原因造成暂停施工后无法按时复工	✓	✓	✓
11	13.1.3	发包人原因造成工程质量达不到合同约定验收标准的	✓	✓	✓
12	13.5.3	监理人对隐蔽工程重新检查,经检验证明工程质量符合合同要求的	✓	✓	
13	16.2	法律变化引起的价格调整		✓	
14	18.4.2	发包人在全部工程竣工前,使用已接收的单位工程导致承包人费用增加	✓	✓	✓
15	18.6.2	发包人的原因导致试运行失败的		✓	✓
16	19.2	发包人原因导致的工程缺陷和损失		✓	✓
17	21.3.1	不可抗力	✓		

【案例 5】

某项工程建设项目,业主与施工单位按《建设工程施工合同（示范文本）》签订了工程施工合同,工程未进行投保。在工程施工过程中,遭受暴风雨不可抗力袭击,造成了相应的损失,施工单位及时向监理工程师提出索赔要求,并附索赔有关的资料和证据,在索赔报告中,施工单位提出的要求如下:

(1) 遭暴风雨袭击是非施工单位原因造成的损失,故应由业主承担赔偿责任。

(2) 已建分部工程造成破坏,损失 18 万元,应由业主承担修复费用。

(3) 施工单位人员因灾害数人受伤,处理伤病医疗费用和补偿金总计 3 万元,业主应给予赔偿。

(4) 施工单位进场的正在使用的机械、设备受到损坏,造成损失 8 万元;由于现场停工造成台班费损失 4.2 万元,业主应负担赔偿和修复的经济责任。工人窝工费 3.8 万元,业主应予支付。

(5) 因暴风雨造成现场停工 8d,要求合同工期顺延 8d。

（6）由于工程破坏，清理现场需费用 2.4 万元，业主应予支付。

【问题】

（1）监理工程师接到施工单位提交的索赔申请后，应进行哪些工作？

（2）对施工单位提出的要求如何处理？

【参考答案】

（1）监理工程师接到施工单位索赔申请后应进行的主要工作：

① 进行调查、取证；

② 审查索赔成立条件，确定索赔是否成立；

③ 分清责任，认可合理索赔；

④ 与施工单位协商，统一意见；

⑤ 签发索赔报告，处理意见报业主核准。

（2）索赔报告中的六项要求的处理：

① 经济损失由双方分别承担，工程延期应予签证顺延；

② 工程修复、重建 18 万元工程款应由业主支付；

③ 施工单位受伤人员的医疗费和补偿金总计 3 万元，由施工单位承担；

④ 施工单位的机械设备受到损坏而造成的损失 8 万元、现场停工造成台班费损失 4.2 万元和工人窝工费 3.8 万元，应由施工单位承担；

⑤ 因暴风雨造成现场停工 8d，顺延合同工期 8d；

⑥ 施工单位清理现场所需费用 2.4 万元，由业主承担。

【案例6】

某大学城工程，A 施工单位与建设单位签订了施工总承包合同。合同约定：除主体结构外的其他分部分项工程施工，总承包单位可以自行依法分包；建设单位负责供应油漆等部分材料。合同履行过程中，发生下列事件：

事件 1：由于工期较紧，A 施工单位将其中两栋单体建筑的室内精装修和幕墙工程分包给具备相应资质的 B 施工单位。B 施工单位经 A 施工单位同意后，将其承包范围内的幕墙工程分包给具备相应资质的 C 施工单位组织施工，油漆劳务作业分包给具体相应资质的 D 施工单位组织施工。

事件 2：油漆作业完成后，发现油漆成膜存在质量问题，经鉴定是油漆材质不合格。B 施工单位就由此造成的返工损失向 A 施工单位提出索赔。A 施工单位以油漆属建设单位供应为由，认为 B 施工单位应直接向建设单位提出索赔。

B 施工单位直接向建设单位提出索赔，建设单位认为油漆在进场时已由 A 施工单位进行了质量验证并办理接收手续，其对油漆材料的质量责任已经完成，因油漆不合格而返工的损失由 A 施工单位承担，建设单位拒绝受理索赔。

【问题】

（1）事件 1 中 A 施工单位、B 施工单位、C 施工单位、D 施工单位之间的分包行为是否合法？并逐一说明理由。

（2）分别指出事件 2 中的错误之处，并说明理由。

【参考答案】

（1）事件 1，A 施工单位将其中两栋单体建筑的室内精装修和幕墙工程分包给具备相应资质的 B 施工单位合法，因为装修和幕墙工程不属于主体结构可以分包。总承包合同约定可以分包。

B 施工单位将其承包范围内的幕墙工程分包给 C 施工单位不合法，因为分包工程不能再分包。

B 施工单位将油漆劳务作业分包给 D 施工单位合法，因为（专业）分包工程允许劳务再分包。

（2）事件 2，B 施工单位向 A 施工单位提出索赔合理。A 施工单位认为 B 施工单位应直接向建设单位提出索赔不合理，因为 B 施工单位只与 A 施工单位有合同关系，与建设单位没有合同关系。没有合同关系不能提出索赔。

B 施工单位直接向建设单位提出索赔不合理，B 单位与建设单位之间没有合同关系；建设单位认为油漆在进场时已由 A 施工单位进行了质量验证并办理接收手续，因油漆不合格而返工的损失由 A 施工单位承担，建设单位拒绝受理索赔不合理，A 施工单位进行了验证不能免除建设单位购买材料的质量责任。

5.5.4 施工合同争议与解除的处理

（1）施工合同争议的处理　项目监理机构应按《监理规范》规定的程序处理施工合同争议。在处理施工合同争议过程中，对未达到施工合同约定的暂停履行合同条件的，应要求施工合同双方继续履行合同。

在施工合同争议的仲裁或诉讼过程中，项目监理机构应按仲裁机关或法院要求提供与争议有关的证据。

（2）施工合同解除的处理

① 因建设单位原因导致施工合同解除时，项目监理机构应按施工合同约定与建设单位和施工单位协商确定施工单位应得款项，并签发工程款支付证书。

② 因施工单位原因导致施工合同解除时，项目监理机构应按施工合同约定，确定施工单位应得款项或偿还建设单位的款项，与建设单位和施工单位协商后，书面提交施工单位应得款项或偿还建设单位款项的证明。

③ 因非建设单位、施工单位原因导致施工合同解除时，项目监理机构应按施工合同约定处理合同解除后的有关事宜。

【例题 22】下列对不可抗力发生后，合同责任的描述中错误的是（A）。

A. 承包人的人员伤亡由发包人负责　　B. 工程修复费用由发包人承担

C. 承包人的停工损失由承包人承担　　D. 发包人的人员伤亡由发包人负责

【例题 23】承包人因自身原因实际施工落后于进度计划，若此时工程的某部位工程施工与其他承包人发生干扰，监理人发布指示改变了他的施工时间和顺序导致施工成本的增加和效率降低，此时，承包人（D）。

A. 有权要求赔偿　　　　　　　　　　B. 只能获得增加成本的一定比例的赔偿

C. 由发包人协调不同承包人间的赔偿问题　D. 无权要求赔偿

［解析］承包人自身原因造成的不能索赔。

【例题 24】设备安装完毕进行试车检验的结果表明，由于工程设计原因未能满足验收要求。承包人依据监理工程师的指示按照修改后的设计将设备拆除、修正施工并重新安装。合同责任应（C）。

A. 追加合同价款但工期不予顺延　　　B. 由承包人承担费用和工期的损失

C.追加合同价款并相应顺延合同工期　　　D.工期相应顺延但不补偿承包人的费用

【例题25】属于可以顺延的工期延误有（ACDE）。

A.发包方不能按合同约定支付预付款，使工程不能正常进行

B.承包商机械设备损坏

C.工程量增加

D.发包方不能按专用条款约定提供施工图

E.设计变更

【例题26】根据《施工合同（示范文本）》的规定，导致现场发生暂停施工的下列情形中，承包人在执行监理人暂停施工的指示后，可以要求发包人追加合同价款并顺延工期的包括（BCE）。

A.施工作业方法可能危及邻近建筑物的安全

B.施工中遇到了有考古价值的文物

C.发包人订购的设备不能按时到货

D.施工作业危及人身安全

E.发包人未能按时移交后续施工的现场

【案例7】

某房地产公司开发一框架结构高层写字楼工程项目，在委托设计单位完成施工图设计后，通过招标方式选择监理单位和施工单位。

中标的施工单位在投标书中提出了桩基础工程、防水工程等的分包计划。在签订施工合同时业主考虑到过多分包可能会影响工期，只同意桩基础工程的分包，而施工单位坚持按照施工合同约定都应分包。

在施工过程中，房地产公司根据预售客户的要求，对某楼层的使用功能进行调整（工程变更）。

在主体结构施工完成时，由于房地产公司资金周转出现了问题，无法按施工合同及时支付施工单位的工程款。施工单位由于未得到房地产公司的付款，从而也没有按分包合同规定的时间向分包单位付款。

【问题】

（1）房地产公司不同意桩基础工程以外其他分包的做法合理吗？为什么？

（2）施工单位由于未得到房地产公司的付款，从而也没有按分包合同规定的时间向分包单位付款，妥当吗？为什么？

【参考答案】

（1）不合理。房地产公司应根据投标书和中标通知书为依据签订施工合同。

（2）不妥。建设单位根据施工合同与施工单位进行结算，分包单位根据分包合同与施工单位进行结算，两者在付款上没有前因后果关系，施工单位未得到房产公司的付款不能成为不向分包单位付款的理由。

【案例8】

监理单位承担了某工程的施工阶段监理任务，该工程由甲施工企业总承包。甲施工企业选择了经建设单位同意并经监理单位进行资质审查合格的乙施工单位作为分包。施工过程中发生了以下事件：

事件1：专业监理工程师在熟悉图纸时发现，基础工程部分设计内容不符合国家有关工

程质量标准和规范。总监理工程师随即致函设计单位要求改正并提出更改设计方案。设计单位研究后，口头同意了总监理工程师的更改方案，总监理工程师随即将更改的内容写成监理指令通知甲施工单位执行。

事件 2：专业监理工程师在巡视时发现，甲施工单位在施工中使用未经报验的建筑材料，若继续施工，该部位将被隐蔽。因此，立即向甲施工单位下达了暂停施工的指令（因甲施工单位的工作对乙施工单位有影响，乙施工单位也被迫停工）。同时指示甲施工单位对该材料进行检验，并报告了总监理工程师。总监理工程师对该工序停工予以确认，并在合同约定的时间内报告了建设单位。检验报告出来后，证实材料合格，可以使用，总监理工程师随即指令施工单位恢复了正常施工。

事件 3：乙施工单位就上述停工自身遭受的损失向甲施工单位提出补偿要求，甲施工单位称此次停工是执行监理工程师的指令，乙施工单位应向建设单位提出索赔。

事件 4：对上述施工单位的索赔，建设单位称：本次停工是监理工程师失职造成，且事先未经过建设单位同意。因此建设单位不承担任何责任，由于停工造成施工单位的损失应由监理单位承担。

【问题】

（1）事件 1，指出总监理工程师上述行为的不妥之处并说明理由。总监理工程师应如何正确处理？

（2）事件 2，专业监理工程师是否有权签发工程暂停令？为什么？下达工程暂停令的程序有无不妥之处？请说明理由。

（3）事件 3，甲施工单位的说法是否正确？为什么？乙施工单位的损失应由谁承担？

（4）事件 4，建设单位的说法是否正确？为什么？

【参考答案】

（1）总监理工程师不应直接致函设计单位。因为监理人员无权进行设计变更。

正确做法：发现问题应向建设单位报告，由建设单位向设计单位提出变更要求。

（2）专业监理工程师无权签发工程暂停令。这是总监理工程师的权力。

下达工程暂停令的程序有不妥之处。理由是专业监理工程师应报告总监理工程师，由总监理工程师签发工程暂停令。

（3）甲施工单位的说法不正确。因为乙施工单位与建设单位没有合同关系，乙施工单位的损失应由甲施工单位承担。乙施工单位向甲施工单位提出索赔，甲施工单位再向建设单位提出索赔。

（4）建设单位的说法不正确。因为监理工程师在是合同授权内履行职责，施工单位所受的损失不应由监理单位承担。

······ **本 章 作 业** ······

一、单选题

1. 由承包人负责采购的材料设备，到货检验时发现与标准要求不符，承包人按监理人要求进行了重新采购，最后达到了标准要求。处理由此发生的费用和延误的工期的正确方法是（　　）。

 A. 费用由发包人承担，工期给予顺延 B. 费用由承包人承担，工期不予顺延

 C. 费用由发包人承担，工期不予顺延 D. 费用由承包人承担，工期给予顺延

2. 在施工合同中，（　　）是承包人的义务。

 A. 提供施工场地   B. 办理土地征用

 C. 在保修期内负责照管工程   D. 在工程施工期内对施工现场的照管负责

3. 在工程施工中，经监理人检验合格已经覆盖的工程，监理人重新检验不合格，由此发生的费用应当全部由（　　）承担。

 A. 发包人   B. 监理人   C. 承包人   D. 监理单位

4. 在施工过程中，承包人供应的材料设备到货后，由于监理人自己的原因未能按时到场验收，事后发现材料不符合要求需要拆除，由此发生的费用应当由（　　）承担。

 A. 发包人   B. 承包人   C. 监理人   D. 监理单位

5. 发包人负责采购的一批钢窗，运到工地与承包人共同清点验收后存入承包人仓库。钢窗安装完毕，监理工程师检查发现由于钢窗质量原因出现较大变形，要求承包人拆除，则此质量事故（　　）。

 A. 所需费用和延误工期由承包人负责

 B. 所需费用和延误工期由发包人负责

 C. 所需费用给予补偿，延误工期由承包人负责

 D. 延误工期应予顺延，费用由承包人承担

6. 某基础工程施工过程中，承包人未通知监理人检查即自行隐蔽，后又遵照监理人的指示进行剥露检验，经与监理人共同检验，确认该隐蔽工程的施工质量满足合同要求。下列关于处理此事件的说法中，正确的是（　　）。

 A. 给承包人顺延工期并追加合同价款

 B. 给承包人顺延工期，但不追加合同价款

 C. 给承包人追加合同价款，但不顺延工期

 D. 工期延误和费用损失均由承包人承担

7. 根据《监理规范》，施工单位未经批准擅自施工的，总监理工程师应（　　）。

 A. 及时签发监理通知单   B. 立即报告建设单位

 C. 及时签发工程暂停令   D. 立即报告政府主管部门

8. 下列关于建设工程索赔的说法，正确的是（　　）。

 A. 承包人可以向发包人索赔，发包人不可以向承包人索赔

 B. 索赔按处理方式的不同分为工期索赔和费用索赔

 C. 监理工程师在收到承包人送交的索赔报告的有关资料后 28d 未予答复或未对承包人作进一步要求，视为该项索赔已经认可

 D. 索赔意向通知发出后的 14d 内，承包人必须向监理工程师提交索赔报告及有关资料

9. 索赔是指在合同的实施过程中，（　　）因对方不履行或未能正确履行合同所规定的义务或未能保证承诺的合同条件实现而遭受损失后，向对方提出的补偿要求。

 A. 业主方   B. 第三方   C. 承包商   D. 合同中的一方

10. 根据《施工合同（示范文本）》，当合同文件出现矛盾时，应按合同约定的优先顺

序进行解释，合同中没有约定的，优先顺序正确的是（　　）。

    A. 合同协议书、通用条款、专用条款

    B. 中标通知书、专用条款、合同协议书

    C. 中标通知书、专用条款、投标书

    D. 中标通知书、专用条款、工程量清单

11. 下列关于施工进度计划的说法中，错误的是（　　）。

    A. 承包人应当依据施工组织设计编制施工进度计划

    B. 监理人无权对承包人提交的施工进度计划提出不同意见

    C. 监理人对施工进度计划的认可，不能免除承包人对施工组织设计缺陷应负的责任

    D. 经监理人认可的施工进度计划将作为工程的施工进度控制的依据

二、多项选择题

1. 依据《施工合同（示范文本）》规定，施工合同发包人的义务包括（　　）。

    A. 办理临时用地、停水、停电申请手续

    B. 向施工单位进行设计交底

    C. 提供施工场地地下管线资料

    D. 做好施工现场地下管线和邻近建筑物的保护

    E. 开通施工现场与城乡公共道路的通道

2. 施工合同当事人为（　　）。

    A. 发包人   B. 承包人   C. 监理单位

    D. 设计单位   E. 咨询单位

3. 施工分包合同的当事人为（　　）。

    A. 发包人   B. 承包人   C. 监理单位

    D. 设计单位   E. 分包人

4. 按照《施工合同（示范文本）》的规定，由于（　　）等原因造成的工期延误，经监理人确认后工期可以顺延。

    A. 发包人未按约定提供施工场地

    B. 发生不可抗力

    C. 设计变更

    D. 承包人的主要施工机械出现故障

    E. 工程量增加

5. 承包商向业主索赔成立的条件包括有（　　）。

    A. 由于业主原因造成费用增加和工期损失

    B. 由于监理工程师原因造成费用增加和工期损失

    C. 由于分包商原因造成费用增加和工期损失

    D. 按合同规定的程序提交了索赔意向

    E. 按合同约定提交了索赔报告

6. 承包商可以就下列（　　）事件的发生向业主提出索赔。

    A. 施工中遇到地下文物被迫停工   B. 施工机械大修，误工 3d

    C. 材料供应商延期交货   D. 业主要求提前竣工，导致工程成本增加

    E. 设计图纸错误，造成返工

三、简答题

1. 监理工程师签发工程暂停令情形有哪些？

2. 施工单位提出的工程变更监理处理程序。

3. 索赔成立条件。

4. 施工单位提出的费用索赔成立条件和监理处理程序。

5. 施工单位提出的工程延期索赔成立条件和监理处理程序。

四、案例分析

【案例分析1】

某工程基坑开挖后发现地下情况和发包人提供的地质资料不符，有古河道，须将河道中的淤泥清除并对地基进行二次处理。为此，发包人以书面形式通知施工单位停工10d，并同意合同工期顺延10d。为确保继续施工，要求工人、施工机械等不要撤离施工现场，但在通知中未涉及由此造成施工单位停工损失如何处理。施工单位认为其损失过大，意欲索赔。

【问题】

（1）施工单位的索赔能否成立？

（2）由此引起的损失费用项目有哪些？

【案例分析2】

某工程建安工程施工单位与建设单位按《施工合同（示范文本）》签订合同后，在施工中突遇合同中约定属不可抗力的事件，造成经济损失（表5-2）和工地全面停工15d。由于合同双方均未投保，施工单位在合同约定的有效期内，向项目监理机构提出了费用补偿和工程延期申请。

表5-2　经济损失表

序号	项目	金额/万元
1	施工单位采购的已运至现场待安装的设备修理费	5.0
2	现场施工人员受伤医疗补偿费	2.0
3	已通过工程验收的供水管爆裂修复费	0.5
4	建设单位采购的已运至现场的水泥损失费	3.5
5	施工单位配备的停电时用于应急施工的发电机修复费	0.2
6	停工期间施工作业人员窝工费	8.0
7	停工期间必要的留守管理人员工资	1.5
8	现场清理费	0.3

【问题】

不可抗力发生的经济损失分别由谁承担？建安工程施工单位共可获得费用补偿为多少？工程延期要求是否成立？

第6章 建设工程质量控制

6.1 建设工程质量控制概述

6.1.1 建设工程质量的概念及特性

工程质量是指工程满足业主需要的,符合国家法律、法规、技术规范标准、设计文件及合同的规定的特性综合。主要表现在以下六个方面。

(1) 适用性 即功能,是指工程满足使用目的的各种性能。

(2) 耐久性 即寿命,是指工程在规定的条件下,满足规定功能要求使用的年限,也就是工程竣工后的合理使用寿命周期。

(3) 安全性 是指工程建成后在使用过程中保证结构安全、保证人身和环境免受危害的程度。

(4) 可靠性 是指工程在规定的时间和规定的条件下完成规定功能的能力。

(5) 经济性 是指工程从规划、勘察、设计、施工到整个产品使用寿命周期内的成本和消耗的费用。具体表现为设计成本、施工成本、使用成本三者之和。

(6) 与环境的协调性 是指工程与其周围生态环境协调、与所在地区经济环境协调以及与周围已建工程相协调,以适应可持续发展的要求。

6.1.2 工程质量形成过程与影响因素

(1) 工程建设各阶段对质量形成的作用与影响 工程建设各阶段对质量形成的作用与影响见表6-1。

表6-1 工程建设各阶段对质量形成的作用与影响

工程建设阶段	对质量形成的作用	对质量形成的影响
项目可行性研究	项目决策和设计的依据,确定工程项目的质量要求,与投资目标相协调	直接影响项目的决策质量和设计质量
项目决策	充分反映业主的意愿,与地区环境相适应,做到投资、质量、进度三者协调统一	确定工程项目应达到的质量目标和水平
工程勘察、设计	工程的地质勘察是为建设场地的选择和工程的设计与施工提供地质资料依据,工程设计使得质量目标和水平具体化,工程设计为施工提供直接的依据	工程设计质量是决定工程质量的关键环节

工程建设阶段	对质量形成的作用	对质量形成的影响
工程施工	将设计意图付诸实施，建成最终产品	决定设计意图能否体现，形成实体质量的决定性环节
工程竣工验收	考核项目质量是否达到设计要求，是否符合决策阶段确定的质量目标和水平并通过验收确保工程项目的质量	保证最终产品的质量

（2）影响工程质量的因素　影响工程质量的因素主要有五个方面，即人（Man）、材料（Material）、机械（Machine）、方法（Method）和环境（Environment），简称为 4M1E 因素。

① 人员素质。人员素质是影响工程质量的一个重要因素。建筑企业资质管理和各类专业从业人员持证上岗制度是保证人员素质的重要管理措施。

② 工程材料。工程材料是工程质量的基础。

③ 机械设备。机械设备可分为两类：一类是组成工程实体及配套的工艺设备和各类机具；另一类是施工过程中使用的各类机具设备，直接影响工程使用功能质量。

④ 方法。方法是指工艺方法、操作方法、施工方案。

⑤ 环境条件。对工程质量特性起重要作用的环境因素，包括工程技术环境、工程作业环境、工程管理环境。

6.1.3 工程施工质量控制系统过程

（1）施工阶段质量控制环节　施工阶段是使工程设计意图最终实现并形成工程实体的阶段，是最终形成工程实体质量的过程，施工阶段质量控制是由对投入的资源和条件的质量控制，进而对生产过程及各环节质量进行控制，直到对所完成的工程产品的质量检验与控制为止的全过程的系统控制过程。按工程实体质量形成过程的时间阶段划分，施工阶段的质量控制可以分为以下三个环节。

① 施工准备控制。在各工程对象正式施工活动开始前，对各项准备工作及影响质量的各因素进行控制，这是确保施工质量的先决条件。

② 施工过程控制。在施工过程中对实际投入的生产要素质量及作业技术活动的实施状态和结果所进行的控制，包括作业者的自控行为和管理者的监控行为。

③ 竣工验收控制。对于通过施工过程所完成的具有独立的功能和使用价值的最终产品（单位工程或整个工程项目）及有关方面（例如质量文档）的质量进行控制。

上述三个环节的质量控制系统过程及其所涉及的主要方面如图 6-1 所示。

（2）按工程项目施工层次划分的系统控制过程　一个大中型工程建设项目可以划分为若干层次。例如，对于建筑工程项目按照国家标准可以划分为单位工程、分部工程、分项工程、检验批等层次；各组成部分之间的关系具有一定施工先后顺序的逻辑关系。施工作业过程的质量控制是最基本的质量控制，它决定了检验批的质量；检验批的质量又决定了分项工程的质量，各层次间的质量控制系统过程如图 6-2 所示。

① 单项工程。单项工程是指在一个建设项目中，具有独立的设计文件，能够独立组织施工，竣工后可以独立发挥生产能力或效益的工程。例如一所学校的教学楼、实验楼、图书馆等。

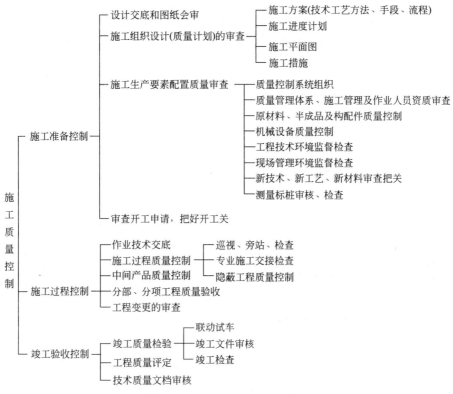

图 6-1 施工阶段质量控制的系统过程

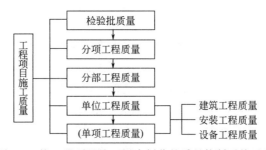

图 6-2 按工程项目施工层次划分的质量控制系统过程

② 单位工程。单位工程是指竣工后不可以独立发挥生产能力或效益，但具有独立设计，能够独立组织施工的工程。例如土建、电气照明、给水排水等。单位工程是单项工程的组成部分。两者的区别主要是看它竣工后能否独立地发挥整体效益或生产能力。

③ 分部工程。按照工程部位、设备种类和型号、使用材料的不同划分。例如基础工程、砖石工程、混凝土及钢筋混凝土工程、装修工程、屋面工程等。

④ 分项工程。按照不同的施工方法、不同的材料、不同的规格划分。例如砖石工程可分为砖砌体、毛石砌体两类，其中砖砌体可按部位不同分为内墙、外墙、女儿墙。分项工程是计算工、料及资金消耗的最基本的构造要素。

图 6-3 为某建设项目按施工层次划分图。

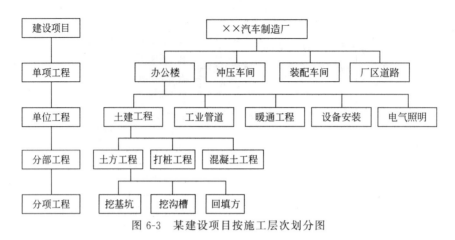

图 6-3　某建设项目按施工层次划分图

6.2　参建单位的工程质量责任

6.2.1　建设单位的质量责任

（1）依法发包工程　建设单位应当将工程发包给具有相应资质等级的单位。建设单位不得将建设工程肢解发包。

（2）依法向有关单位提供原始资料　建设单位必须向有关的勘察、设计、施工、工程监理等单位提供与建设工程有关的原始资料。原始资料必须真实、准确、齐全。

（3）限制不合理的干预行为　建设工程发包单位，不得迫使承包方以低于成本的价格竞标，不得任意压缩合理工期。

（4）依法报审施工图设计文件　建设单位应当将施工图设计文件报县级以上人民政府建设行政主管部门或者其他有关部门审查。施工图设计文件未经审查批准的，不得使用。

（5）依法实行工程监理　实行监理的建设工程，建设单位应当委托具有相应资质等级的工程监理单位进行监理，也可以委托具有工程监理相应资质等级并与被监理工程的施工承包单位没有隶属关系或者其他利害关系的该工程的设计单位进行监理。

（6）保证建筑材料等符合要求　建设单位负责供应的材料设备，在使用前施工单位应当按照规定对其进行检验和试验，如果不合格，不得在工程上使用，并应通知建设单位予以退换。建设单位按合同约定负责采购供应的建筑材料、建筑构配件和设备，应符合设计文件和合同要求，对发生的质量问题，应承担相应的责任。

（7）依法进行装修工程　涉及建筑主体和承重结构变动的装修工程，建设单位应当在施工前委托原设计单位或者具有相应资质等级的设计单位提出设计方案，没有设计方案的，不得施工。房屋建筑使用者在装修过程中，不得擅自变动房屋建筑主体和承重结构。

6.2.2　勘察、设计单位的质量责任

勘察、设计单位必须在其资质等级许可的范围内承揽相应的勘察设计任务，不得承揽超越其资质等级许可范围以外的任务，不得将承揽工程转包或违法分包，也不得以任何形式用

其他单位的名义承揽业务或允许其他单位或个人以本单位的名义承揽业务。

设计单位提供的设计文件应当符合国家规定的设计深度要求，注明工程合理使用年限。设计文件中选用的材料、构配件和设备，应当注明规格、型号、性能等技术指标，其质量必须符合国家规定的标准。

除有特殊要求的建筑材料、专用设备、工艺生产线外，不得指定生产厂、供应商。

设计单位应就审查合格的施工图文件向施工单位做出详细说明，解决施工中对设计提出的问题，负责设计变更。

参与工程质量事故分析，并对因设计造成的质量事故，提出相应的技术处理方案。

6.2.3 施工单位的质量责任

6.2.3.1 对施工质量负责和总分包单位的质量责任

施工单位对施工质量负责，总承包单位依法将建设工程分包给其他单位的，分包单位应当按照分包合同的约定对其分包工程的质量向总承包单位负责，总承包单位与分包单位对分包工程的质量承担连带责任。

6.2.3.2 按照工程设计图纸和施工技术标准施工

按图施工、不擅自修改设计，是施工单位保证工程质量的最基本要求。工程设计图纸和施工技术标准都属于合同文件的组成部分，施工单位不按照工程设计图纸和施工技术标准施工，则属于违约行为，应该对建设单位承担违约责任。

施工单位在施工过程中发现设计文件和图纸中确实存在差错，有义务提出意见和建议（注：向建设单位，不是向设计单位）。以免造成不必要的损失和质量问题。这是施工单位应具备的职业道德，也是履行合同应尽的基本义务。

6.2.3.3 对建筑材料、设备进行检验检测的责任

（1）必须检验的范围和依据 建筑施工企业必须按照工程设计要求、施工技术标准和合同的约定，对建筑材料、建筑构配件、设备和商品混凝土进行检验，不合格的不得使用。

（2）施工检测的见证取样和送检制度 见证取样和送检是指在建设单位或工程监理单位人员的见证下，由施工单位的现场试验人员对工程中涉及结构安全的试块、试件和材料在现场取样，并送至具有法定资格的质量检测单位进行检测的活动。

《房屋建筑工程和市政基础设施工程实行见证取样和送检的规定》中规定，涉及结构安全的试块、试件和材料见证取样和送检的比例不得低于有关技术标准中规定应取样数量的30%。

① 见证取样范围。下列试块、试件和材料必须实施见证取样和送检：用于承重结构的混凝土试块；用于承重墙体的砌筑砂浆试块；用于承重结构的钢筋及连接接头试件；用于承重墙的砖和混凝土小型砌块；用于拌制混凝土和砌筑砂浆的水泥；用于承重结构的混凝土中使用的掺加剂；地下、屋面、厕浴间使用的防水材料；国家规定必须实行见证取样和送检的其他试块、试件和材料。

② 见证人员。见证人员应由建设单位或该工程的监理单位中具备施工试验知识的专业技术人员担任，并由建设单位或该工程的监理单位书面通知施工单位、检测单位和负责该项工程的质量监督机构。

③ 见证标识。在施工过程中，见证人员应按照见证取样和送检计划，对施工现场的取

样和送检进行见证。取样人员应在试样或其包装上作出标识、封志。标识和封志应标明工程名称、取样部位、取样日期，样品名称和样品数量，并由见证人员和取样人员签字。见证人员和取样人员应对试样的代表性和真实性负责。

6.2.3.4 工程质量检测单位的资质和检测

工程质量检测机构是具有独立法人资格的中介机构，检测机构资质分为专项检测机构资质和见证取样检测机构资质，没有相应资质，不得承担质量检测业务，质量检测业务由建设单位委托具有相应资质的检测机构进行检测。

检测机构完成检测业务后，应当及时出具检测报告。检测报告经检测人员签字、检测机构法定代表人或者其授权的签字人签署，并加盖检测机构公章或者检测专用章后方可生效。检测报告经建设单位或者工程监理单位确认后，由施工单位归档。

6.2.3.5 施工质量检验和返修

（1）施工质量检验制度 施工质量检验是指工程施工过程中工序质量检验（过程检验），包括预检、自检、交接检、专职检、分部工程中间检验以及隐蔽工程检验等。

① 隐蔽工程在隐蔽前，施工单位应当通知建设单位（实施监理的工程为监理单位）和建设工程质量监督机构。

② 承包人应在共同检查前 48 小时书面通知监理人检查；监理人不能按时检查的，应在检查前 24 小时向承包人提出书面延期要求，但延期不能超过 48 小时；监理人未按时检查，也未提出延期要求的，视为隐蔽工程检查合格。

③ 承包人覆盖隐蔽部位后，发包人或监理人对质量有疑问的，可以要求承包人对已覆盖的部位重新检查。质量符合合同要求的，由发包人承担费用和延误的工期；质量不符合要求的，费用和延误的工期由承包人承担。

（2）返修的责任 施工单位对施工中出现质量问题的建设工程或者竣工验收不合格的建设工程，应当负责返修。

因施工人的原因致使建设工程质量不符合约定的，发包人有权要求施工人在合理期限内无偿修理或者返工、改建。

在建设工程竣工验收合格前，施工过程中出现质量问题的建设工程，竣工验收时发现质量问题的工程，施工单位都要负责返修；对于非施工单位的原因造成的质量问题，施工单位也应当负责返修，因此造成的损失及返修费由责任方承担。

建设工程竣工验收合格后，施工单位应对保修期内出现的质量问题履行保修义务。

6.2.4 工程监理单位的质量责任

（1）依法承担工程监理业务 工程监理单位应按其资质等级许可范围承担监理业务，不许超越本单位资质等级许可的范围或以其他工程监理单位的名义承担工程监理业务，不得转让工程监理业务，不许其他单位或个人以本单位的名义承担工程监理业务。

（2）对工程质量承担监理责任 工程监理单位应依照法律、法规以及有关技术标准、设计文件和建设工程承包合同，与建设单位签订监理合同，代表建设单位对工程质量实施监理，并对工程质量承担监理责任。

监理责任主要有违法责任和违约责任两个方面。如果工程监理单位故意弄虚作假，降低工程质量标准，造成质量事故的，要承担法律责任。工程监理单位与承包单位串通，谋取非法利益，给建设单位造成损失的，应当与承包单位承担连带赔偿责任。监理单位在责任期内，不按照监理合同约定履行监理职责，给建设单位或其他单位造成损失的，属违约责任，应当向建设单位赔偿损失。

（3）对有隶属关系或其他利害关系的回避　工程监理单位与被监理工程的施工承包单位以及建筑材料、建筑构配件和设备供应单位有隶属关系或者其他利害关系的，不得承担该项建设工程的监理业务。

（4）工程监理的职责和权限　《建设工程质量管理条例》规定，工程监理单位应当选派具备相应资格的总监理工程师和监理工程师进驻施工现场。未经监理工程师签字，建筑材料、建筑构配件和设备不得在工程上使用或者安装，施工单位不得进行下一道工序的施工。未经总监理工程师签字，建设单位不拨付工程款，不进行竣工验收。

监理工程师拥有对建筑材料、建筑构配件和设备以及每道施工工序的检查权，对检查不合格的，有权决定是否允许在工程上使用或进行下一道工序的施工。工程监理实行总监理工程师负责制。总监理工程师依法在授权范围内可以发布有关指令，全面负责受委托的监理工程。

（5）监理单位质量违法行为及法律责任

①《建筑法》规定：工程监理单位不按照委托监理合同的约定履行监理义务，对应当监督检查的项目不检查或者不按照规定检查，给建设单位造成损失的，应当承担相应的赔偿责任。工程监理单位与承包单位串通，为承包单位谋取非法利益，给建设单位造成损失的，应当与承包单位承担连带赔偿责任。

②《建筑法》规定，工程监理单位与建设单位或者建筑施工企业串通，弄虚作假、降低工程质量的，责令改正，处以罚款，降低资质等级或者吊销资质证书；有违法所得的，予以没收；造成损失的，承担连带赔偿责任；构成犯罪的，依法追究刑事责任。

③《建设工程质量管理条例》规定，工程监理单位有下列行为之一的，责令改正，处50万元以上100万元以下的罚款，降低资质等级或者吊销资质证书；有违法所得的，予以没收；造成损失的，承担连带赔偿责任：与建设单位或者施工单位串通、弄虚作假、降低工程质量的；将不合格的建设工程、建筑材料、建筑构配件和设备按照合格签字的。

④《建设工程质量管理条例》规定，监理工程师因过错造成质量事故的，责令停止执业1年；造成重大质量事故的，吊销执业资格证书，5年以内不予注册；情节特别恶劣的，终身不予注册。

⑤《建设工程质量管理条例》规定，工程监理单位违反国家规定，降低工程质量标准，造成重大安全事故，构成犯罪的，对直接责任人员依法追究刑事责任。

⑥《中华人民共和国刑法》（以下简称《刑法》）规定，建设单位、设计单位、施工单位、工程监理单位违反国家规定，降低工程质量标准，造成重大安全事故，对直接责任人员，处五年以上十年以下有期徒刑，并处罚金。这是工程重大安全事故罪。

6.3 《监理规范》对监理质量控制的规定

（1）工程开工前，项目监理机构应审查施工单位现场的质量管理组织机构、管理制度及专职管理人员和特种作业人员的资格。

（2）总监理工程师应组织专业监理工程师审查施工单位报审的施工方案，并应符合要求后予以签认。施工方案审查应包括下列基本内容：编审程序应符合相关规定；工程质量保证措施应符合有关标准。

总监理工程师审查施工方案在程序性审查方面应重点审查施工方案的编制人、审批人是否符合有关权限规定的要求。

① 编制人、审批人。施工方案应由项目技术负责人组织编制，并经施工单位技术负责人审批签字后提交项目监理机构。项目监理机构在审批施工方案时，应检查施工单位的内部审批程序是否完善、签章是否齐全，重点核对审批人是否为施工单位技术负责人。

② 内容审查。内容性审查方面应重点审查施工方案是否具有针对性、指导性、可操作性；现场施工管理机构是否建立了完善的质量保证体系，是否明确工程质量要求及目标，是否健全质量保证体系组织机构及岗位职责，是否配备相应的质量管理人员；是否建立各项质量管理制度和质量管理程序等；施工质量保证措施是否符合现行的规范、标准等。

③ 审查依据。项目监理机构审查施工方案的主要依据有建设工程施工合同文件及建设工程监理合同文件，经批准的建设工程项目文件和设计文件，相关法律、法规、规范、规程、标准、图集等，以及其他工程基础资料，工程场地周边环境（含管线）资料等。

（3）专业监理工程师应审查施工单位报送的新材料、新工艺、新技术、新设备的质量认证材料和相关验收标准的适用性，必要时，应要求施工单位组织专题论证，审查合格后报总监理工程师签认。

专业监理工程师审查时，可根据具体情况要求施工单位提供相应的检验、检测、试验、鉴定或评估报告及相应的验收标准。项目监理机构认为有必要进行专题论证时，施工单位应组织专题论证会。

（4）专业监理工程师应检查、复核施工单位报送的施工控制测量成果及保护措施，签署意见。专业监理工程师应对施工单位在施工过程中报送的施工测量放线成果进行查验。

（5）专业监理工程师应检查施工单位为工程提供服务的试验室。

（6）项目监理机构应审查施工单位报送的用于工程的材料、构配件、设备的质量证明文件，并应按有关规定、建设工程监理合同约定，对用于工程的材料进行见证取样，平行检验。

项目监理机构对已进场经检验不合格的工程材料、构配件、设备，应要求施工单位限期将其撤出施工现场。用于工程的材料、构配件、设备的质量证明文件包括出厂合格证、质量检验报告、性能检测报告以及施工单位的质量抽检报告等。

工程监理单位与建设单位应在建设工程监理合同中事先约定平行检验的项目、数量、频率、费用等内容。并且要明确对已进场经检验不合格的工程材料、构配件、设备的处理方式及工程材料、构配件或设备报审表的表式。

（7）专业监理工程师应审查施工单位定期提交影响工程质量的计量设备的检查和检定报告。

（8）项目监理机构应根据工程特点和施工单位报送的施工组织设计，确定旁站的关键部位、关键工序，安排监理人员进行旁站，并应及时记录旁站情况。

项目监理机构应将影响工程主体结构安全的、完工后无法检测其质量的或返工会造成较大损失的部位及其施工过程作为旁站的关键部位、关键工序。

（9）项目监理机构应安排监理人员对工程施工质量进行巡视。巡视应包括下列主要内容。

① 施工单位是否按工程设计文件、工程建设标准和批准的施工组织设计、(专项)施工方案施工。

② 使用的工程材料、构配件和设备是否合格。

③ 施工现场管理人员,特别是施工质量管理人员是否到位。

④ 特种作业人员是否持证上岗。

(10)项目监理机构应根据工程特点、专业要求,以及建设工程监理合同约定,对工程材料、施工质量进行平行检验。

对于施工过程中已完工程施工质量进行的平行检验应在施工单位自检的基础上进行,并应符合工程特点或专业要求以及行业主管部门的相关规定,平行检验的项目、数量、频率和费用等应符合建设工程监理合同的约定。对平行检验不合格的工程材料、施工质量,项目监理机构应签发监理通知单,要求施工单位在指定的时间内整改并重新报验。

(11)项目监理机构应对施工单位报验的隐蔽工程、检验批、分项工程和分部工程进行验收,对验收合格的应给予签认,对验收不合格的应拒绝签认,同时应要求施工单位在指定的时间内整改并重新报验。

对已同意覆盖的工程隐蔽部位质量有疑问的,或发现施工单位私自覆盖工程隐蔽部位的,项目监理机构应要求施工单位对该隐蔽部位进行钻孔探测或揭开或其他方法进行重新检验。

项目监理机构应按规定对施工单位自检合格后报验的隐蔽工程、检验批、分项工程和分部工程及相关文件和资料进行审查和验收,符合要求的,签署验收意见。检验批的报验按有关专业工程施工验收标准规定的程序执行。

(12)项目监理机构发现施工存在质量问题的,或施工单位采用不适当的施工工艺,或施工不当,造成工程质量不合格的,应及时签发监理通知单,要求施工单位整改。整改完毕后,项目监理机构应根据施工单位报送的监理通知回复对整改情况进行复查,提出复查意见。

(13)对于需要返工处理或加固补强的质量缺陷,项目监理机构应要求施工单位报送专门的处理方案,并经设计等相关单位认可后,才可以进行相应处理。项目监理机构应对质量缺陷的处理过程进行跟踪检查,做好记录,同时应对质量缺陷的处理结果进行验收、确认。这也是工程质量事后控制的重要手段。

(14)对需要返工处理或加固补强的质量事故,项目监理机构应要求施工单位报送质量事故调查报告和经设计等相关单位认可的处理方案,并应对质量事故的处理过程进行跟踪检查,同时应对处理结果进行验收。项目监理机构应及时向建设单位提交质量事故书面报告,并应将完整的质量事故处理记录整理归档。

(15)项目监理机构应审查施工单位提交的单位工程竣工验收报审表及竣工资料,组织工程竣工预验收。存在问题的,应要求施工单位及时整改;合格的,总监理工程师应签认单位工程竣工验收报审表。

工程预验收是工程完工后、正式竣工验收前要进行的一项重要工作。预验收由项目总监理工程师主持,施工单位和项目监理机构参加,也可以邀请建设单位、设计单位参加,有时甚至可以邀请质量监督机构参加,目的是为了更好地发现问题、解决问题,为工程正式竣工验收创造条件。

（16）工程竣工预验收合格后，项目监理机构应编写工程质量评估报告，并应经总监理工程师和工程监理单位技术负责人审核签字后报建设单位。

（17）项目监理机构应参加由建设单位组织的竣工验收，对验收中提出的整改问题，应督促施工单位及时整改。工程质量符合要求的，总监理工程师应在工程竣工验收报告中签署意见。

【例题1】根据《建设工程质量管理条例》，施工单位的质量责任和义务是（D）。

A.工程开工前，应按照国家有关规定办理工程质量监督手续

B.工程完工后，应组织竣工预验收

C.施工过程中，应立即改正所发现的设计图纸差错

D.隐蔽工程在隐蔽前，应通知建设单位和建设工程质量监督机构

【例题2】根据《建筑法》，工程监理人员发现工程设计不符合建筑工程质量标准或合同约定的质量要求的，应当报告（D）要求设计单位改正。

A.总监理工程师   B.专业监理工程师

C.质量监督站   D.建设单位

【例题3】某工程施工段钢筋绑扎完毕，监理工程师接到通知但因故未能到场检验，施工单位即关模浇筑。对此，若给建设方造成损失，监理公司应承担的是（D）。

A.全部赔偿责任   B.主要赔偿责任   C.连带赔偿责任   D.相应赔偿责任

［解析］监理单位对施工质量承担监理责任，包括违约责任和违法责任两个方面：（1）违约责任。如果监理单位不按照监理合同约定履行监理义务，给建设单位或其他单位造成损失的，应当承担相应的赔偿责任。（2）违法责任。如果监理单位违法监理，或者降低工程质量标准，造成质量事故的，要承担相应的法律责任。故选项D正确。

【例题4】下列关于施工单位责任的说法，正确的是（C）。

A.对于非施工单位原因造成的质量问题，施工单位不负责返修

B.施工单位必须按照工程设计图纸和施工技术标准施工，不得偷工减料，如果发现错误可以修改工程设计

C.总承包单位与分包单位对分包工程的质量承担连带责任

D.涉及结构安全的试块、试件和材料见证取样和送检的比例不得低于有关技术标准中规定应取样数量的20％

［解析］对于非施工单位原因造成的质量问题，施工单位也应当负责返修，但是因此而造成的损失及返修费用由责任方负责，A选项错误。施工单位必须按照工程设计图纸和施工技术标准施工，不得擅自修改工程设计，不得偷工减料，B选项错误。涉及结构安全的试块、试件和材料见证取样和送检的比例不得低于有关技术标准中规定应取样数量的30％，D选项错误。总承包单位与分包单位对分包工程的质量承担连带责任。所以，正确选项是C。

【例题5】施工过程中，材料复检需要见证取样的，见证由（C）负责。

A.业主代表   B.政府质量监督员

C.监理工程师   D.施工项目经理

［解析］见证是指由监理工程师现场监督承包单位某工序全过程完成情况的活动。

【例题6】监理工程师对施工质量的检查验收，必须在承包单位自检合格的基础之上进行，自检是指（D）。

A.工序作业者的自检验   B.前后工序交接检验

C.专职质检员的检验   D.作业者自检、交接检和专检

［解析］选项 A、B、C 都不全面，都只是选项 D 的一个方面。

【例题7】根据《建设工程质量管理条例》，关于施工单位的质量责任和义务的说法，正确的是（ABDE）。

A. 施工单位依法取得相应等级的资质证书，在其资质许可范围内承揽工程

B. 总承包单位与分包单位对分包工程的质量承担连带责任

C. 施工单位发现设计文件和图纸有差错的，应及时要求设计单位改正

D. 施工单位对建筑材料、设备进行检验，须有书面记录

E. 施工单位对施工中出现质量问题的建设工程或竣工验收不合格的工程，应负责返修

【例题8】根据《建筑工程质量管理条例》，在工程项目建设监理过程中，未经监理工程师签字，（ADE）。

A. 建筑材料、构配件不得在工程上使用　　　B. 建设单位不得进行竣工验收

C. 施工单位不得更换施工作业人员　　　　　D. 建筑设备不得在工程上安装

E. 施工单位不得进行下一道工序的施工

【例题9】根据《建设工程质量管理条例》，属于设计单位质量责任的是（BE）。

A. 将施工图设计文件报县级以上人民政府建设行政主管部门或者其他有关部门审查

B. 就审查合格的设计文件向施工单位进行设计交底

C. 组织工程质量事故分析

D. 与本工程的承包商或供应商有利害关系的，应当回避

E. 设计文件应当符合国家规定的设计深度要求，并注明工程合理使用年限

［解析］对设计文件进行设计交底是设计单位的重要义务，所以 B 正确，选项 A、C 属于施工单位质量责任，选项 D 属于监理单位质量责任。

【例题10】下列质量事故中，属于建设单位责任的有（CE）。

A. 商品混凝土未经检验造成的质量事故

B. 总包和分包单位职责不明造成的质量事故

C. 地下管线资料不准确造成的质量事故

D. 施工中使用了禁止使用的材料造成的质量事故

E. 工程未经竣工验收堆放生产用物品导致建筑结构开裂的质量事故

【例题11】对于建筑材料的检验检测，见证取样时，取样人员应在试样或其包装上作出标识、封志。其标识和封志应标明（ACDE）。

A. 工程名称　　　　B. 工程位置　　　　C. 取样日期

D. 样品名称　　　　E. 样品数量

［解析］标识和封志应标明工程名称、取样部位、取样日期、样品名称和样品数量，并由见证人员和取样人员签字。

6.4　工程质量的政府监督管理

6.4.1　监督管理体制

国务院建设行政主管部门对全国的建设工程质量实施统一监督管理。县级以上政府

建设行政主管部门和其他有关部门履行检查职责时，有权要求被检查的单位提供有关工程质量的文件和资料，有权进入被检查单位的施工现场进行检查，在检查中发现工程质量存在问题时，有权责令改正。政府的工程质量监督管理具有权威性、强制性、综合性的特点。

6.4.2 工程质量管理制度

（1）施工图审查制度 建设单位按以下步骤办理施工图审查。

① 建设单位向建设行政主管部门报送施工图，并作书面登录。

② 建设行政主管部门委托审查机构进行审查，同时发出委托审查通知书。

③ 审查机构完成审查，向建设行政主管部门提交技术性审查报告。

④ 审查结束，建设行政主管部门向建设单位发出施工图审查批准书。

⑤ 报审施工图设计文件和有关资料应存档备查。

（2）工程质量监督制度 国家实行建设工程质量监督管理制度。工程质量监督管理的主体是各级政府建设行政主管部门和其他有关部门。工程质量监督管理由建设行政主管部门或其他有关部门委托的工程质量监督机构具体实施。

工程质量监督机构是经省级以上建设行政主管部门或有关专业部门考核认定，具有独立法人资格的单位。它受县级以上地方人民政府建设行政主管部门或有关专业部门的委托，依法对工程质量进行强制性监督，并对委托部门负责。

（3）工程质量检测制度 在建设行政主管部门领导和标准化管理部门指导下开展检测工作，其出具的检测报告具有法定效力。法定的国家级检测机构出具的检测报告，在国内为最终裁定，在国外具有代表国家的性质。

（4）工程质量保修制度 建设工程承包单位在向建设单位提交工程竣工验收报告时，应向建设单位出具工程质量保修书，质量保修书中应明确建设工程保修范围、保修期限和保修责任等。

在正常使用条件下，建设工程的最低保修期限如下。

① 基础设施工程、房屋建筑工程的地基基础和主体结构工程，为设计文件规定的该工程的合理使用年限。

② 屋面防水工程、有防水要求的卫生间、房间和外墙面的防渗漏，为5年。

③ 供热与供冷系统，为2个采暖期、供冷期。

④ 电气管线、给排水管道、设备安装和装修工程，为2年。其他保修项目由双方约定。保修期自竣工验收合格之日起计算。

6.5 施工准备阶段的质量控制

6.5.1 施工承包单位资质的核查

（1）招标投标阶段对承包单位资质的审查

① 根据工程的类型、规模和特点，确定参与投标企业的资质等级，并取得招标投标管理部门的认可。

② 对符合参与投标承包企业的考核如下：查对"营业执照"及"建筑业企业资质证书"；考核承包企业近期的表现，查对年检情况、资质升降级情况，了解其有否工程质量、施工安全、现场管理等方面的问题，企业管理的发展趋势、质量是否是上升趋势；查对近期承建工程，实地参观考核工程质量情况及现场管理水平。

（2）对中标进场施工承包企业质量管理体系的检查

① 了解企业的质量意识、质量管理情况，重点了解企业质量管理的基础工作、工程项目管理和质量控制的情况。

② 贯彻 ISO 9000 标准、体系建立和通过认证的情况。

③ 企业领导班子的质量意识及质量管理机构落实、质量管理权限实施的情况等。

④ 审查承包单位现场项目经理部的质量管理体系。

6.5.2　施工组织设计的审查

（1）施工组织设计的审查程序

① 在工程项目开工前约定时间内，承包单位必须完成施工组织设计的编制及内部自审批准工作，填写《施工组织设计（方案）报审表》报送项目监理机构。

② 总监理工程师在约定时间内，组织专业监理工程师审查，提出意见后，由总监理工程师审核签认。需要承包单位修改时，由总监理工程师签发书面意见，退回承包单位修改后再报审，总监理工程师重新审查。

③ 已审定的施工组织设计由项目监理机构报送建设单位。

④ 承包单位应按审定的施工组织设计文件组织施工。如需对其内容做较大的变更，应在实施前将变更内容书面报送项目监理机构审核。

⑤ 规模大、结构复杂或属新结构、特种结构的工程，项目监理机构对施工组织设计审查后，还应报送监理单位技术负责人审查，提出审查意见后由总监理工程师签发，必要时与建设单位协商，组织有关专业部门和有关专家会审。

⑥ 规模大、工艺复杂的工程、群体工程或分期出图的工程，经建设单位批准可分阶段报审施工组织设计；技术复杂或采用新技术的分项、分部工程，承包单位还应编制该分项、分部工程的施工方案，上报项目监理机构审查。

（2）审查施工组织设计的原则　施工组织设计的编制、审查和批准应符合规定的程序。

① 施工组织设计应符合国家的技术政策，充分考虑承包合同规定的条件、施工现场条件及法规条件的要求，突出"质量第一、安全第一"的原则。

② 施工组织设计具有针对性。

③ 施工组织设计具有可操作性。

④ 技术方案具有先进性。

⑤ 质量管理和技术管理体系，质量保证措施是否健全且切实可行。

⑥ 安全、环保、消防和文明施工措施是否切实可行并符合有关规定。

⑦ 在满足合同和法规要求的前提下，对施工组织设计的审查，应尊重承包单位的自主技术决策和管理决策。

6.5.3　现场施工准备的质量控制

监理工程师现场施工准备的质量控制共包括以下工作。

（1）工程定位及标高基准控制。

（2）施工平面布置的控制。

（3）材料构配件采购订货的控制。

（4）施工机械配置的控制。

（5）分包单位资格的审核确认。

（6）设计交底与施工图纸的现场核对。

（7）严把开工关。

（8）监理组织内部的监控准备工作。

6.6　施工过程质量控制

施工过程的质量控制是在工程项目质量实际形成过程中的事中质量控制。不论是整个施工过程，还是一个具体作业，都要进行事前、事中、事后控制。监理工程师的质量控制主要围绕影响工程施工质量的因素进行。

施工质量控制必须对全部作业过程，即各道工序的作业质量持续进行控制。工序作业质量的控制，首先是质量生产者即作业者的自控，在施工生产要素合格的条件下，作业者能力及其发挥的状况是决定作业质量的关键。其次是来自作业者外部的各种作业质量检查、验收和对质量行为的监督，也是不可缺少的设防和把关的管理措施。

6.6.1　工序施工质量控制

施工过程的质量控制以工序作业质量控制为基础和核心。工序质量控制是施工阶段质量控制的重点。

（1）工序施工条件控制　工序施工条件是指从事工序活动的各生产要素质量及生产环境条件。控制的依据是设计质量标准、材料质量标准、机械设备技术性能标准、施工工艺标准以及操作规程等。控制的手段主要有检查、测试、试验、跟踪监督等。

（2）工序施工效果控制　工序施工效果是工序产品的质量特征和特性指标的反映。工序施工效果控制属于事后质量控制。

工序施工效果控制的主要途径是实测获取数据、统计分析所获取的数据、判断认定质量等级和纠正质量偏差。必须进行现场质量检测，合格后才能进行下一道工序的有地基基础工程、主体结构工程、建筑幕墙工程、钢结构及管道工程。

6.6.2　施工作业质量的自控和监控

（1）施工作业质量自控　施工方是施工阶段质量自控主体。《建筑法》和《建设工程质量管理条例》规定：建筑施工企业对工程的施工质量负责，建筑施工企业必须按照工程设计要求、施工技术标准和合同的约定，对建筑材料、建筑构配件和设备进行检验，不合格的不得使用。

施工作业质量自控程序如下。

① 施工作业技术交底，从项目的施工组织设计到分部分项工程的作业计划，在实施之前都必须逐级进行交底，施工作业交底是最基层的技术和管理交底活动，施工总承包方和工

程监理机构都要对施工作业交底进行监督。

② 作业活动的实施，首先要对作业条件进行确认，然后严格按照作业计划开展工序活动。

③ 施工作业质量的检验，包括施工单位内部的工序作业质量自检、互检、专检和交接检查；以及现场监理机构的旁站检查、平行检验等。施工作业质量检查是施工质量验收的基础。

④ 已完检验批及分部分项工程的施工质量，必须在施工单位完成质量自检并确认合格之后，才能报请现场监理机构进行检查验收。前道工序作业质量经验收合格后，才可进入下道工序施工。未经验收合格的工序，不得进入下道工序施工。

（2）施工作业质量监控　建设单位、监理单位、设计单位及政府的工程质量监督部门是施工作业质量的监控主体，对施工单位的质量行为和项目实体质量实施监督控制。

现场质量检查的内容如下。

① 开工前的检查。

② 工序交接检查。严格执行"三检"制度。作业者进行自检；不同工序交接、转换进行交接检查；专职质检员进行专检。

③ 隐蔽工程的检查。

④ 停工后复工的检查。

⑤ 分项、分部工程完工后的检查。

⑥ 成品保护的检查。

现场质量检查的方法见表6-2。

表6-2　现场质量检查的方法

检查方法	手段	检查内容
目测法	看	清水墙面是否洁净，喷涂的密实度和颜色是否良好、均匀，工人操作是否正常，内墙抹灰大面及口角是否平直，混凝土外观是否符合要求等
	摸	油漆光滑度，浆活是否牢固、不掉粉等
	敲	对地面工程、装饰工程中的水磨石、面砖、石材饰面等应进行敲击检查
	照	管道井、电梯井内部的管线、设备安装质量，装饰吊顶内连接及设备安装质量等
实测法	靠	用直尺、塞尺检查诸如墙面、地面、路面等的平整度
	量	大理石板拼缝尺寸与超差数量、摊铺沥青拌和料的温度、混凝土坍落度的检测等
	吊	砌体、门窗安装的垂直度检查等
	套	对阴阳角的方正、踢脚线的垂直度、预制构件的方正、门窗口及构件的对角线检查等
试验法	理化试验	钢筋的抗拉、抗弯强度测定，水泥的凝结时间、安定性及抗渗、耐热性能，钢筋中磷、硫含量，地基静荷载试验，上下水的压力、通水试验
	无损检测	材料、设备的内部结构及损伤情况、超声波探伤、X射线探伤

6.6.3　进场材料构配件的质量控制

运到施工现场的原材料、半成品或构配件，进场前应向项目监理机构提交如下文件：《工程材料/构配件/设备报审表》；产品出厂合格证及技术说明书；由施工承包单位按规定要求进行检验的检验或试验报告。

经监理工程师审查并确认其质量合格后，方准进场。凡是没有产品出厂合格证明及检验不合格者，不得进场。

监理工程师认为承包单位提交的有关产品合格证明的文件以及施工承包单位提交的检验和试验报告，仍不足以说明到场产品的质量符合要求时，监理工程师可以再行组织复检或见证取样试验，确认其质量合格后方允许进场。

6.6.4　施工环境状态的控制

（1）施工作业环境的控制　监理工程师应事先检查承包单位是否已做好安排和准备妥当，当确认其准备可靠、有效后，方准许其进行施工。

（2）施工质量管理环境的控制　包括施工承包单位的质量管理体系和质量控制自检系统是否处于良好的状态；管理制度、检测制度、检测标准、人员配备等方面是否完善和明确；质量责任制是否落实。

（3）现场自然环境条件的控制　监理工程师应检查施工承包单位是否充分地认识自然环境条件可能对施工作业质量的不利影响，并采取有效措施与对策以保证工程质量。

6.6.5　进场施工机械设备性能及工作状态的控制

（1）进场检查　进场前施工单位报送进场设备清单，进场后监理工程师进行现场核对，是否和施工组织设计中所列的内容相符。

（2）工作状态的检查　包括审查机械使用、保养记录、检查工作状态。

（3）特殊设备安全运行的审核　对于现场使用的塔吊及有关特殊安全要求的设备，进入现场后在使用前，必须经当地劳动安全部门鉴定，符合要求并办好相关手续后方允许承包单位投入使用。

（4）大型临时设备的检查　设备使用前，承包单位必须取得本单位上级安全主管部门的审查批准，办好相关手续后，监理工程师方可批准投入使用。

6.6.6　施工测量及计量器具性能、精度的控制

（1）试验室　承包单位应建立试验室。不能建立时，应委托有资质的专门试验室作为试验室，新建的试验室，要经计量主管部门认证，取得资质。

（2）监理工程师对试验室的检查　经检查，确认能满足工程质量检验要求，予以批准，同意使用，否则承包单位应进一步完善、补充，在没得到监理工程师同意之前，试验室不得使用。

（3）工地测量仪器的检查　监理工程师审核确认后，方可进行正式测量作业。在作业过程中监理工程师应经常检查了解计量仪器、测量设备的性能、精度状况，使其处于良好的状态之中。

6.6.7　施工现场劳动组织及作业人员上岗资格的控制

劳动组织涉及从事作业活动的操作者及管理者，以及相应的各种管理制度。作业活动的直接负责人（包括技术负责人），专职质检人员，安全员，与作业活动有关的测量人员、材料员、实验员必须在岗。相关制度要健全。从事特种作业的人员（如电焊工、电工、起重工、架子工、爆破工），必须持证上岗，监理工程师要进行检查与核实。

6.6.8　施工阶段质量控制手段

（1）审核技术文件、报告和报表　审核的具体内容包括以下几方面。

① 审查进入施工现场的分包单位的资质证明文件，控制分包单位的质量。

② 审批施工承包单位的开工申请书，检查、核实与控制其施工准备工作质量。

③ 审批承包单位提交的施工方案、质量计划、施工组织设计或施工计划，控制工程施工质量，有可靠的技术措施保障。

④ 审批施工承包单位提交的有关材料、半成品和构配件质量证明文件（出厂合格证、质量检验或试验报告等），确保工程质量有可靠的物质基础。

⑤ 审核承包单位提交的反映工序施工质量的动态统计资料或管理图表。

⑥ 审核承包单位提交的有关工序产品质量的证明文件（检验记录及试验报告）、工序交接检查（自检）、隐蔽工程检查、分部分项工程质量检查报告等文件、资料，以确保和控制施工过程的质量。

⑦ 审批有关工程变更、修改设计图纸等，确保设计及施工图纸的质量。

⑧ 审核有关应用新技术、新工艺、新材料、新结构等的技术鉴定书，审批其应用申请报告，确保新技术应用的质量。

⑨ 审批有关工程质量缺陷或质量事故的处理报告，确保质量缺陷或质量事故处理的质量。

⑩ 审核与签署现场有关质量技术签证、文件等。

（2）指令文件与一般管理文书　指令文件是监理工程师运用指令控制权的具体形式。监理工程师的各项指令都应是书面的或有文件记载，方为有效，并作为技术文件资料存档。一般管理文书，如监理工程师函、备忘录、会议纪要、发布有关信息、通报等，主要是对承包商工作状态和行为提出建议、希望和劝阻等，不属强制性要求执行，仅供承包人自主决策参考。

（3）现场监督和检查

① 开工前检查。主要检查开工前准备工作的质量，能否保证正常施工及工程施工质量。

② 工序施工中跟踪监督、检查与控制。主要监督、检查在工序施工过程中，人员、施工机械设备、材料、施工方法及工艺或操作以及施工环境条件等是否均处于良好的状态，是否符合保证工程质量的要求，若发现有问题及时纠偏和加以控制。

③ 对于重要的和对工程质量有重大影响的工序和工程部位，还应进行施工过程的旁站监督与控制，确保使用材料及工艺过程的质量。监理检查方式包括旁站、巡视和平行检验等形式。

（4）规定质量监控工作程序　规定双方必须遵守的质量监控工作程序，按规定的程序进行工作，这是进行质量监控的必要手段。

（5）利用支付手段　这是通用的一种重要的控制手段，也是建设单位或合同中赋予监理工程师的支付控制权。对施工承包单位支付任何工程款项，均需由总监理工程师审核签认支付证书，没有总监理工程师签署的支付证书，建设单位不得向承包单位进行支付工程款。

6.7 质量验收

6.7.1 质量验收的内容

6.7.1.1 工程质量检查验收的项目划分

根据《建筑工程施工质量验收统一标准》的规定，建筑工程质量验收应逐级划分为单位工程、分部工程、分项工程和检验批。

检验批和分项工程是质量验收的基本单元。分部工程是在所含全部分项工程验收的基础上进行验收的，在施工过程中随完工随验收，并留下完整的质量验收记录和资料；单位工程作为具有独立使用功能的完整的建筑产品，进行竣工质量验收。

工程质量验收层次的划分见表6-3。

表 6-3　工程质量验收层次的划分

项目	检验批	分项工程	分部工程	单位工程
划分方法	按楼层、施工段、变形缝等进行划分	按主要工种、材料、施工工艺、设备类别等划分	按专业性质、建筑部位确定，一般包括地基与基础、主体结构、建筑装饰装修、建筑屋面、建筑给水排水及采暖、建筑电气、智能建筑、通风与空调、电梯等	具备独立施工条件并能形成独立使用功能
组织者	专业监理工程师（或建设单位项目技术负责人）	专业监理工程师（或建设单位项目技术负责人）	总监理工程师（或建设单位项目、技术负责人）	建设单位
参加者	项目专业质量员、专业工长	项目专业技术负责人	施工单位项目负责人和项目技术、质量负责人等参加验收；勘察、设计单位项目负责人和施工单位技术、质量部门负责人参加地基基础验收；设计单位项目负责人和施工单位技术、质量部门负责人应参加主体结构、节能分部工程验收	施工（含分包单位）、设计、监理等单位（项目）负责人
合格条件	（1）主控项目和一般项目的质量经抽样检验合格（实体检验） （2）具有完整的施工操作依据、质量检查记录（资料检查）	（1）分项工程所含的检验批应符合合格质量的规定（实体检验） （2）分项工程所含的检验批的质量验收记录应完整（资料检查）	（1）分部工程所含分项工程的质量均验收合格 （2）质量控制资料应完整 （3）地基基础、主体结构和设备安装等分部工程有安全、使用功能、节能、环境保护的检验和抽样检验结果应符合有关规定 （4）观感质量验收应符合要求	（1）单位工程所含分部工程的质量均验收合格 （2）质量控制资料应完整 （3）单位工程所含分部工程有关安全和功能的检查资料应完整 （4）主要功能项目的抽查结果应符合相关专业质量验收规范的规定 （5）观感质量验收应符合要求

6.7.1.2　竣工验收阶段监理工作程序

（1）竣工预验收　当单位工程达到竣工验收条件时，承包单位在自审、自查、自评工作完成后，填写工程竣工报验单，并将全部竣工验收资料（质量保证资料、评定资料、施工技术资料、施工管理资料、竣工图）报送项目监理部，申请竣工验收。

总监理工程师组织各专业监理工程师对竣工资料及各专业工程的质量情况进行全面检查，对检查出来的问题，应督促承包单位及时整改。验收合格后，由总监理工程师签署工程竣工报验单，并向建设单位提出质量评估报告。

（2）竣工验收

① 监理单位参加由建设单位组织的竣工验收。

② 建设单位、勘察单位、设计单位、施工单位、监理单位分别书面汇报工程建设项目质量状况、工程合同履约情况以及执行国家法律、法规和工程建设强制性标准情况。

③ 检查工程建设参与各方提供的竣工资料。

④ 检查工程实体质量。对建筑工程的使用功能进行抽查检验。

⑤ 对竣工验收情况进行汇总讨论，形成竣工验收意见，填写《建设工程竣工验收备案表》《建设工程竣工验收报告》。

（3）竣工验收备案　建设工程竣工验收完毕以后，由建设单位负责，在 15 天内向备案部门办理竣工验收备案。

【例题 12】分项工程的质量验收应由（A）组织进行。

A. 监理工程师　　　B. 项目经理　　　　C. 总监理工程师　　　D. 建设单位项目负责人

【例题 13】下列施工质量验收环节中，应由专业监理工程师组织验收的是（BD）。

A. 分部工程　　　　B. 分项工程　　　　C. 单项工程

D. 检验批　　　　　E. 单位工程

【案例 1】

某写字楼工程，地下 1 层，地上 10 层，当主体结构已基本完成时，施工企业根据工程实际情况，调整了装修施工组织设计文件，编制装饰工程施工进度网络计划，经总监理工程师审核批准后组织实施。由于建设单位急于搬进写字楼办公室，要求提前竣工验收，总监理工程师组织建设单位技术人员、施工单位项目经理及设计单位负责人进行了竣工验收。

【问题】

竣工验收是否妥当？说明理由。

【参考答案】

不妥当。因为竣工验收应分为以下阶段：

（1）竣工验收的准备。参与工程建设的各方应做好竣工验收的准备。

（2）预验收。施工单位在自检合格基础上，填写竣工工程报验单，由总监理工程师组织专业监理工程师对工程质量进行全面检查，经检查验收合格后，由总监理工程师签署工程竣工报验单，向建设单位提出质量评估报告。

（3）正式验收。建设单位接到监理单位的质量评估和竣工报验单后，审查符合要求即组织正式验收。

6.7.2　施工过程质量验收不合格的处理

当建筑工程施工质量不符合要求时，应按下列规定进行处理。

（1）经返工或返修的检验批，应重新进行验收。

（2）经有资质的检测机构检测鉴定能够达到设计要求的检验批，应予以验收。

（3）经有资质的检测机构检测鉴定达不到设计要求，但经原设计单位核算认可能够满足安全和使用功能的检验批，可予以验收。

（4）经返修或加固处理的分项、分部工程，满足安全及使用功能要求时，可按技术处理方案和协商文件的要求予以验收。

（5）工程质量控制资料应齐全完整，当部分资料缺失时，应委托有资质的检测机构按有关标准进行相应的实体检验或抽样试验。

（6）经返修或加固处理仍不能满足安全或重要使用功能的分部工程及单位工程，严禁验收。

6.8 建设工程质量缺陷及事故处理

6.8.1 工程质量缺陷处理

工程质量缺陷是指工程不符合国家或行业的有关技术标准、设计文件及合同中对质量的要求。

工程质量缺陷的处理如下。

（1）发生质量缺陷，监理机构签发监理通知单。

（2）施工单位进行调查，分析原因，提出经设计等相关单位认可的处理方案。

（3）监理机构审查质量缺陷处理方案，并签署意见。

（4）施工单位进行处理，监理机构跟踪检查，对结果验收。

（5）处理完毕，监理机构根据监理通知回复单对缺陷复查，提出意见。

（6）处理记录整理归档。

【例题14】施工过程中，若出现质量缺陷，监理机构应及时（A）。

A. 签发监理通知单   B. 签发工程暂停令

C. 通知建设单位   D. 报告政府主管部门

【例题15】发生工程质量缺陷后，（C）进行质量缺陷调查，分析质量缺陷产生的原因，并提出经（C）认可的处理方案。

A. 监理机构，建设单位   B. 施工单位，建设单位

C. 施工单位，设计单位   D. 监理机构，设计单位

【案例2】

某实施监理的工程，工程施工到第5个月，监理工程师检查发现第3个月浇筑的混凝土工程出现细微裂缝。经查验分析，产生裂缝的原因是由于混凝土养护措施不到位所致，须进行裂缝处理。为此，项目监理机构提出出现细微裂缝的混凝土工程暂按不合格项目处理。

【问题】

写出项目监理机构对混凝土工程中出现细微裂缝质量问题的处理程序。

【参考答案】

（1）当发生工程质量问题时，监理工程师首先应判断其严重程度。对可以通过返修或返

工弥补的质量问题可签发监理通知，责成施工单位提出处理方案，填写监理通知回复单，报监理工程师审核后，批复承包单位处理，必要时应经建设单位和设计单位认可，处理结果应重新进行验收。

（2）对需要加固补强的质量问题，或质量问题的存在影响下道工序和分项工程的质量时应签发工程暂停令，指令施工单位停止有质量问题部位和与其有关联部位及下道工序的施工。必要时，应要求施工单位采取防护措施，责成施工单位写出质量问题调查报告，由设计单位提出处理方案，并征得建设单位同意，批复承包单位处理。处理结果应重新进行验收。

（3）施工单位接到监理通知后，在监理工程师的组织参与下，尽快进行质量问题调查并完成报告编写。

（4）监理工程师审核、分析质量问题调查报告，判断和确认质量问题产生的原因。

（5）在原因分析的基础上，认真审核、签署质量问题处理方案。

（6）指令施工单位按既定的处理方案实施处理并进行跟踪检查。

（7）质量问题处理完毕，监理工程师应组织有关人员对处理的结果进行严格的检查、鉴定和验收，写出质量问题处理报告，报建设单位和监理单位存档。

6.8.2 工程质量事故及处理

（1）工程质量事故等级划分 工程质量事故是指由于建设、勘察、设计、施工、监理等单位违反工程质量有关法律法规和工程建设标准使工程产生结构安全、重要使用功能等方面的质量缺陷，造成人身伤亡或者重大经济损失的事故。工程质量事故等级划分见表6-4。

表6-4 工程质量事故等级划分

质量事故	人员伤亡/人		直接经济损失/元
	死亡	重伤	
特别重大事故	≥30	≥100	≥1亿
重大事故	10≤人数＜30	50≤人数＜100	5000万(含)～1亿
较大事故	3≤人数＜10	10≤人数＜50	1000万(含)～5000万
一般事故	＜3	＜10	100万(含)～1000万

【例题16】工程施工中发生事故造成10人死亡，该事故属于（B）事故。

A.特别重大 B.重大 C.较大 D.一般

（2）工程质量事故处理 施工质量事故处理的一般程序如下所示。

① 事故报告。工程质量事故发生后，事故现场有关人员应当立即向工程建设单位负责人报告；工程建设单位负责人接到报告后，应于1小时内向事故发生地县级以上人民政府住房和城乡建设主管部门及有关部门报告；同时应按照应急预案采取相应措施。情况紧急时，事故现场有关人员可直接向事故发生地县级以上人民政府住房和城乡建设主管部门报告。

② 事故调查。事故调查要按规定区分事故的大小，分别由相应级别的人民政府直接或授权委托有关部门组织事故调查组进行调查。未造成人员伤亡的一般事故，县级人民政府也可以委托事故发生单位组织事故调查组进行调查。事故调查应力求及时、客观、全面，以便为事故的分析与处理提供正确的依据。调查结果要整理撰写成事故调查报告。

③ 事故的原因分析。在完成事故调查的基础上，对事故的性质、类别、危害程度以及发生的原因进行分析，为事故处理提供必要的依据。除确定事故的主要原因外，应正确评估

相关原因对工程质量事故的影响，以便能采取切实有效的综合加固修复方法。

④ 制定事故处理的技术方案。事故的处理要建立在原因分析的基础上，要广泛地听取专家及有关方面的意见，经科学论证，决定事故是否要进行技术处理和怎样处理。在制定事故处理的技术方案时，应做到安全可靠、技术可行、不留隐患、经济合理、具有可操作性、满足项目的安全和使用功能要求。

⑤ 事故处理。事故处理的内容包括：事故的技术处理，按经过论证的技术方案进行处理，解决事故造成的质量缺陷问题；事故的责任处罚，依据有关人民政府对事故调查报告的批复和有关法律法规的规定，对事故相关责任者实施行政处罚，负有事故责任的人员涉嫌犯罪的，依法追究刑事责任。

⑥ 事故处理的鉴定验收。对工程质量事故的整个处理过程进行检查监督，对工程处理结果进行检查验收。必要时应进行处理结果鉴定。

⑦ 提交事故处理报告。事故处理后，必须尽快提交完整的事故处理报告，其内容包括：事故调查的原始资料、测试的数据；事故原因分析和论证结果；事故处理的依据；事故处理的技术方案及措施；实施技术处理过程中有关的数据、记录、资料；检查验收记录；对事故相关责任者的处罚情况和事故处理的结论等。

（3）工程质量事故处理的依据

① 相关的法律法规。包括关于勘察、设计、施工、监理等单位资质管理方面的法律法规、关于建筑施工方面的法律法规、关于标准化管理方面的法律法规等。

② 有关合同及合同文件。涉及的合同文件可以是施工合同、设计合同、材料设备采购合同、监理合同等。

③ 质量事故的实况资料。包括施工单位的质量事故调查报告和项目监理机构所掌握的质量事故相关资料。

④ 有关的工程技术文件、资料和档案。包括设计文件，核查施工是否符合设计的规定，核查设计中是否存在问题或缺陷；与施工有关的技术文件、档案和资料，包括施工组织设计或施工方案、施工计划；施工记录、日志；有关建筑材料的质量证明资料，现场制备材料的质量证明资料，事故状况的观测、试验记录或试验报告。

【例题 17】工程质量事故处理的依据有（ABDE）。

A. 有关合同文件　　　　　　　　　　B. 相关法律法规

C. 有关工程定额　　　　　　　　　　D. 质量事故实况资料

E. 有关工程技术文件

（4）监理机构工程质量事故处理程序

① 总监理工程师征得建设单位同意后，签发工程暂停令。

② 施工单位进行质量事故调查，提出调查报告和经设计等相关单位认可的处理方案。

③ 监理机构审查事故调查报告和处理方案并签署意见。

④ 施工单位处理，监理机构跟踪检查，验收处理结果。

⑤ 建设单位批准后，总监理工程师签发工程复工令。

⑥ 项目监理机构向建设单位提交质量事故书面报告。

⑦ 监理记录整理归档。

【案例 3】

某城市建设项目，建设单位委托监理单位承担施工阶段的监理任务，并通过公开招标选定甲施工单位作为施工总承包单位。工程实施中发生了下列事件：

事件1：桩基工程开始后，专业监理工程师发现，甲施工单位未经建设单位同意将桩基工程分包给乙施工单位，项目监理机构要求暂停桩基施工。征得建设单位同意分包后，甲施工单位将乙施工单位的相关材料报项目监理机构审查，经审查乙施工单位的资质条件符合要求，可进行桩基施工。

事件2：桩基施工过程中，出现断桩事故。经调查分析，此次断桩事故是因为乙施工单位抢进度，擅自改变施工方案引起。原设计单位提供的事故处理方案为：断桩清除，原位重新施工。乙施工单位按处理方案实施。

【问题】

（1）事件1中，项目监理机构对乙施工单位资质审查的程序和内容是什么？

（2）项目监理机构应如何处理事件2中的断桩事故？

【参考答案】

（1）事件1中，项目监理机构对乙施工单位资格审查的程序是：专业监理工程师审查甲施工单位报送的乙施工分包单位资格报审表和分包单位有关资质资料，符合有关规定后，由总监理工程师予以签认。

项目监理机构对乙施工单位的资格应审核以下内容。营业执照、企业资质等级证书；公司业绩；乙施工单位承担的桩基工程的内容和范围；专职管理人员和特种作业人员的资格证、上岗证。

（2）事件2项目监理机构应按以下程序处理事件2的断桩事故：

① 及时下达工程暂停令；

② 责令甲施工单位报送断桩事故调查报告；

③ 审查甲施工单位报送的施工处理方案、措施；

④ 批复处理方案、措施；

⑤ 由甲施工单位填报工程复工申请表，总监理工程师签发工程复工令；

⑥ 对事故的处理和处理结果进行跟踪检查和验收；

⑦ 及时向建设单位提交有关事故的书面报告，并应将完整的质量事故处理记录整理归档。

【案例4】

某工程，建设单位与甲施工单位按照《施工合同（示范文本）》签订了施工合同。经建设单位同意，甲施工单位选择了乙施工单位作为分包单位。在合同履行中，发生了如下事件：

事件1：在合同约定的工程开工日前，建设单位收到甲施工单位报送的工程开工报审表，考虑到施工许可证已获政府主管部门批准且甲施工单位的施工机具和施工人员已经进场，便审核签认了工程开工报审表并通知了项目监理机构。

事件2：在施工过程中，甲施工单位的资金出现困难，无法按分包合同约定支付乙施工单位的工程款。乙施工单位向项目监理机构提出了支付申请。项目监理机构受理并征得建设单位同意后，即向乙施工单位签发了付款凭证。

事件3：专业监理工程师在巡视中发现，乙施工单位施工的某部位存在质量隐患，专业监理工程师随即向甲施工单位签发了整改通知。甲施工单位回函称，建设单位已直接向乙施工单位付款，因而本单位对乙施工单位施工的工程质量不承担责任。

事件4：甲施工单位向建设单位提交了工程竣工验收报告后，建设单位于2015年9月20日组织勘察、设计、施工、监理等单位竣工验收，工程竣工验收通过，各单位分别签署了质量合格文件。因使用需要，建设单位于2015年10月初要求乙施工单位按其示意图在已验收合格的承重墙上开车库门洞，并于2015年10月底正式将该工程投入使用。2016年2月该工程给排水管道大量漏水，经监理单位组织检查，确认是因开车库门洞施工时破坏了承重结构所致。建设单位认为工程还在保修期，要求甲施工单位无偿修理。建设行政主管部门对责任单位进行了处罚。

【问题】

（1）指出事件1建设单位做法的不妥之处，说明理由。

（2）指出事件2项目监理机构做法的不妥之处，说明理由。

（3）事件3甲施工单位的说法是否正确？为什么？

（4）指出事件4建设单位做法的不妥之处，说明理由。

【参考答案】

（1）不妥之处：建设单位接受并签发甲施工单位报送的开工报审表；理由：开工报审表应报项目监理机构，由总监理工程师签发，并报建设单位。

（2）不妥之处：项目监理机构受理乙施工单位的支付申请，并签发付款凭证；理由：乙施工单位和建设单位没有合同关系。

（3）不正确，分包单位的任何违约行为或疏忽影响了工程质量，总承包单位承担连带责任。

（4）不妥之处：要求乙施工单位在承重墙上按示意图开车库门洞；理由：承重墙施工必须有经原设计单位或具有相应资质等级的设计单位提出设计方案。

本章作业

一、单选题

1. 工程建设过程中，形成工程实体质量的阶段是（　　）阶段。

    A. 决策　　　　　　　B. 勘察　　　　　　　C. 施工　　　　　　　D. 设计

2. 工程施工中发生事故造成10人死亡，该事故属于（　　）事故。

    A. 特别重大　　　　　B. 重大　　　　　　　C. 较大　　　　　　　D. 一般

3. 桥梁工程桩基施工过程中，由于操作平台整体倒塌导致6人死亡，52人重伤，直接经济损失118万元，根据安全事故造成的后果，该事故属于（　　）。

    A. 一般事故　　　　　B. 重大事故　　　　　C. 较大事故　　　　　D. 特别重大事故

4. 工程监理人员认为工程（　　），有权要求建筑施工企业改正。

    A. 施工不符合工程设计要求的　　　　　B. 设计不符合建筑工程质量标准的

    C. 设计不符合合同约定的质量要求的　　D. 施工不符合工期预测的

5. 根据《建设工程质量管理条例》，施工单位的质量责任和义务是（　　）。

    A. 工程开工前，应按照国家有关规定办理工程质量监督手续

    B. 工程完工后，应组织竣工预验收

C.施工过程中，应立即改正所发现的设计图纸差错

D.隐蔽工程在隐蔽前，应通知建设单位和建设工程质量监督机构

6.收到施工单位报送的单位工程竣工验收报审表及相关资料后，（　　）应组织监理人员进行工程质量竣工预验收。

A.建设单位法人代表　　　　　　　B.建设单位现场代表

C.总监理工程师　　　　　　　　　D.专业监理工程师

7.凡是具有独立的设计文件、竣工后可以独立发挥生产能力或工程效益的工程称为（　　）。

A.分部工程　　　　B.单位工程　　　　C.单项工程　　　　D.分项工程

二、多项选择题

1.根据《建设工程质量管理条例》，设计单位的质量责任和义务包括（　　）。

A.将工程概算控制在批准的投资估算之内

B.设计方案先进可靠

C.就审查合格的施工图设计文件向施工单位作出详细说明

D.除有特殊要求的，不得指定生产厂、供应商

E.参与建设工程质量事故分析

2.根据《建设工程质量管理条例》，工程监理单位的质量责任和义务有（　　）。

A.依法取得相应等级资质证书，并在其资质等级许可范围内承担工程监理业务

B.与被监理工程的施工承包单位不得有隶属关系或其他利害关系

C.按照施工组织设计要求，采取旁站、巡视和平行检验等形式实施监理

D.未经监理工程师签字，建筑材料、建筑构配件和设备不得在工程上使用或安装

E.未经监理工程师签字，建设单位不拨付工程款，不进行竣工验收

3.根据《建设工程质量管理条例》，关于建设工程在正常使用条件下最低保修期限的说法，正确的有（　　）。

A.屋面防水工程 3 年　　　　　　　B.电气管线工程 2 年

C.给排水管道工程 2 年　　　　　　D.外墙面防渗漏 3 年

E.地基基础工程 5 年

4.《建筑法》规定，工程监理单位与被监理工程的（　　）不得有隶属关系或者其他利害关系。

A.设计单位　　　　B.承包单位　　　　C.建筑材料供应单位

D.设备供应单位　　E.工程咨询单位

5.根据《建设工程质量管理条例》关于施工单位的质量责任和义务的说法，正确的有（　　）。

A.施工单位依法取得相应等级的资质证书，在其资质等级许可范围内承包工程

B.总承包单位与分包单位对分包工程的质量承担连带责任

C.施工单位在施工过程中发现设计文件和图纸有差错的，应及时要求设计单位改正

D.施工单位对建筑材料、设备进行检验

E.施工单位对施工中出现质量问题的建设工程或竣工验收不合格的工程，应负责返修

6.下列质量事故中,属于建设单位责任的有( )。

　　A.商品混凝土未经检验造成的质量事故

　　B.总包和分包单位职责不明造成的质量事故

　　C.地下管线资料不准确造成的质量事故

　　D.施工中使用了禁止使用的材料造成的质量事故

　　E.涉及承重结构装修要有设计文件

7.《建设工程安全生产管理条例》规定,施工单位的( )等特种作业人员,必须按照国家专门规定经过专门的安全作业培训,并取得特种作业操作资格证书后,方可上岗作业。

　　A.垂直运输机械作业人员　　　　　　B.钢筋作业人员

　　C.爆破作业人员　　　　　　　　　　D.登高架设作业人员

　　E.起重信号工

三、案例分析

【案例分析1】

某工程在实施过程中发生如下事件:

事件1:由于工程施工工期紧迫,建设单位在未领取施工许可证的情况下,要求项目监理机构签发施工单位报送的工程开工报审表。

事件2:在未向项目监理机构报告的情况下,施工单位按照投标书中打桩工程及防水工程的分包计划,安排了打桩工程施工分包单位进场施工,项目监理机构对此做了相应处理后书面报告了建设单位。建设单位以打桩施工分包单位资质未经其认可就进场施工为由,不再允许施工单位将防水工程分包。

事件3:桩基工程施工中,在抽检材料试验未完成的情况下,施工单位已将该批材料用于工程,专业监理工程师发现后予以制止。材料试验结果表明,该批材料不合格,经检验,使用该批材料的相应工程部位存在质量问题,需进行返修。

事件4:施工中,由建设单位负责采购的设备在没有通知施工单位共同清点的情况下就存放在施工现场。施工单位安装时发现该设备的部分部件损坏,对此,建设单位要求施工单位承担损坏赔偿责任。

【问题】

(1)指出事件1和事件2中建设单位做法的不妥之处,说明理由。

(2)针对事件2,项目监理机构应如何处理打桩工程施工分包单位进场存在的问题?

(3)对事件3中的质量问题,项目监理机构应如何处理?

(4)指出事件4中建设单位做法的不妥之处,说明理由。

【案例分析2】

某监理工程,实施过程中发生如下事件:

事件1:开工前,项目监理机构审查施工单位报送的工程开工报审表及相关资料时,总监理工程师要求包括:首先由专业监理工程师签署审查意见;之后由总监理工程师代表签署审核意见。总监理工程师依据总监理工程师代表签署的同意开工意见,签发了工程开工令。

事件2:总监理工程师根据监理实施细则对巡视工作进行交底,其中对施工质量巡视提出的要求包括：检查施工单位是否按批准的施工组织设计、专项施工方案进行施工；检查施工现场管理人员，特别是施工质量管理人员是否到位。

事件 3：工程竣工验收前，总监理工程师要求包括：总监理工程师代表组织工程竣工预验收；专业监理工程师组织编写工程质量评估报告。

【问题】

（1）指出事件 1 中总监理工程师做法的不妥之处，写出正确做法。

（2）事件 2 中，总监理工程师对现场施工质量巡视要求还应包括哪些内容？

（3）指出事件 3 中总监理工程师要求的不妥之处，写出正确做法。

第7章　建设工程投资控制

7.1　建设工程项目投资概述

7.1.1　建设工程项目投资的概念

项目投资是指建设单位为进行某项工程建设，在建设过程中花费的全部费用。工程造价一般是指一项工程预计开支或实际开支的全部固定资产投资费用，在这个意义上工程造价与建设投资的概念是一致的。

7.1.2　建设工程项目投资的特点

由于建筑产品（固定性、单件性等）及其生产的技术经济特点（整体性、流动性等），建设工程项目投资具有以下特点。

（1）建设工程投资数额巨大　建设工程投资数额动辄上千万，数十亿。建设工程投资数额巨大的特点使它关系到国家、行业或地区的重大经济利益，对国计民生也会产生重大的影响。

（2）建设工程投资差异明显　各工程的用途、规模、设备等实物形态差异；工程所处的地区、时间以及施工组织设计等生产形态差异。

（3）建设工程投资需单独计算　由于不同工程的用途、标准、当地条件、施工组织设计等差异，导致其建设投资的单件性，需依次涉及投资估算、概算、预算，经历合同价、结算价，直到最后确定竣工决算。

（4）建设工程投资确定依据复杂　计价依据、计价结果及多次性计价的关系，如图7-1所示。

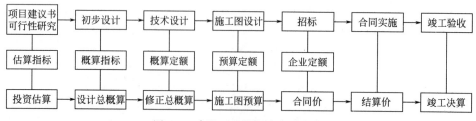

图7-1　建设工程投资确定示意图

（5）建设工程投资确定层次多　由于工程项目及其投资的单件性特点，确定建设投资时，需要通过层层分解，寻找到其中最基本的构成要素（分项工程）。

依次计算分项工程、分部工程、单位工程、单项工程等的投资后，通过逐级汇总，形成建设工程项目投资。

建设工程项目投资的确定依据繁多，关系复杂。在不同的建设阶段有不同的确定依据，且互为基础和指导，互相影响。

7.1.3　我国现行建设工程总投资的构成

生产性建设工程项目总投资包括建设投资和铺底流动资金两部分；非生产性建设工程项目总投资则只包括建设投资。生产性建设工程总投资的构成见表 7-1。

表 7-1　生产性建设工程总投资的构成

建设投资	设备及工器具购置费用	设备购置费
		工器具及生产家具购置费
	建筑安装工程费用	人工费
		材料费
		机械使用费
		企业管理费
		利润
		规费
		税金
	工程建设其他费用	土地使用费
		与项目建设有关的其他费用
		与未来企业生产经营有关的其他费用
	预备费	基本预备费
		涨价预备费
	建设期利息	按公式(假定年中发生)计算
流动资产投资	流动资金	铺底流动资金

7.1.4　按造价形成划分的建筑安装工程费用项目组成

按照工程造价形成建筑安装工程费由分部分项工程费、措施项目费、其他项目费、规费、税金组成。

（1）分部分项工程费

① 专业工程。按现行国家计量规范划分为房屋建筑与装饰工程、仿古建筑工程、通用安装工程、市政工程、园林绿化工程、矿山工程、构筑物工程、城市轨道交通工程、爆破工程等各类工程。

② 分部分项工程。按现行国家计量规范对各专业工程划分的项目。如房屋建筑与装饰工程划分的土石方工程、地基处理与桩基工程、砌筑工程、钢筋及钢筋混凝土工程等。

（2）措施项目费　措施项目费是为完成建设工程施工，发生于该工程施工前和施工过程中的技术、生活、安全、环境保护等方面的费用。

① 安全文明施工费。环境保护费是指施工现场为达到环保部门要求所需要的各项费用。文明施工费是指施工现场文明施工所需要的各项费用。安全施工费是指施工现场安全施工所需要的各项费用。临时设施费是指施工企业为进行建设工程施工所必须搭设的生活和生产用

的临时建筑物、构筑物和其他临时设施费用。

② 夜间施工增加费。因夜间施工所发生的夜班补助费、夜间施工降效、夜间施工照明设备摊销及照明用电等费用。

③二次搬运费。因施工场地条件限制而发生的材料、构配件、半成品等一次运输不能到达堆放地点，必须进行二次或多次搬运所发生的费用。

④ 冬雨季施工增加费。在冬季或雨季施工需增加的临时设施、防滑、排除雨雪，使人工及施工机械效率降低等费用。

⑤ 已完工程及设备保护费。竣工验收前，对已完工程及设备采取的必要保护措施所发生的费用。

⑥ 工程定位复测费。工程施工过程中进行全部施工测量放线和复测工作的费用。

⑦ 特殊地区施工增加费。工程在沙漠或其边缘地区、高海拔、高寒、原始森林等特殊地区施工增加的费用。

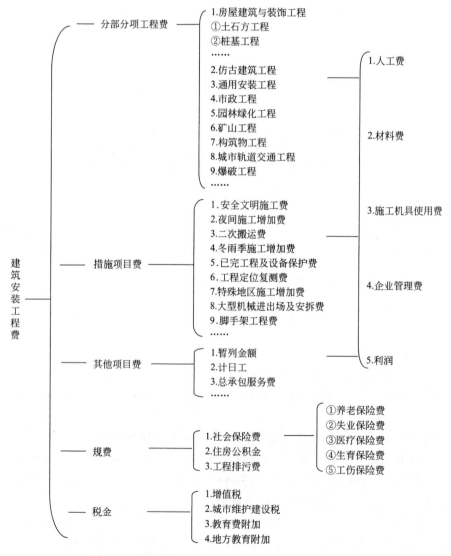

图 7-2　按造价形成划分的建筑安装工程费用项目组成

⑧ 大型机械设备进出场及安装拆卸费。机械整体或分体自停放场地运至施工现场或由一个施工地点运至另一个施工地点，所发生的机械进出场运输及转移费用及机械在施工现场进行安装、拆卸所需的人工费、材料费、机械费、试运转费和安装所需的辅助设施的费用。

⑨ 脚手架工程费。施工需要的各种脚手架搭、拆、运输费用以及脚手架购置费的摊销（或租赁）费用。

（3）其他项目费

① 暂列金额。建设单位在工程量清单中暂定并包括在工程合同价款中的一笔款项。用于施工合同签订时尚未确定或者不可预见的所需材料、工程设备、服务的采购，施工中可能发生的工程变更、合同约定调整因素出现时的工程价款调整以及发生的索赔、现场签证确认等的费用。

② 计日工。在施工过程中，施工企业完成建设单位提出的施工图纸以外的零星项目或工作所需的费用。

③ 总承包服务费。总承包人为配合、协调建设单位进行的专业工程发包，对建设单位自行采购的材料、工程设备等进行保管以及施工现场管理、竣工资料汇总整理等服务所需的费用。

（4）规费　包括养老保险费、失业保险费、医疗保险费、生育保险费、工伤保险费和住房公积金。

（5）税金　指国家税法规定的应当计入建筑安装工程造价内的增值税、城市维护建设税、教育费附加以及地方教育附加。

图 7-2 为按造价形成划分的建筑安装工程费用项目组成。

7.2　建设工程投资控制原理

投资控制是在投资决策、设计、发包、施工、竣工等阶段，把建设投资控制在批准的投资限额以内，随时纠正可能的偏差，以保证投资管理目标的实现。

投资控制的主要环节包括：制定投资控制目标；实际值与计划值的比较；发现并纠正偏差等。

图 7-3 为建设程序和各阶段投资费用的确定。

图 7-4 为分阶段设置的投资控制目标。

（1）投资控制的目标　投资控制目标的设置随着工程项目建设实践的不断深入，分阶段设置，投资估算应是建设工程设计方案选择和进行初步设计的投资控制目标；设计概算应是进行技术设计和施工图设计的投资控制目标；施工图预算或建安工程承包合同价则应是施工阶段投资控制的目标。

（2）投资控制的重点　投资控制贯穿于项目建设全过程。在初步设计阶段，影响项目投资的可能性为 75%～95%；在技术设计阶段为 35%～75%；在施工图设计阶段为 5%～35%。项目投资控制的重点在施工以前的投资决策和设计阶段，项目做出投资决策后，控制项目投资的关键就在于设计。

（3）投资控制的措施　为了有效地控制建设工程投资，应从组织、技术、经济、合同与信息管理等多方面采取控制措施。项目监理机构在施工阶段投资控制的具体措施见表 7-2。

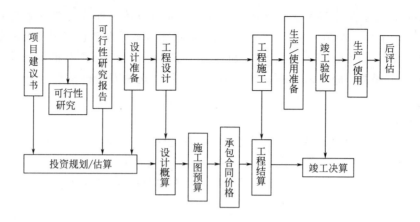

图 7-3 建设程序和各阶段投资费用的确定

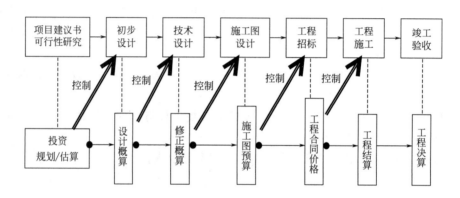

图 7-4 分阶段设置的投资控制目标

表 7-2 项目监理机构在施工阶段投资控制的具体措施

组织措施	(1)在项目监理机构中落实从投资控制角度进行施工跟踪的人员、任务分工和职能分工; (2)编制本阶段投资控制工作计划和详细的工作流程图
经济措施	(1)编制资金使用计划,确定、分解投资控制目标,对工程项目造价目标进行风险分析,并制定防范性对策; (2)进行工程计量; (3)复核工程付款账单,签发付款证书; (4)在施工过程中进行投资跟踪控制,定期进行投资实际支出值与计划目标值的比较;发现偏差,分析产生偏差的原因,采取纠偏措施; (5)协商确定工程变更的价款,审核竣工结算; (6)对工程施工过程中的投资支出做好分析与预测,经常或定期向建设单位提交项目投资控制及其存在问题的报告
技术措施	(1)对设计变更进行技术经济比较,严格控制设计变更; (2)继续寻找通过设计挖潜节约投资的可能性; (3)审核承包人编制的施工组织设计,对主要施工方案进行技术经济分析
合同措施	(1)做好工程施工记录,保存各种文件图纸,特别是注有实际施工变更情况的图纸,注意积累素材,为正确处理可能发生的索赔提供依据,参与处理索赔事宜; (2)参与合同修改、补充工作,着重考虑它对投资控制的影响

【例题1】建设项目投资决策后,投资控制的关键阶段是(A)。

    A.设计阶段   B.施工招标阶段   C.施工阶段   D.竣工阶段

【例题2】下列项目监理机构施工阶段投资控制的措施中,属于技术措施的是(A)。

    A.审核承包人编制的施工组织设计   B.复核工程付款清单,签发付款证书

    C.审核竣工结算   D.编制施工阶段投资控制工作计划

[解析]选项B、C属于经济措施,选项D属于组织措施。

【例题3】下列施工阶段投资控制措施中,属于组织措施的是(B)。

    A.编制资金使用计划   B.编制详细的工作流程图

    C.对设计变更进行技术经济分析   D.对投资支出作出分析与预测

【例题4】监理工程师在施工阶段进行投资控制的经济措施有(ABE)。

    A.分解投资控制目标   B.进行工程计量

    C.严格控制设计变更   D.审查施工组织设计

    E.审核竣工结算

7.3 建设工程施工阶段投资控制的主要任务

根据《建设工程监理规范》(GB/T 50319—2013)的规定,监理单位要在施工阶段对建设工程进行造价(投资)控制。应根据建设工程监理合同约定,在勘察、设计、保修等阶段为建设单位提供相关服务。

图 7-5 为监理投资控制流程图。

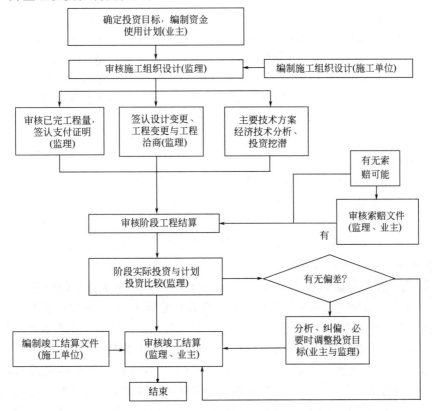

图 7-5 监理投资控制流程图

7.3.1　进行工程计量和付款签证

（1）工程计量的依据和范围

① 质量合格证书。对于承包商已完工程，并不是全部进行计量，只是对质量达到合同标准的已完工程才予以计量。工程计量必须经过监理工程师检验，工程质量达到合同规定的标准后，由监理工程师签发中间交工证书（质量合格证书），有质量合格证书的工程才予以计量。

② 工程量清单前言和技术规范。工程量清单前言、技术规范的"计量支付"条款规定了清单中每一项工程的计量方法，同时还规定了按规定的计量方法确定的单价所包括的工作内容和范围。

③ 设计图纸。单价合同以实际完成的工程量进行结算，经监理工程师计量的工程数量，并不一定是承包商实际施工的数量。监理工程师对承包商超出设计图纸要求增加的工程量和自身的原因造成返工的工程量，不予计量。

（2）工程进度款支付程序

① 专业监理工程师对施工单位在工程款支付报审表中提交的工程量和支付金额进行复核，确定实际完成的工程量，提出到期应支付给施工单位的金额，并提出相应的支持性材料。

② 总监理工程师对专业监理工程师的审查意见进行审核，签认后报建设单位审批。

③ 总监理工程师根据建设单位的审批意见，向施工单位签发工程款支付证书。

（3）单价合同的计量　按《建设工程施工合同（示范文本）》（GF-2017-0201），除专用合同条款另有约定外，单价合同的计量按照如下约定执行。

① 承包人应于每月 25 日向监理人报送上月 20 日至当月 19 日已完成的工程量报告，并附具进度付款申请单、已完成工程量报表和有关资料。

② 监理人应在收到承包人提交的工程量报告后 7 天内完成对承包人提交的工程量报表的审核并报送发包人，以确定当月实际完成的工程量。监理人对工程量有异议的，有权要求承包人进行共同复核或抽样复测。承包人应协助监理人进行复核或抽样复测，并按监理人要求提供补充计量资料。承包人未按监理人要求参加复核或抽样复测的，监理人复核或修正的工程量视为承包人实际完成的工程量。

③ 监理人未在收到承包人提交的工程量报表后的 7 天内完成审核的，承包人报送的工程量报告中的工程量视为承包人实际完成的工程量，据此计算工程价款。

采用工程量清单方式招标形成的总价合同，其工程量的计量与上述单价合同的工程量计量规定基本相同。采用经审定批准的施工图纸及其预算方式发包形成的总价合同，各项目的工程量应为承包人用于结算的最终的工程量。

（4）《建设工程工程量清单计价规范》（GB 50500—2013）有关计量的规定

① 发包人认为需要进行现场计量核实时，应在计量前 24 小时通知承包人，承包人应为计量提供便利条件并派人参加。承包人收到通知后不派人参加计量，视为认可发包人的计量核实结果。发包人不按照约定时间通知承包人，计量核实结果无效。

② 当承包人认为发包人核实后的计量结果有误时，应在收到计量结果通知后的 7 天内向发包人提出书面意见，并附上其认为正确的计量结果和详细的计算资料。发包人收到书面意见后，应在 7 天内对承包人的计量结果进行复核后通知承包人。承包人对复核计量结果仍

有异议的，按照合同约定的争议解决办法处理。

③ 承包人完成已标价工程量清单中每个项目的工程量并经发包人核实无误后，发承包双方应对每个项目的历次计量报表进行汇总，以核实最终结算工程量，并应在汇总表上签字确认。

图 7-6 为施工阶段计量支付工作流程框图。

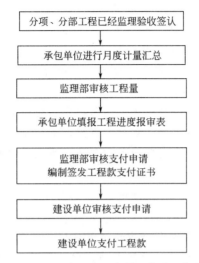

图 7-6　施工阶段计量支付工作流程框图

【例题5】工程款支付证书由（C）签发。

　　A.专业监理工程师　B.建设单位　　　　C.总监理工程师　　　D.项目审计部门

【例题6】某工程基础底板的设计厚度为 1.5m，施工单位实际施工的厚度为 1.6m，在工程款的计量、支付时，多做部分的工程量应（A）。

　　A.不予计量　　　　　　　　　　　B.予以计量

　　C.计量一半　　　　　　　　　　　D.由业主与施工单位协商处理

【例题7】关于单价合同中工程量计算的说法，正确的是（C）。

　　A.单价合同应予计量的工程量是承包人实际施工的工程量

　　B.承包人因自身原因造成返工的工程量应予计量

　　C.工程计量应以设计图纸为依据

　　D.承包人为保证工程质量超过图纸要求的工程量应予计量

【例题8】工程计量时，监理人应予计量的工程量有（BD）。

　　A.承包人超出设计图纸和设计文件要求所增加的工程量

　　B.工程量清单中的工程量

　　C.有缺陷工程的工程量

　　D.工程变更导致增加的工程量

　　E.承包人原因导致返工的工程量

【案例1】

　　某地基强夯工程，主要的分项工程包括开挖土方、填方、点夯、满夯等，由于工程量无法准确确定，签订的施工承包合同采用单价合同。根据合同的规定，承包商必须严格按照施工图及承包合同规定的内容及技术要求施工，工程量由监理工程师负责计量，根据承包商取得计量证书的工程量进行工程款结算。工程开工前，承包商向监理工程师提交了施工组织设计和施工方案并得到批准。

【问题】

（1）根据该工程的合同特点，监理工程师提出计量支付的程序要点如下，试改正其不恰当和错误的地方：

① 对已完分项工程向建设单位申请质量认证；

② 在协议约定的时间内向监理工程师申请计量；

③ 监理工程师对实际完成的工程量进行计量，签发计量证书给承包商；

④ 承包商凭质量认证和计量证书向建设单位提出付款申请；

⑤ 监理工程师复核申报资料，确定支付款额，批准向承包商付款。

（2）在工程施工过程中，当进行到施工图所规定的处理范围边缘时，承包商为了使夯击质量得到保证，将夯击范围适当扩大，施工完成后，承包商将扩大范围内的施工工程量向监理工程师提出计量付款的要求，遭到监理工程师的拒绝。试问监理工程师为什么会作出这样的决定？

【参考答案】

（1）计量支付的要点如下：

① 对已完工分项工程向监理工程师申请质量认证；

② 取得质量认证后在协议约定的时间内向监理工程师申请计量；

③ 监理工程师按照规定的计量方法对合同规定范围内的工程量进行计量，签发计量证书给施工单位；

④ 施工单位凭质量认证和计量证书向监理工程师提出付款申请；

⑤ 监理工程师审核申报资料，确定支付款额，向建设单位提供付款证明文件。

（2）监理工程师拒绝的原因如下：

① 该部分的工程量超出了施工图的要求，不属于计量的范围；

② 该部分的施工是承包商为了保证施工质量而采取的技术措施，费用应由施工单位自己承担。

7.3.2 工程价款计算与调整

7.3.2.1 工程预付款

工程预付款也称材料备料款或材料预付款。它是发包人为了帮助承包人解决工程施工前期资金紧张的困难而提前给付的一笔款项，是为该承包工程开工准备和准备主要材料、工程设备，购置或租赁施工设备、修建临时设施以及组织施工队伍进场等所需的款项，不得挪作他用。工程是否支付预付款，取决于工程性质、承包工程量的大小以及发包人在招标文件中的规定。预付款的预付时间应不迟于约定的开工日期前 7 天。发包人没有按时支付预付款的，承包人可催告发包人支付，发包人在付款期满后的 7 天内仍未支付的，承包人可在付款期满后第 8 天起暂停施工。发包人应承担由此增加的费用和（或）延误的工期，并向承包人支付合理利润。

（1）预付款确定方法　百分比法是按中标的合同造价（减去不属于承包商的费用，以下同）的一定比例确定预付备料款额度的一种方法。

$$工程预付款＝中标合同价 \times 预付款比例$$

（2）预付款的扣回　发包人支付给承包人的工程备料款的性质是"预支"。随着工程进度推进，拨付的工程进度款数额不断增加，工程所需主要材料、构件的用量逐渐减少，原已支付的预付款应以抵扣的方式予以陆续扣回。一种是采用等比例或等金额，承包人完成金额累计达到合同总价的一定比例后，分期扣回。另一种采用起扣点方式扣回。

工程预付款起扣点计算公式为：

$$起扣点\ T = P - (M/N)$$

式中　T——起扣点，即工程预付款开始扣回的累计已完工程价值；

　　　P——承包工程合同总额；

　　　M——工程预付款数额；

　　　N——主要材料及构件所占比重。

例如某项工程合同价为 100 万元，预付备料款数额为 24 万元，主要材料、构件所占比重为 60％，起扣点为多少万元？

按起扣点的计算公式，起扣点 $= 100 - 24/60\% = 60$（万元），当工程量完成 60 万元时，工程预付款开始起扣。

起扣点和工程预付款扣款实例：

某施工合同价为 100 万元，工程预付款为 20 万元，主要材料、购配件占 50％，工期为 6 个月。各月的支付情况如下：第一个月支付工程款 10 万元，第二个月支付 15 万元，第三个月支付 20 万元，第四个月支付 20 万元，第五个月支付 20 万元，第六个月支付 15 万元。计算起扣点和历次预付款扣款金额。

分析：

① 预付起扣点 T。工程预付款起扣点按下式计算：

$$T = 100 - 20/50\% = 60（万元）$$

② 第一次预付款扣还金额 a_1。第一次扣还工程预付款数额的计算公式为：

$$a_1 = \left(\sum_{i=1}^{n} T_i - T \right) \times N$$

式中　a_1——第一次扣还工程预付款数额；

$\sum_{i=1}^{n} T_i$——累计已完工程价值。

由于前三个月累计支付工程款 $= 10 + 15 + 20 = 45$（万元），少于 60 万元，前三个月不扣预付款。

到第四个月累计支付工程款 $= 10 + 15 + 20 + 20 = 65$（万元），大于 60 万元，因此从第四个月开始扣预付款。

第一次扣还工程预付款数额的计算公式为：

$$a_1 = \left(\sum_{i=1}^{n} T_i - T \right) \times N = (65 - 60) \times 50\% = 2.5（万元）$$

③ 第二次预付款扣还金额 a_2。第二次扣还工程预付款数额的计算公式为：

$$a_2 = T_5 \times N = 20 \times 50\% = 10（万元）$$

④ 第三次预付款扣还金额 a_3。第三次扣还工程预付款数额的计算公式为：

$$a_3 = T_6 \times N = 15 \times 50\% = 7.5（万元）$$

累计扣回预付款金额＝第一次扣还工程预付款数额＋第二次扣还工程预付款数额＋第三次扣还工程预付款数额＝2.5＋10＋7.5＝20(万元)

在实际工作中，工程备料款的扣回方法，也可由发包人和承包人通过洽商用合同的形式予以确定，还可针对工程实际情况具体处理。如有些工程工期较短、造价较低，就无需分期扣还；有些工期较长，如跨年度工程，其备料款的占用时间很长，根据需要可以少扣或不扣。

7.3.2.2 工程进度款

工程进度款的支付方式有多种，需要根据合同约定进行支付。常见工程进度款的支付方式为月度支付、分段支付。

(1) 月度支付　按监理工程师确认的当月完成的有效工程量进行核算，在当月末或次月初按照合同约定的支付比例进行支付，并扣除合同约定的应该扣保修金以及应扣预付款及处罚金额。

工程月度进度款＝当月有效工作量×合同价－相应的保修金－应扣预付款－罚款

(2) 分段支付　按照合同约定的工程形象进度，划分为不同阶段进行工程款的支付。对一般工民建项目可以分为基础、结构（又可以划分不同层数）、装饰、设备安装等几个阶段，按照每个阶段完工后的有效工作量以及合同约定的支付比例进行支付。

工程分段进度款＝阶段有效工作量×合同价－相应的保修金－应扣预付款－罚款

(3) 竣工后一次支付　建设项目规模小，工期较短（如在 12 个月以内）的工程，可以实行在施工过程中分几次预支，竣工后一次结算的方法。

(4) 人工费、材料费、机械费价格调整　在施工过程中，因为人工、材料、机械价格波动，可以按照合同约定调整，调整方式可采用终值公式或合同约定的其他方式。

(5) 工程进度款申请支付程序　合同没有约定时，发包人应在收到承包人进度款支付申请后的 14 天内根据计量结果和合同约定对申请内容予以核实。确认后向承包人出具进度款支付证书。发包人应在签发进度款支付证书后的 14 天内，按照支付证书列明的金额向承包人支付进度款。

若发包人逾期未签发进度款支付证书，视为承包人提交的进度款支付申请已被发包人认可，承包人可向发包人发出催告付款通知。发包人应在收到通知后 14 天内，按照承包人支付申请阐明的金额向承包人支付进度款。

发包人未按照规定支付进度款的，承包人可催告发包人支付，并有权获得延迟支付的利息；发包人在付款期满后的 7 天内仍未支付的，承包人可在付款期满后的第 8 天起暂停施工。发包人应承担由此增加的费用和（或）延误的工期，向承包人支付合理利润，并承担违约责任。

【案例 2】

某房地产开发公司与施工单位签订了一份价款为 1000 万元的建筑工程施工合同，合同工期为 7 个月。工程价款约定如下：

(1) 工程预付款为合同的 10%。

(2) 工程预付款扣回的时间及比例为：自工程款（包含工程预付款）支付至合同价款的 60% 后，开始从当月的工程款中扣回工程预付款，分两次扣回。

每月完成的工作量见表 7-3。

表 7-3　每月完成的工作量

月份	3	4	5	6	7	8	9
实际完成工作量/万元	80	160	170	180	160	130	120

【问题】

（1）计算本工程预付款及起扣点分别是多少万元？工程预付款从几月份开始起扣？

（2）7 月份、8 月份房地产开发公司应支付工程款多少万元？

【参考答案】

（1）工程预付款=1000×10%=100（万元），工程预付款的起扣点=1000×60%=600（万元），6 月份累计支付工程款（包含工程预付款）=100（预付款）+80+160+170+180=690（万元），达到起扣点，从 6 月份起开始扣回预付款，6 月份、7 月份每月扣回预付款的一半 50 万元。

（2）7 月份工程款=160−50=110（万元），8 月份工程款=130 万元。

【案例 3】

某房地产开发公司（甲方）与某建筑公司（乙方）签订了某工程施工承包合同，合同总价为 800 万元，工期为 4 个月。承包合同规定：

（1）主要材料及构配件金额占合同总价的 20%。

（2）预付备料款额度为合同总价的 65%，工程预付款应该从未施工工程尚需的主要材料及构配件价值相当于工程预付备料款时起扣，每月以抵充工程款的方式连续收回。

（3）工程保修金为合同总价的 3%，甲方从乙方每月的工程款中按 3% 的比例扣留。

（4）除设计变更和其他不可抗力因素外，合同总价不作调整。乙方每月实际完成并签证确认的工程量见表 7-4。

表 7-4　乙方每月实际完成并签证确认的工程量

月份	3	4	5	6
实际完成产值/万元	150	200	250	200

【问题】

（1）工程预付备料款是多少？

（2）工程预付备料款的起扣点是多少？从几月份起扣？

（3）保修期满甲方应返回乙方的保修金是多少？

【参考答案】

（1）工程预付备料款=800×20%=160（万元）。

（2）工程预付备料款的起扣点=800−160/65%=553.85（万元）。

3~5 月份累计完成产值=150+200+250=600（万元）>553.85 万元，因此从 5 月份开始扣预付款。

（3）保修期满，甲方应返还给乙方的质量保修金=800×3%=24（万元）。

【案例 4】

某施工单位以总价合同的形式与业主签订了一份施工合同，该项工程合同总价款为 600 万元，工期从 2020 年 3 月 1 日起开工至当年 8 月 31 日竣工。合同中关于工程价款的结算内容有以下几项：

（1）业主在开工前 7 天支付施工单位预付款，预付款为总价款的 25%。

（2）工程预付款从未施工工程尚需的主要材料的构配件价值相当于预付款时起扣，业主每月以抵充工程进度款的方式从施工单位扣除，主要材料的构配件费比重按 60％计算。

（3）该工程质量保证金为 3％，业主每月从工程款中扣除。

（4）业主每月按承包商实际完成工程量进行计算。承包商按时开工、竣工。各月实际完成工程量见表 7-5。

表 7-5　各月实际完成工程量

月份	3～5	6	7	8
实际完成工程量/万元	300	120	100	80

【问题】

（1）业主应当支付给承包商的工程预付款是多少？

（2）该工程预付款起点是多少？应从哪月起扣？

（3）业主在施工期间各月实际结算给承包商的工程款各是多少？

【参考答案】

（1）工程预付款＝600×25％＝150（万元）。

（2）工程预付款起扣点＝600－150/60％＝600－250＝350（万元）。

（3）各月结算的工程款。

3～5 月份应付工程款＝300×（1－3％）＝291（万元）。

到 6 月份累计完成 420 万元，达到工程预付款起扣点 350 万元，因此从 6 月份起开始抵扣预付款。

6 月份应扣工程预付款金额＝（420－350）×60％＝42（万元）。6 月份应付工程款＝120×（1－3％）－42＝74.4（万元）。

7 月份应扣工程预付款金额＝当月实际工程款×主材比重＝100×60％＝60（万元）。7 月份应付工程款＝100×（1－3％）－60＝37（万元）。

8 月份应付工程款＝80×（1－3％）－80×60％＝29.6（万元）。

7.3.2.3　《建设工程工程量清单计价规范》（GB 50500—2013）规定合同价款调整及程序

（1）合同价款应当调整的事项　承发包双方按照合同约定调整合同价款的若干事项，包括五大类。

① 法规变化类。主要包括法律法规变化事件。

② 工程变更类。主要包括工程变更、项目特征不符、工程量清单缺项、工程量偏差、计日工等事件。

③ 物价变化类。主要包括物价波动、暂估价事件。

④ 工程索赔类。主要包括不可抗力、提前竣工（赶工补偿）、误期赔偿、索赔等事件。

⑤ 其他类。主要包括现场签证以及承发包双方约定的其他调整事项。

经承发包双方确认调整的合同价款，作为追加（减）合同价款，应与工程进度款或结算款同期支付。

（2）合同价款调整程序

① 出现合同价款调增事项（不含工程量偏差、计日工、现场签证、施工索赔）后的 14

天内，承包人应向发包人提交合同价款调增报告并附上相关资料，承包人在 14 天内未提交合同价款调增报告的，视为承包人对该事项不存在调整价款请求。

② 出现合同价款调减事项（不含工程量偏差、施工索赔）后的 14 天内，发包人应向承包人提交合同价款调减报告并附相关资料，若发包人在 14 天内未提交合同价款调减报告的，视为发包人对该事项不存在调整价款请求。

③ 发（承）包人应在收到承（发）包人合同价款调增（减）报告及相关资料之日起 14 天内对其核实，予以确认的应书面通知承（发）包人，如有疑问，应向承（发）包人提出协商意见。发（承）包人在收到合同价款调增（减）报告之日起 14 天内未确认也未提出协商意见的，视为承（发）包人提交的合同价款调增（减）报告已被发（承）包人认可。发（承）包人提出协商意见的，承（发）包人在收到发（承）包人的协商意见后 14 天内既不确认也未提出不同意见的，视为发（承）包人提出的意见已被承（发）包人认可。

④ 如发包人与承包人对合同价款调整的不同意见不能达成一致的，只要不实质影响承发包双方履约的，双方继续履行合同义务，直到其按照合同约定的争议解决方式得到处理。

⑤ 经承发包双方确认调整的合同价款，作为追加（减）合同价款，应与工程进度款或结算款同期支付。

【例题9】某土方工程，招标文件中估计工程量为 1.5 万立方米，合同中约定土方工程单价为 16 元/m³；当实际工程量超过估计工程量 10% 时，超过部分单价调整为 15 元/m³。该工程实际完成土方工程量 1.8 万立方米，则该土方工程实际结算工程款为（C）万元。

　　A. 27.00　　　　　B. 28.50　　　　　C. 28.65　　　　　D. 28.80

［解析］首先，求出新单价的调整点为 $15000×(1+10\%)=16500$；然后，求实际结算的工程款为 $16500×16+(18000-16500)×15=286500$（元）。

7.3.3　设计变更与索赔

7.3.3.1　设计变更

设计变更是对原设计图纸进行的修正、设计补充或变更。通常情况下由设计院提出并经建设单位认可后，发至施工单位及其他相关单位。设计变更无论由哪一方提出，均应由建设单位、设计单位、施工单位协商，由设计部门确认后，发出相应图纸或说明，并办理签发手续后实施。

7.3.3.2　现场签证

现场签证是原来设计不包含的事项或在工程承包范围以外发生的工作内容，双方针对该工作内容办理的认证文件。双方应根据实际处理的情况及发生的费用办理工程签证。

7.3.3.3　工程索赔

工程索赔是指在合同履行过程中，对于并非自己的过错，而是应由对方承担责任的情况造成的实际损失向对方提出经济补偿和（或）时间补偿的要求。

索赔是工程承包中经常发生的正常现象。由于施工现场条件、气候条件的变化，施工进度、物价的变化，以及合同条款、规范、标准文件和施工图纸的变更、差异、延误等因素的影响，使得工程承包中不可避免地出现索赔。

（1）费用索赔处理程序　项目监理机构按下列程序处理施工单位提出的费用索赔。

① 索赔事件发生后 28d 内，向监理工程师发出索赔意向通知。

② 发出索赔意向通知后的 28d 内，向监理工程师提交补偿经济损失和（或）延长工期的索赔报告及有关资料。

③ 监理工程师在收到承包人送交的索赔报告和有关资料后，审查费用索赔报审表，28d 内给予答复。需要施工单位进一步提交详细资料时，应在施工合同约定的期限内发出通知。

④ 监理工程师在收到承包人送交的索赔报告和有关资料后，28d 内未予答复或未对承包人作进一步要求，视为该项索赔已经认可。

⑤ 与建设单位和施工单位协商一致后，在施工合同约定的期限内签发费用索赔报审表，并报建设单位。

索赔意向和索赔报审都要在施工合同约定的期限内完成。费用确定要依据施工合同所确定的原则和工程量清单，并与相关方通过协商取得一致。

（2）项目监理机构批准施工单位费用索赔的条件　项目监理机构批准施工单位费用索赔应同时满足下列条件。

① 施工单位在施工合同约定的期限内提出费用索赔申请。

② 索赔事件是因非施工单位原因造成，且符合施工合同约定。

③ 索赔事件造成施工单位直接经济损失。

（3）费用索赔的计算

① 总费用法。又称总成本法，通过计算出某单项工程的总费用，减去单项工程的合同费用，剩余费用为索赔的费用。

② 分项法。按照工程造价的确定方法，逐项进行工程费用的索赔。可以分为人工费、机械费、管理费、利润等分别计算索赔费用。

由于业主或非施工单位的原因造成的停工、窝工，业主只负责停窝工人工费补偿标准，而不是当地造价部门颁布的工资标准；租赁设备，执行实际台班租金和分摊的调进调出费；承包商自有设备，执行台班折旧费（非台班费）。

图 7-7 为费用索赔与反索赔的处理程序图。

7.3.4　工程竣工结算

工程竣工结算是施工企业按照合同规定的内容全部完成所承包的工程，经验收质量合格，并符合合同要求之后，向发包人进行最终的工程价款结算。一般公式为：

$$竣工结算工程价款＝预算或合同价款＋施工过程中预算或合同价款调整数额$$
$$－预付及已结算工程价款－保修金$$

承包人应根据办理的竣工结算文件，向发包人提交竣工结算款支付申请。该申请应包括下列内容：竣工结算总额；已支付的合同价款；应扣留的质量保证金；应支付的竣工付款金额。

（1）竣工结算程序

① 工程竣工验收报告经发包人认可后 28 天内，承包人向发包人递交竣工结算报告及完整的结算资料，双方按照协议书约定的合同价款及专用条款约定的合同价款调整内容，进行工程竣工结算。

② 专业监理工程师审核承包人报送的竣工结算报告及结算资料，总监理工程师审定竣工结算报告及结算资料；总监理工程师与发包人、承包人协商一致后，签发竣工结算文件和最终的工程款支付证书。

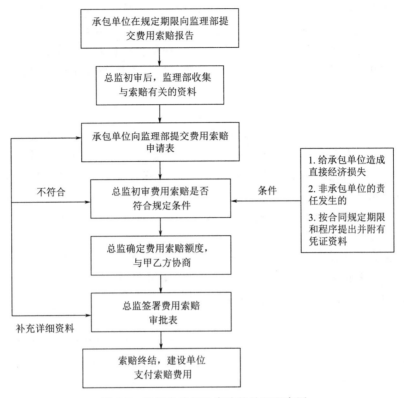

图 7-7　费用索赔与反索赔的处理程序图

③ 发包人收到承包人递交的竣工结算报告及结算资料后 28 天内进行核实，给予确认或者提出修改意见。

④ 发包人确认竣工结算报告及通知经办银行向承包人支付竣工结算价款。承包人收到竣工结算价款后 14 天内将竣工工程交付发包人。

⑤ 发包人收到竣工结算报告及结算资料后 28 天内无正当理由不支付工程竣工结算价款，从第 29 天起按承包人同期向银行贷款利率支付拖欠工程价款的利息，并承担违约责任。

⑥ 工程竣工验收报告经发包人认可后 28 天内，承包人未能向发包人递交竣工结算报告及完整的结算资料，造成工程竣工结算不能正常进行或工程竣工结算价款不能及时支付，发包人要求交付工程的，承包人应当交付；发包人不要求交付工程的，承包人承担保管责任。

（2）拖欠工程款利息处理

① 合同有约定的，利息应从应付工程价款之日计付。

② 合同没有约定或约定不明的，利息应付之日如下：建设工程已实际交付的，为交付之日；建设工程没有交付的，为提交竣工结算文件之日；建设工程未交付，工程价款也未结算的，为当事人起诉之日。

③ 如果当事人对拖欠工程款利息有约定的，按照合同约定执行；没有约定的，按照中国人民银行发布的同期同类贷款利率计息，但是约定的利息计算标准高于中国人民银行发布的同期同类贷款利率的部分除外。

（3）保修金　发包人应按照合同约定的质量保修金比例从每个支付期应支付给承包人的进度款或结算款中扣留，直到扣留的金额达到质量保证金的金额为止，通常是以结算总造价为计算基数，保修金比例为 3%。

目前在建筑领域的工程结算方式基本上是以合同签约价为基础，按照各地造价部门公布的调价文件为依据进行结算的调整。实际上对价格波动等动态因素考虑不足，会导致承包商承担一些损失。为避免此类问题的出现，需要在工程价款结算时充分考虑动态因素，使得工程价款结算能够基本上反映工程项目实际消耗的费用。常用的方式有：工程造价指数调整法、实际价格法、调价系数法、调值公式法。

【案例5】

某施工单位承包某工程项目，甲乙双方签订的关于工程价款的合同内容有。

（1）建筑安装工程造价660万元，建筑材料及设备费占施工产值的比重为60％。

（2）工程预付款为建筑安装工程造价的20％。工程实施后，工程预付款从未施工工程尚需的主要材料及构件的价值相当于工程预付款数额时起扣，从每次结算工程价款中按材料和设备占施工产值的比重扣抵工程预付款，竣工前全部扣清。

（3）工程进度款逐月计算。

（4）工程保修金为建筑安装工程造价的3％，竣工结算当月一次扣留。

（5）材料和设备价差调整按规定进行（按有关规定上半年材料和设备价差上调10％，在6月份一次调增）。各月实际完成产值见表7-6。

表7-6　各月实际完成产值

月份	2	3	4	5	6
实际完成产值/万元	55	110	165	220	110

【问题】

（1）工程竣工结算的前提是什么？

（2）该工程的工程预付款、起扣点为多少万元？

（3）该工程2～5月份每月拨付工程款为多少万元？累计工程款为多少万元？

（4）6月份办理工程竣工结算，该工程结算造价为多少？甲方应付工程结算款为多少？

（5）该工程在保修期间发生屋面漏水，甲方多次催促乙方修理，乙方一再拖延，最后甲方另请施工单位修理，修理费1.5万元，该项费用如何处理？

【分析】

（1）问题（1）工程竣工结算的前提条件是承包商按照合同规定的内容全部完成所承包的工程，并符合合同要求，经验收质量合格。

（2）问题（2）工程预付款：660万元×20％＝132万元。

起扣点：660万元－132万元/60％＝440万元。

（3）问题（3）各月拨付工程款为：

2月：工程款55万元，累计工程款55万元。

3月：工程款110万元，累计工程款165万元。

4月：工程款165万元，累计工程款330万元。

5月：工程款220万元－（220万元＋330万元－440万元）×60％＝154万元，累计工程款484万元。

（4）问题（4）工程结算总造价：660万元＋660万元×0.6×10％＝699.6万元。

甲方应付工程结算款：699.6万元－484万元－（699.6万元×3％）－132万元＝62.612万元。

（5）问题（5）1.5万元维修费应从乙方（承包方）的保修金中扣除。

7.4 《监理规范》对监理投资控制的规定

7.4.1 进行工程计量和付款签证

（1）专业监理工程师对施工单位在工程款支付报审表中提交的工程量和支付金额进行复核，确定实际完成的工程量，提出到期应支付给施工单位的金额，并提出相应的支持性材料。

（2）总监理工程师对专业监理工程师的审查意见进行审核，签认后报建设单位审批。

（3）总监理工程师根据建设单位审批意见，向施工单位签发工程款支付证书。

7.4.2 对完成工程量进行偏差分析

项目监理机构应当编制月完成工程量统计表，对实际完成量和计划完成量进行比较分析，发现偏差的，应提出调整建议，并应在监理月报中向建设单位报告。

7.4.3 审核竣工结算款

（1）专业监理工程师审查施工单位提交的竣工结算款支付申请，提出审查意见。

（2）总监理工程师对专业监理工程师的审查意见进行审核，签认后报建设单位审批，同时抄送施工单位，并就工程竣工结算事宜与建设单位、施工单位协商；达成一致意见的，根据建设单位审批意见向施工单位签发竣工结算款支付证书；不能达成一致意见的，应按合同约定处理。

7.4.4 处理施工单位提出的工程变更费用

（1）总监理工程师组织专业监理工程师对工程变更费用及工期影响作出评估。

（2）总监理工程师组织建设单位、施工单位共同协商确定工程变更费用及工期变化，会签工程变更单。

（3）项目监理机构可在工程变更实施前与建设单位、施工单位等协商确定工程变更的计价原则、计价方法或价款。

（4）建设单位与施工单位未能就工程变更费用达成协议时，项目监理机构可提出一个暂定价格并经建设单位同意，作为临时支付工程款的依据。

7.4.5 处理费用索赔

（1）项目监理机构应及时收集、整理有关工程费用的原始资料。

（2）审查费用索赔报审表。

（3）与建设单位和施工单位协商一致后，在合同约定的期限内签发费用索赔报审表，并报建设单位。

（4）费用索赔要求与工程延期相关联，项目监理机构可提出费用索赔和工程延期的综合处理意见，并应与建设单位和施工单位协商。

（5）因施工单位原因造成建设单位损失，建设单位提出索赔时，项目监理机构应与建设单位和施工单位协商处理。

【例题 10】下列施工阶段投资控制的主要工作中，属于审核竣工结算款的包括（CD）。

　　A. 审查设计单位提出的设计概算、施工图预算

　　B. 对施工单位在工程款支付报审表中提交的工程量和支付金额进行复核

　　C. 审查施工单位提交的竣工结算款支付申请

　　D. 工程竣工结算事宜不能与建设单位、施工单位协商达成一致意见的，按合同约定处理

　　E. 与建设单位和施工单位协商一致后，应在施工合同约定的期限内签发费用索赔报审表

［解析］C、D 选项符合题意。A 选项，属于工程勘察设计阶段的投资控制服务；B 选项，属于工程计量和进度款付款签证；E 选项，属于处理费用索赔的工作。

【例题 11】发包人未按合同约定支付工程进度款，承包人可能采取的措施包括（ABE）。

　　A. 催告发包人支付　　　　　　　　　B. 与发包人签订延期付款协议

　　C. 向发包人提出索赔　　　　　　　　D. 放缓施工节奏

　　E. 暂停施工

［解析］发包人未按合同约定支付工程进度款，承包人可以催告发包人支付；发包人在付款期满后的 7 天内仍未支付，从第 8 天起暂停施工。

【例题 12】下列费用中，承包人可以获得发包人补偿的有（CD）。

　　A. 承包人为保证混凝土质量选用高标号水泥而增加的材料费

　　B. 现场承包人仓库被盗而损失的材料费

　　C. 非承包人责任的工程延期导致的材料价格上涨费

　　D. 设计变更增加的材料费

　　E. 冬雨季施工增加的材料费

［解析］根据索赔的有关规定，非承包人原因的额外损失，才能得到补偿。选项 A，并不是发包人要求承包人选用高标号的水泥，不能补偿；选项 B，属于承包人应该承担的风险，所以不能索赔；选项 E，已经包含在措施费中了，所以不能索赔。

============ **本章作业** ============

一、单选题

1. 根据《建设工程施工合同（示范文本）》(GF-2017-0201)，当承包人认为发包人核实后的计量结果有误时，应在收到计量结果通知后的（　　）天内向发包人提出书面意见。

　　A. 1　　　　　　　　B. 2　　　　　　　　C. 7　　　　　　　　D. 14

2. 某独立土方工程，招标文件中估计工程量为 1 万立方米，合同约定土方工程单价为 20 元/m³，当实际工程量超过估计工程量 10% 时，需要调整单价，单价调为 18 元/m³。该工程结算时实际完成土方工程量为 1.2 万立方米，则土方工程款为（　　）万元。

　　A. 21.6　　　　　　　B. 23.6　　　　　　　C. 23.8　　　　　　　D. 24.0

3. 由于监理工程师原因导致承包人自有的施工机械停工，一般应按（　　）计算索赔

款额。

    A. 台班实际租金   B. 台班使用费   C. 机械台班费   D. 台班折旧费

   4.工程计量时，监理人应予计量的工程量有（　　　）。

    A. 承包人超出设计图纸和设计文件要求所增加的工程量

    B. 工程量清单中的工程量

    C. 有缺陷工程的工程量

    D. 承包人原因导致返工的工程量

二、简答题

1.工程计量的依据。

2.工程进度款申请支付程序。

3.合同变更价款调整程序。

三、案例分析

【案例分析1】

   某工程合同总额为 1000 万元，工程预付款为 150 万元，采用从未完施工工程尚需的主要材料及构件的价值相当于工程预付款数额时起扣方式，主要材料、构件所占比重为 50%。如果以前已支付工程进度款 600 万元，本月应付工程进度款 200 万元。

【问题】

本月实际支付工程款多少？

【案例分析2】

   某新建办公大楼的招标文件写明：承包范围是土建工程、水电及设备安装工程、装饰装修工程；采用固定总价方式投标，风险范围内价格不作调整，中央空调设备暂按 120 万元报价；质量标准为合格，并要求获省优质工程奖，未写明奖罚标准；合同采用《建设工程施工合同（示范文本）》。

   某施工单位以 3260 万元中标后，与发包方按招标文件和中标人的投标文件签订了合同。合同中还写明：发包方在应付款中扣留合同额 3%，即 163 万元作为质量履约保证金，若工程达不到国家质量验收标准，该质量履约保证金不再返还；逾期竣工违约金每天 1 万元；暂估价设备经承发包双方认质认价后，由承包人采购。

   合同履行过程中发生了如下事件：

   事件1：主体结构施工过程中发生多次设计变更，承包人在编制的竣工结算书中提出设计变更实际增加费用共计 70 万元，但发包方不同意该设计变更增加费。

   事件2：中央空调设备经比选后，承包方按照发包方确认的价格与设备供应商签订了 80 万元采购合同。在竣工结算时，承包方按投标报价 120 万元编制结算书，而发包方只同意按实际采购价 80 万元进行结算。双方为此发生争议。

   事件3：办公楼工程经竣工验收质量为合格，但未获得省优质工程奖。发包方要求没收 163 万元质量保证金，承包人表示反对。

   事件4：办公楼工程实际竣工日期比合同工期拖延了 10 天，发包人要求承包人承担违约金 10 万元。承包人认为工期拖延是设计变更造成的，工期应顺延，拒绝支付违约金。

【问题】

   事件1，发包人不同意支付因设计变更而实际增加的费用 70 万元是否合理？说明理由。

   事件2，中央空调设备在结算时应以投标价 120 万元，还是以实际采购价 80 万元为准？

说明理由。

事件 3，发包人以工程未获省优质工程奖为由没收 163 万元质量履约保证金是否合理？说明理由。

事件 4，承包人拒绝承担逾期竣工违约责任的观点是否成立？说明理由。

【案例分析 3】

某工程，建设单位与施工单位按照《建设工程施工合同（示范文本）》(GF-2017-0201)签订了合同，工程价款 8000 万元；工期 12 个月；预付款为签约合同价的 15%。专用条款约定，预付款自工程开工后的第 2 个月起在每月应支付的工程进度款中扣回 200 万元，扣完为止；工程质量保证金每月按进度款的 3% 扣留。施工单位前 7 个月计划完成的工程量价款见表 7-7。

表 7-7 计划完成工程量价款

时间/月	1	2	3	4	5	6	7
工程量价款/万元	120	360	630	700	800	860	900

【问题】

该工程预付款总额是多少？项目监理机构在第 2 个月和第 7 个月可签发的应付工程款是多少？

【案例分析 4】

某路基土石方工程，根据合同规定，承包商必须严格按照施工图及承包合同规定的内容及技术规范要求施工，工程的价款根据承包商取得计量证书的工程量进行结算。

【问题】

(1) 简述计量的原则。

(2) 在路基填筑施工时，承包商为确保路基边缘的压实度，在路设计尺寸范围外加宽了 30cm 填筑，施工完成后，承包商将其实际完成量（含加宽填筑部分）向监理工程师提出计量付款的要求，监理工程师应如何处理？理由是什么？

第8章 建设工程进度控制

8.1 建设工程进度控制概述

8.1.1 建设工程进度控制的概念

建设工程进度控制是对工程项目建设各阶段的工作内容、工作程序、持续时间和衔接关系根据进度总目标及资源优化配置的原则编制计划并付诸实施，然后在进度计划的实施过程中经常检查实际进度是否按计划要求进行，对出现的偏差情况进行分析，采取补救措施或调整、修改原计划后再付诸实施，如此循环，直到建设工程竣工验收交付使用。

建设工程进度控制的最终目的是确保建设项目按预定的时间动用或提前交付使用，建设工程进度控制的总目标是建设工期。

图 8-1 为进度控制流程图。

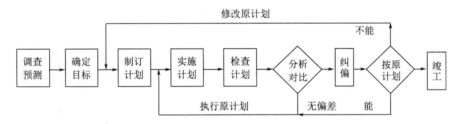

图 8-1 进度控制流程图

8.1.2 影响进度的常见因素

工程建设进度影响因素见表 8-1。

表 8-1 工程建设进度影响因素

业主因素	业主进行设计变更；施工场地条件不能及时提供或所提供的场地不能满足工程正常需要；不能及时向施工承包单位或材料供应商付款等
勘察设计因素	勘察资料不准确，设计有缺陷或错误；施工图纸供应不及时、不配套或出现重大差错等
施工技术因素	施工工艺错误；施工方案不合理；施工安全措施不当；不可靠技术的应用等
自然环境因素	复杂的工程地质条件；不明的水文气象条件；地下埋藏文物的保护、处理；洪水、地震、台风等不可抗力等
社会环境因素	外单位邻近工程施工干扰；节假日交通、市容整顿的限制；临时停水、停电、断路；法律及制度变化，经济制裁、战争、骚乱、罢工、企业倒闭等

续表

组织管理因素	向有关部门提出各种申请审批手续的延误;合同签订时遗漏条款、表达失当;计划安排不周密,组织协调不力,导致停工待料、相关作业脱节;领导不力,指挥失当,使参加工程建设的各个单位、各个专业、各施工过程之间交接、配合上发生矛盾等
材料、设备因素	材料、构配件、机具、设备供应环节的差错,品种、规格、质量、数量、时间不能满足工程的需要;特殊材料及新材料的不合理使用;施工设备不配套,选型失当,安装失误,出现故障等
资金因素	有关方拖欠资金,资金不到位,资金短缺;汇率浮动和通货膨胀等

【例题1】在工程建设过程中,影响实际进度的业主因素是（B）。

　　A.材料供应时间不能满足需要　　　　B.不能及时提供施工场地条件

　　C.不明的水文气象条件　　　　　　　D.计划安排不周密,组织协调不力

【例题2】在建设工程实施过程中,影响工程进度的组织管理因素是（B）。

　　A.临时停水、停电　　　　　　　　　B.合同签订时遗漏条款或表达失当

　　C.未考虑设计在施工中实现的可能性　D.施工设备不配套、选型失当

【例题3】影响建设工程进度的不利因素有很多,其中,由于向有关部门办理各种申请审批手续造成延误的,属于（C）因素。

　　A.业主　　　　　　B.社会环境　　　　　　C.组织管理　　　　　　D.自然环境

8.1.3　进度控制的措施

（1）进度控制的组织措施

① 建立进度控制目标体系,明确建设工程现场监理组织机构中进度控制人员及其职责分工。

② 建立工程进度报告制度及进度信息沟通网络。

③ 建立进度计划审核制度和进度计划实施中的检查分析制度。

④ 建立进度协调会议制度。

⑤ 建立图纸审查、工程变更和设计变更管理制度。

（2）进度控制的技术措施

① 审查承包商提交的进度计划,使承包商能在合理的状态下施工。

② 编制进度控制工作细则,指导监理人员实施进度控制。

③ 采用网络计划技术及其他科学适用的计划方法,并结合电子计算机的应用,对建设工程进度实施动态控制。

（3）进度控制的经济措施

① 及时办理工程预付款及工程进度款支付手续。

② 对应急赶工给予优厚的赶工费用。

③ 对工期提前给予奖励。

④ 对工程延误收取误期损失赔偿金。

（4）进度控制的合同措施

① 推行 CM 承发包模式,对建设工程实行分段设计、分段发包和分段施工。

② 加强合同管理,协调合同工期与进度计划之间的关系,保证合同中进度目标的实现。

③ 严格控制合同变更,对各方提出的工程变更和设计变更,监理工程师应严格审查后

再补入合同文件之中。

④ 加强风险管理，在合同中应充分考虑风险因素及其对进度的影响，以及相应的处理方法。

⑤ 加强索赔管理，公正地处理索赔。

【例题 4】下列不属于监理工程师进度控制经济措施的是（ B ）。

A. 及时办理工程进度款支付手续　　　B. 对承包商拖期后赶工给予赶工费用

C. 对承包商工期提前给予奖励　　　　D. 对工程延误收取误期损失赔偿金

【例题 5】在建设工程进度控制工作中，监理工程师所采取的合同措施是指（ B ）。

A. 建立进度协调会议制度和工程变更管理制度

B. 协调合同工期与进度计划之间的关系

C. 编制进度控制工作细则并审查施工进度计划

D. 及时办理工程预付款及工程进度款支付手续

［解析］A 属于组织措施；C 属于技术措施；D 属于经济措施。

【例题 6】为了确保建设工程进度控制目标的实现，监理工程师可采取的组织措施包括（ BCD ）。

A. 推行 CM 承发包模式，对建设工程实行分段设计、发包和施工

B. 建立进度控制目标体系，明确项目监理机构中进度控制人员及其职责分工

C. 建立进度计划审核制度和进度计划实施中的检查分析制度

D. 建立图纸审查、工程变更和设计变更管理制度

E. 编制进度控制工作细则，指导监理人员实施进度控制

【例题 7】建设工程进度控制的技术措施有（ CD ）。

A. 建立进度协调会议制度　　　　　　B. 及时办理工程预付款及进度款支付手续

C. 审查承包商提交的进度计划　　　　D. 编制进度控制工作细则

E. 严格控制合同变更

8.1.4　进度控制过程及环节

图 8-2 为施工阶段进度控制监理工作程序框图。

8.1.4.1　事前进度控制

（1）审批施工进度计划

① 承包单位与建设单位签订施工承包合同确定工程总工期目标后，必须及时向项目监理机构报审施工总进度计划，专业监理工程师应针对工程特点、难度及内外保障条件，审查工程关键线路的正确性、合理性及工期安排的科学性。

② 监理工程师审查工程进度主要节点安排是否符合建设单位的总体要求。

③ 监理工程师审查工程进度施工顺序安排是否符合工程常规施工工艺。

④ 经审查存在问题，项目监理机构应及时提出，要求承包单位调整施工总进度计划。

（2）审查承包单位的施工组织设计

① 承包单位的工程施工总进度计划经监理、建设单位审批同意后，必须围绕总进度计划来编制切实可行的施工组织设计，以保证总工期目标的顺利实现。

② 承包单位的施工组织设计必须经专业监理工程师审批，专业监理工程师着重审查影响工程进度的主要因素，劳动力、施工机具、材料和技术措施的配置能否满足工程需要，是

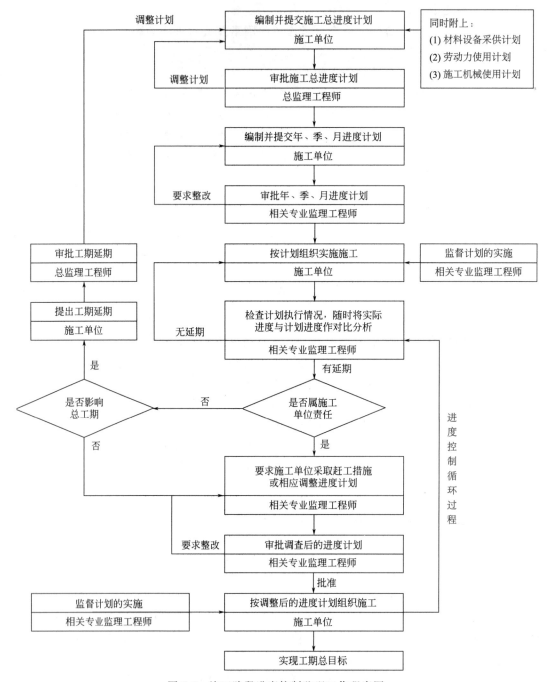

图 8-2 施工阶段进度控制监理工作程序图

否符合优化组合的原则。

③ 审查承包单位的工程各阶段或关键工序的施工方案，制订相应的阶段或工序施工进度计划，此计划为总进度计划的细化或目标分解，必须与总进度计划相吻合。审查施工方案能否在确保工程安全、质量的前提下，通过科学合理的技术措施来缩短施工时间、提高工作效率。

④ 审查承包单位的组织管理中施工进度、工程协调管理人员的配备、落实情况。

（3）审核承包单位的施工总平面布置

① 施工总平面布置得是否紧凑、合理、科学，直接影响工程的施工进度。监理工程师必须从最大限度地减少材料、设备的场内运输、二次搬运及场内交通矛盾、工作搭接、减少无效工作时间等方面认真审核承包单位的施工总平面布置。

② 要求承包单位必须根据施工总进度计划通过科学的规划和制订周密详细的具体实施计划，确定建筑材料、机械设备、劳动力的进退场计划。

③ 检查承包单位制订落实施工现场总平面管理控制制度。要求做到根据不同施工段、施工内容和施工特点，合理布置，减少二次搬运。

④ 督促承包单位做好已进场材料成品、半成品堆放，对工程废料进行及时清理、统一堆放，以避免妨碍交通、运输和施工。

（4）审核甲、乙方供材料、设备供应计划

① 督促承包单位根据施工总进度计划，及时编制甲、乙方供材料供应计划，初定材料、设备、预制构配件的进场时间。

② 督促承包单位提前列出甲、乙供材料、设备数量清单，拟定产品供货单位。

③ 及时组织建设单位等有关人员评审确定产品供货单位，督促承包单位及时订货采购，以保证材料产品按计划供应。

④ 要求承包单位根据工程的实际进展情况，及时调整甲、乙方供材料、设备的采购供应计划，并落实按时交货。

（5）审查各项施工准备

① 审查施工现场的三通一平工作是否完善，临时设施是否齐备或解决。

② 审查承包单位的测量定位放线依据是否具备，测量控制点是否已交接无误。

③ 审查承包单位的主要管理、技术及施工队伍是否已进场并做好准备工作。

④ 审查承包单位的工程施工所需的主要原材料、成品、半成品、机械、设备是否落实或已进场。

⑤ 审查承包单位的各项施工依据是否已齐全，督促承包单位熟悉消化施工设计图纸。

⑥ 审查承包单位的施工质量检验仪器是否已配备并通过年检，委托试验测试单位是否已落实。

⑦ 督促承包单位按计划做好各项技术准备工作，及时完成图纸会审。

8.1.4.2　事中进度控制

（1）跟踪、检查进度计划的实施过程

① 在工程施工的同时，专业监理工程师应随时检查、记录施工进展实际情况。

② 建立计划进度与实际进度的对照系统，每天准确、形象、直观反映实际进度与计划进度的比较值。

（2）审批月、周进度计划　审查承包单位的施工月进度计划是否符合工程节点或阶段进度计划实施要求。

（3）审核主要工期控制点的实施情况　要求承包单位在编制施工进度计划时，列出关键工程的进度控制节点。监理工程师在日常巡视、检查工作中，重点检查承包单位的主要工期控制节点的施工情况，掌握进度计划的动态实施过程。

（4）统计、标识形象进度完成情况　项目监理机构应该制作工程计划进度与实际完成形象进度对照表，反映工程实际施工进展情况，分析实际进度滞后于计划进度的原因，提出加快施工进度需要采取的措施。

（5）组织主持工程例会及协调会

① 项目监理机构组织主持每周一次工程例会，通过例会由各承包单位通报上周工程计划执行情况及下周工作设想，列出施工中存在的各种需解决问题。

② 项目监理机构根据工程实际需要，不定期地组织主持召开现场施工进度协调会，及时解决各分包单位在施工中产生的矛盾，确定各分包单位的工程施工界面，协调各分包单位之间工作面的提供和交接，明确合理的施工程序，确定产品的保护责任，提出各项施工保障条件，处理保证正常施工的外部关系。

③ 项目监理机构通过工程例会及协调会，理顺各方面的相互关系，协调有关各方的相互施工配合，解决施工中存在的矛盾，指出工程进度存在的问题，分析施工进度滞后的原因，提出调整、促进施工进度的措施要求。

④ 监理工程师通过工程例会检查设计、施工、建设单位及材料、成品、半成品、设备供应计划之间是否存在矛盾，发现问题，会上协商解决办法和处理问题，会后监督检查实施过程和实施结果。

（6）及时签发进度付款凭证

① 监理工程师应及时审查、复核承包单位提交的工程量完成清单，签署质量合格，符合计量要求的实际完成工程量数据。

② 对监理工程师所签署的可计量工程量，依据合同及其他有关规定计价后，总监理工程师及时签署进度工程款支付证书意见，由建设单位审批后将款项支付给承包单位。

8.1.4.3 事后进度控制

（1）向业主提交进度报告

① 项目监理机构在工程实施过程中，通过监理月报、会议纪要、专题报告等形式准确、及时地向建设单位报告工程施工的实际进度情况，使建设单位及时掌握工程进展动态。

② 提交进度报告。分析实际进度与计划进度的差异，提出进度滞后的原因，列出影响工程进度的问题，提出调整、保证工期目标实现的建议和对策措施。

（2）拖延工期分析原因，制订对策

① 分析进度滞后原因，确定造成进度滞后的责任方。

② 针对进度滞后原因，要求承包单位从施工技术、施工组织、经济奖惩、合同制约、信息沟通等方面及时采取措施，调整施工进度计划，保证人力、物力、财力的按需供应，为工程的顺利实施提供前提保障。

③ 根据施工进度拖延原因，找出相应对策，及时解决工程矛盾，理顺各方工作关系，督促有关各方及时处理相关问题，要求承包单位采取有效措施赶工。

（3）督促调整进度计划

① 当实际施工进度与计划有较大差异，导致原进度计划目标不能如期实现，项目监理机构必须要求承包单位修改进度计划，将调整后的进度计划提交监理工程师审批。

② 将审批后的工程进度调整计划送交建设单位审核、认可，经建设单位确认后，督促承包单位按调整的进度计划组织实施，并随时检查、监督实施过程和完成结果，发现问题及时通知承包单位，反馈至建设单位，分析原因，寻找对策。

（4）及时处理工期索赔

① 符合条件时，应及时予以受理。

② 项目监理机构应根据施工合同中有关工程延期的约定、工期拖延和影响工期事件的事实和程度、影响工期事件对工期影响的量化程度，确定批准工程延期的时间。

③ 项目监理机构在正式签署工程延期批准时间意见之前，应及时与建设单位和承包单位进行协商，经协商一致，确定工程延期具体时间，由总监理工程师签署最终审批意见。

④ 项目监理机构必须及时受理承包单位提出的工期索赔申请，并将确定的审批意见及时通知承包单位，以便承包单位及时调整施工进度计划，落实各项施工组织。

8.2 建设工程进度计划比较方法和调整

8.2.1 建设工程进度计划比较方法

首先应该选择施工进度计划的表达形式。目前，常用来表达建设工程施工进度计划的方法有横道图和网络图两种形式。横道图比较简单，而且非常直观，多年来被人们广泛地用于表达施工进度计划，并以此作为控制工程进度的主要依据。但是，采用横道图控制工程进度具有一定的局限性。随着电子计算机的广泛应用，网络计划技术日益受到人们的青睐。

8.2.1.1 横道图

横道图也称甘特图，形象、直观，易于编制和理解。用横道图表示的建设工程进度计划，一般包括两个基本部分，即左侧的工作名称及工作的持续时间等基本数据部分和右侧的横道线部分。如图 8-3 所示，该图明确地表示出各项工作的划分、工作的开始时间和完成时间、工作的持续时间、工作之间的相互搭接关系，以及整个工程项目的开工时间、完工时间和总工期。

横道图比较法是指将项目实施过程中检查实际进度收集到的数据，经加工整理后直接用横道线平行绘于原计划的横道线处，进行实际进度与计划进度的比较方法。采用横道图比较法，可以形象、直观地反映实际进度与计划进度的比较情况。

例如某工程项目基础工程的计划进度和截止到第 9 周末的实际进度如图 8-3 所示，其中双线条表示该工程计划进度，粗实线表示实际进度。从图中实际进度与计划进度的比较可以看出，到第 9 周末进行实际进度检查时，挖土方和做垫层两项工作已经完成；支模板按计划也应该完成，但实际只完成 75%，任务量拖欠 25%；绑扎钢筋按计划应该完成 60%，而实际只完成 20%，任务量拖欠 40%。

图 8-3 为某基础工程实际进度与计划进度比较图。

根据各项工作的进度偏差，进度控制者可以采取相应的纠偏措施对进度计划进行调整，以确保该工程按期完成。

(1) 采用匀速进展横道图比较法的工作步骤如下。

① 编制横道图进度计划。

② 在进度计划上标出检查日期。

③ 将检查收集到的实际进度数据经加工整理后按比例用涂黑的粗线标于计划进度的下方，如图 8-3 所示。

④ 对比分析实际进度与计划进度，如果涂黑的粗线右端落在检查日期左侧，表明实际进度拖后；如果涂黑的粗线右端落在检查日期右侧，表明实际进度超前；如果涂黑的粗线右

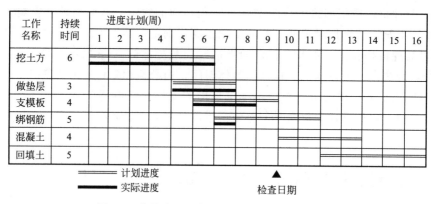

图 8-3　某基础工程实际进度与计划进度比较图

端与检查日期重合，表明实际进度与计划进度一致。

如果工作的进展速度是变化的，则不能采用这种方法进行实际进度与计划进度的比较，否则会得出错误的结论。

（2）采用横道图表示工程进度计划缺点有以下几方面。

① 不能明确地反映出各项工作之间错综复杂的相互关系，在计划执行过程中，当某些工作的进度由于某种原因提前或拖延时，不便于分析它对其他工作及总工期的影响程度，不利于建设工程进度的动态控制。

② 不能明确地反映影响工期的关键工作和关键线路，也无法反映出整个工程项目的关键所在，因而不便于进度控制人员抓住主要矛盾。

③ 不能反映出工作所具有的机动时间，看不到计划的潜力所在，无法进行最合理的组织和指挥。

④ 不能反映工程费用与工期之间的关系，因而不便于缩短工期和降低工程成本。

【例题8】当采用匀速进展横道图比较工作实际进度与计划进度时，如果表示实际进度的横道线右端点落在检查日期的左侧，该端点与检查日期的距离表示工作（A）。

　　A.拖欠的任务量　　　B.实际少投入的时间　　　C.超前的任务量　　　D.实际多投入的时间

8.2.1.2　网络计划技术

无论是工程设计阶段的进度控制，还是施工阶段的进度控制，均可使用网络计划技术。

（1）网络计划的种类　网络计划可分为确定型和非确定型两类。如果网络计划中各项工作及其持续时间和各工作之间的相互关系都是确定的，就是确定型网络计划，建设工程进度控制主要应用确定型网络计划。常用的网络计划类型有双代号网络计划、双代号时标网络计划和单代号网络计划。

（2）网络计划的特点　与横道计划相比，网络计划具有以下主要特点。

① 网络计划能够明确表达各项工作之间的逻辑关系。

② 通过网络计划时间参数的计算，可以找出关键线路和关键工作。

③ 通过网络计划时间参数的计算，可以明确各项工作的机动时间。

④ 网络计划可以利用电子计算机进行计算、优化和调整。当然，网络计划也有其不足之处，比如不像横道计划那么直观明了，但可以通过绘制时标网络计划得到弥补。

在网络计划中，总时差最小的工作称为关键工作。当网络计划的计划工期与计算工期相同时，总时差为零的工作为关键工作。在网络计划的实施过程中，关键工作的实际进度提前或拖后，均会对总工期产生影响。因此，关键工作的实际进度是工程进度控制工作的重点。

例如某工程上部标准层结构工序安排表绘制的双代号网络图如下，图 8-4 为某工程部分工作网络图。

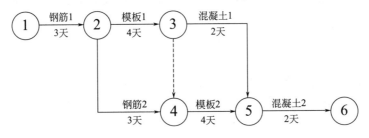

图 8-4　某工程部分工作网络图

从上图可以看出各工作之间的相互逻辑关系。总工期＝3＋4＋4＋2＝13 天。关键工作是钢筋 1、模板 1、模板 2、混凝土 2。

【例题 9】横道图和网络图是建设工程进度计划的常用表示方法。与横道计划相比，网络计划的特点包括（BDE）。

A. 形象直观，能够直接反映出工程总工期

B. 通过计算可以明确各项工作的机动时间

C. 不能明确地反映出工程费用与工期之间的关系

D. 通过计算可以明确工程进度的重点控制对象

E. 明确地反映出各项工作之间的相互关系

【例题 10】与横道图表示的进度计划相比，网络计划的主要特征是能够明确表达（B）。

A. 单位时间内的资源需求量　　　　　B. 各项工作之间的逻辑关系

C. 各项工作的持续时间　　　　　　　D. 各项工作之间的搭接时间

【例题 11】某工程的双代号时标网络计划图如图 8-5 所示，其中工作 B 的总时差和自由时差（B）。

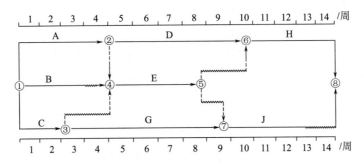

图 8-5　某工程的双代号时标网络计划图

A. 均为 1 周　　　　　　　　　　　　B. 分别为 3 周和 1 周

C. 均为 3 周　　　　　　　　　　　　D. 分别为 4 周和 3 周

［解析］分别为 3 周和 1 周。首先确定 B 的自由时差为 1；然后分析 B 的总时差，一项工作的总时差等于其紧后工作的总时差加上两者之间的时间间隔之和的最小值。B 的总时差等于其紧后工作 E 的总时差加上 B 和 E 之间的时间间隔 1（B 工作箭线上波形线长度），E 的总时差等于 2（由它的紧后工作 H、J 分析得出），所以，B 的总时差＝2＋1＝3。

8.2.1.3　前锋线比较法（针对匀速进展的工作）

前锋线比较法是通过绘制某一检查时刻工程实际进度前锋线，进行工程实际进度与计划进度比较的方法，它主要适用于时标网络计划。前锋线比较法是通过实际进度前锋线与原进度计划中各个工作箭线交点的位置来判断工作实际进度与计划进度的偏差，进而判定该偏差对后续工作及总工期影响程度的一种方法。采用前锋线比较法进行实际进度与计划进度的比较，其步骤如下。

（1）绘制时标网络计划图　某装修工程有三个楼层，有吊顶、顶墙涂料和木地板三个施工过程。其中每层吊顶定为三周、顶墙涂料定为两周、木地板定为一周完成。图 8-6 为时标网络计划图。

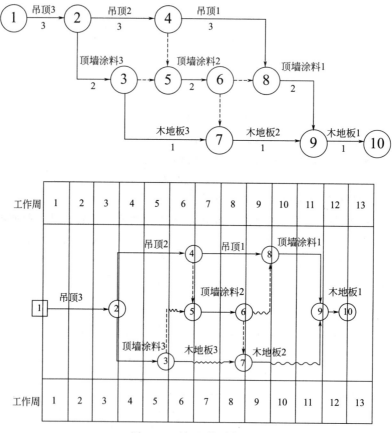

图 8-6　时标网络计划图

上图无时差的箭线就是关键工作。关键工作组成的线路为关键线路，用双箭线或粗箭线表示。时标网络计划是网络计划的另一种表示形式，它是以水平时间坐标为尺度表示工作时间的网络计划。特点如下。

① 能够清楚地展现计划的时间进程。

② 直接显示各项工作的开始与完成时间、工作的自由时差和关键线路。

③ 可以通过叠加确定各个时段的材料、机具、设备及人力等资源的需要。

（2）绘制实际进度前锋线　一般从时标网络计划图上方时间坐标的检查日期开始绘制，依次连接相邻工作的实际进展位置点，最后与时标网络计划图下方坐标的检查日期相连接。

（3）进行实际进度与计划进度的比较　工作实际进展位置点落在检查日期的左侧，表明该工作实际进度拖后，拖后的时间为二者之差；重合，表明该工作实际进度与计划进度一致；落在右侧，表明该工作实际进度超前，超前的时间为二者之差。

（4）预测进度偏差对后续工作及总工期的影响　既适用于工作实际进度与计划进度之间的局部比较，又可用来分析和预测工程项目整体进度状况。

【例题 12】某分部工程施工网络计划，在第 4 天下班时检查，C 工作完成了工作量的 1/3，进度滞后一周，D 工作按计划完成，实际进度与计划进度一致，E 工作提前一周完成，进度提前一周，则实际进度前锋线如图 8-7 上点划线构成的折线。

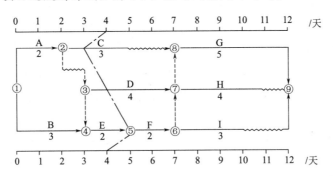

图 8-7　实际进度

通过比较可以看出：

① 工作 C 实际进度拖后 1 天，其总时差和自由时差均为 2 天，既不影响总工期，也不影响其后续工作的正常进行；

② 工作 D 实际进度与计划进度相同，对总工期和后续工作均无影响；

③ 工作 E 实际进度提前 1 天，对总工期无影响，将使其后续工作 F、I 的最早开始时间提前 1 天。

综上，该检查时刻各工作的实际进度对总工期无影响，将使工作 F、I 的最早开始时间提前 1 天。

8.2.1.4　S 曲线比较法

S 曲线比较法是以横坐标表示时间，纵坐标表示累计完成任务量，绘制一条按计划时间累计完成任务量的 S 曲线；然后将工程项目实施过程中各检查时间实际累计完成任务量的 S 曲线也绘制在同一坐标系中，进行实际进度与计划进度比较的一种方法。

（1）S 曲线的绘制方法

① 确定单位时间计划完成任务量，见表 8-2。

② 计算不同时间累计完成任务量，见表 8-2。

③ 根据累计完成任务量绘制 S 曲线，见图 8-8。

表 8-2　完成工程量汇总

时间/月	1	2	3	4	5	6	7	8	9
每月完成量/m³	80	160	240	320	400	320	240	160	80
累计完成量/m³	80	240	480	800	1200	1520	1760	1920	2000

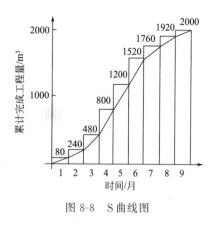

图 8-8　S 曲线图

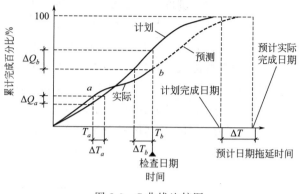

图 8-9　S 曲线比较图

（2）实际进度与计划进度的比较　在工程项目实施过程中，按照规定时间将检查收集到的实际累计完成任务量绘制在原计划 S 曲线图上，即可得到实际进度 S 曲线，如图 8-9 所示。

通过比较实际进度 S 曲线和计划进度 S 曲线，可以获得如下信息。

① 工程项目实际进展状况。如果工程实际进展点落在计划 S 曲线左侧，表明此时实际进度比计划进度超前，如图 8-9 中的 a 点；如果工程实际进展点落在 S 计划曲线右侧，表明此时实际进度拖后，如图 8-9 中的 b 点；如果工程实际进展点正好落在计划 S 曲线上，则表示此时实际进度与计划进度一致。

② 工程项目实际进度超前或拖后的时间。在 S 曲线比较图中可以直接读出实际进度比计划进度超前或拖后的时间。如图 8-9 所示，ΔT_a 表示 T_a 时刻实际进度超前的时间，ΔT_b 表示 T_b 时刻实际进度拖后的时间。

③ 工程项目实际超额或拖欠的任务量。在 S 曲线比较图中也可直接读出实际进度比计划进度超额或拖欠的任务量。如图 8-9 所示，ΔQ_a 表示 T_a 时刻超额完成的任务量，ΔQ_b 表示 T_b 时刻拖欠的任务量。

④ 后期工程进度预测。如果后期工程按原计划速度进行，则可作出后期工程计划 S 曲线如图 8-9 中虚线所示，从而可以确定工期拖延预测值 ΔT。

【例题 13】当利用 S 形曲线进行实际进度与计划进度比较时，如果检查日期实际进展点落在计划 S 形曲线的右侧，则该实际进展点与计划 S 形曲线的水平距离表示工程项目（ B ）。

　　A. 实际进度超前的时间　　　　　　　　B. 实际进度拖后的时间

　　C. 实际超额完成的任务量　　　　　　　D. 实际拖欠的任务量

【例题 14】当利用 S 曲线比较工程项目的实际进度与计划进度时，如果检查日期实际进展点落在计划 S 曲线的左侧，则该实际进展点与计划 S 曲线在水平方向的距离表示工程项目（ D ）。

　　A. 实际超额完成的任务量　　　　　　　B. 实际拖欠的任务量

　　C. 实际进度拖后的时间　　　　　　　　D. 实际进度超前的时间

［解析］利用 S 曲线比较工程项目的实际进度与计划进度时，如果检查日期实际进展点落在计划 S 曲线的左侧，则说明实际进度超前，实际进度点与计划 S 曲线的水平距离表示工程项目超前的时间，垂直距离表示工程项目超额完成的任务量。如果检查日期实际进展点落在计划 S 曲线的右侧，则说明实际进度拖后，实际进度点与计划 S 曲线的水平距离表示工

程项目拖后的时间，垂直距离表示工程项目拖欠完成的任务量。

8.2.2　进度计划实施中的调整方法

在建设工程实施进度监测过程中，一旦发现实际进度偏离计划进度，出现进度偏差时，必须认真分析产生偏差的原因及其对后续工作和总工期的影响，必要时采取合理、有效的进度计划调整措施，确保进度总目标的实现。

图 8-10 为建设工程进度调整系统过程。

在工程项目实施过程中，当通过实际进度与计划进度的比较，发现有进度偏差时，需要分析该偏差对后续工作及总工期的影响，从而采取相应的调整措施对原进度计划进行调整，以确保工期目标的顺利实现。进度偏差的大小及其所处的位置不同，对后续工作和总工期的影响程度是不同的，分析时需要利用网络计划中工作总时差和自由时差进行判断。分析步骤如下。

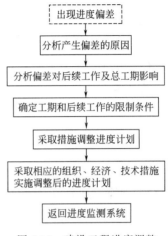

图 8-10　建设工程进度调整
系统过程

（1）分析出现进度偏差的工作是否为关键工作　如果出现进度偏差的工作位于关键线路上，即该工作为关键工作，则无论其偏差有多大，都将对后续工作和总工期产生影响，必须采取相应的调整措施；如果出现偏差的工作是非关键工作，则需要根据进度偏差值与总时差和自由时差的关系作进一步分析。

（2）分析进度偏差是否超过总时差　如果工作的进度偏差大于该工作的总时差，则此进度偏差必将影响其后续工作和总工期，必须采取相应的调整措施；如果工作的进度偏差未超过该工作的总时差，则此进度偏差不影响总工期，至于对后续工作的影响程度，还需要根据偏差与其自由时差的关系作进一步分析。

（3）分析进度偏差是否超过自由时差　如果工作的进度偏差大于该工作的自由时差，则此进度偏差将对其后续工作产生影响，此时应根据后续工作的限制条件确定调整方法；如果工作的进度偏差未超过该工作的自由时差，则此进度偏差不影响后续工作，因此，原进度计划可以不作调整。

（4）进度计划的调整方法　当实际进度偏差影响到后续工作、总工期而需要调整进度计划时，其调整方法主要有：改变某些工作之间的逻辑关系、缩短某些工作的持续时间。

① 改变某些工作之间的逻辑关系。当工程项目实施中产生的进度偏差影响到总工期，且有关工作的逻辑关系允许改变时，可以改变关键线路和超过计划工期的非关键线路上的有关工作之间的逻辑关系，达到缩短工期的目的。

② 缩短某些工作的持续时间。这种方法是不改变工程项目中各项工作之间的逻辑关系，通过组织搭接作业或平行作业来缩短工期。通过采取增加资源投入、提高劳动效率等措施来缩短某些工作的持续时间，使工程进度加快，以保证按计划工期完成该工程项目。这些被压缩持续时间的工作是位于关键线路和超过计划工期的非关键线路上的工作。同时，这些工作又是其持续时间可被压缩的工作。

通过压缩关键工作的持续时间来缩短工期。这种方法通过缩短网络计划中关键线路上工作的持续时间来缩短工期。为了达到压缩工作的持续时间，一般应采用一些具体的措施，这些措施包括以下几个。

a.组织措施。合理地组织生产力,以减少不必要的劳动时间;增加施工队伍;增加每天的施工时间,如增加施工班组或者组织合理的加班工作;增加施工机械的数量。

b.技术措施。采用更先进的施工方法,以提高劳动效率;改进施工工艺,以减少工序数量或者缩短工艺技术间歇时;采用效率更高的施工机械。

c.经济措施。实行计件工资制;提高奖金数额;对采用新工艺、新方法等措施给予一定的经济鼓励。

d.其他配套措施。加强外部配合条件;改善施工条件;加强调度的力度等。

【案例1】

某施工单位与业主签订了某综合楼工程施工合同。经过监理方审核批准的施工进度网络图如图8-11所示(时间单位:月),假定各项工作均匀施工。

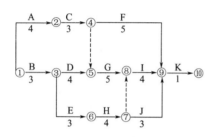

图8-11 施工进度网络图

在施工中发生了如下事件:

事件1:因施工单位租赁的挖土机大修,晚开工2天。

事件2:基坑开挖后,因发现了软土层,施工单位接到了监理工程师停工的指令,拖延工期10天。

事件3:在主体结构施工中,因连续罕见特大暴雨,被迫停工3天。

【问题】

(1)分别指出图中的关键工作及关键线路。总工期是多少个月?

(2)施工单位对上述哪些事件向业主要求工期索赔成立,哪些不成立?并说明理由。

(3)施工单位决定采用工期压缩调整,调整原则是什么?

【参考答案】

(1)关键工作和关键线路如下:

① 该网络计划的关键工作有A、C、G、I、K和B、D、G、I、K;

② 该网络计划的关键线路为①→②→④→⑤→⑧→⑨→⑩和①→③→⑤→⑧→⑨→⑩。

总工期为3+4+5+4+1=17个月。

(2)事件1工期索赔不成立,因为此事件为施工单位责任。事件2工期索赔成立,因为此事件为非施工单位责任。事件3工期索赔成立,因为此事件属不可抗力。

(3)调整原则是:调整对象必须是关键工作;该工作必须具有压缩时间,调整该工作的赶工费是最低的。

8.3 监理机构施工进度控制工作内容

建设工程施工进度控制工作从审核承包单位提交的施工进度计划开始,直至建设工程保修期满为止,其工作内容主要有以下几方面。

8.3.1 编制施工进度控制工作细则

施工进度控制工作细则是在建设工程监理规划的指导下,由项目监理机构中进度控制部门的监理工程师负责编制的更具有实施性和操作性的监理业务文件。其主要内容包括以下几方面。

（1）施工进度控制目标分解图。

（2）施工进度控制的主要工作内容和深度。

（3）进度控制人员的职责分工。

（4）与进度控制有关各项工作的时间安排及工作流程。

（5）进度控制的方法（包括进度检查周期、数据采集方式、进度报表格式、统计分析方法等）。

（6）进度控制的具体措施（包括组织措施、技术措施、经济措施及合同措施等）。

（7）施工进度控制目标实现的风险分析。

（8）尚待解决的有关问题。

8.3.2　编制或审核施工进度计划

监理工程师必须审核承包单位提交的施工进度计划。施工进度计划审核的内容主要有以下几方面。

（1）进度安排是否符合工程项目建设总进度计划中总目标和分目标的要求，是否符合施工合同中开工、竣工日期的规定。

（2）施工总进度计划中的项目是否有遗漏，分期施工是否满足分批动用的需要和配套动用的要求。

（3）施工顺序的安排是否符合施工工艺的要求。

（4）劳动力、材料、构配件、设备及施工机具、水、电等生产要素的供应计划是否能保证施工进度计划的实现，供应是否均衡，需求高峰期是否有足够能力实现计划供应。

（5）总包、分包单位分别编制的各项单位工程施工进度计划之间是否相协调，专业分工与计划衔接是否明确合理。

（6）对于业主负责提供的施工条件（包括资金、施工图纸、施工场地、采供的物资等），在施工进度计划中安排得是否明确、合理，是否有造成因业主违约而导致工程延期和费用索赔的可能存在。

如果监理工程师在审查施工进度计划的过程中发现问题，应及时向承包单位提出书面修改意见，并协助承包单位修改。其中重大问题应及时向业主汇报。

8.3.3　按年、季、月编制工程综合计划

监理工程师应着重解决各承包单位施工进度计划之间、施工进度计划与资源（包括资金、设备、机具、材料及劳动力）保障计划之间及外部协作条件的延伸性计划之间的综合平衡与相互衔接问题。

8.3.4　下达工程开工令

监理工程师根据承包单位和业主双方工程开工的准备情况，选择合适的时机发布工程开工令。为了检查双方的准备情况，在一般情况下应由监理工程师组织召开有业主和承包单位参加的第一次工地会议。

8.3.5 协助、监督施工进度计划的实施

监理工程师要随时了解施工进度计划执行过程中所存在的问题，并帮助承包单位予以解决，特别是承包单位无力解决的内外关系协调问题。

8.3.6 组织现场协调会

监理工程师应每月、每周定期组织召开不同层级的现场协调会议，以解决工程施工过程中的相互协调配合问题。在平行、交叉施工单位多，工序交接频繁且工期紧迫的情况下，现场协调会有时甚至需要每日召开。对于某些未曾预料的突发变故或问题，监理工程师还可以通过发布紧急协调指令，督促有关单位采取应急措施维护施工的正常秩序。监理工程师要随时了解施工进度计划执行过程中所存在的问题，并帮助承包单位予以解决，特别是承包单位无力解决的内外关系协调问题。

8.3.7 签发工程进度款支付凭证

监理工程师应对承包单位申报的已完分项工程量进行核实，在质量监理人员检查验收后，签发工程进度款支付凭证。

8.3.8 审批工程延期

由于承包单位自身的原因所造成的工程进度拖延称为工程延误。

（1）申报工程延期的条件 由于以下原因导致工程拖期，承包单位有权提出延长工期的申请，监理工程师应按合同规定，批准工程延期时间。

① 监理工程师发出工程变更指令而导致工程量增加。

② 合同所涉及的任何可能造成工程延期的原因，如延期交图、工程暂停、对合格工程的剥离检查及不利的外界条件等。

③ 异常恶劣的气候条件。

④ 由业主造成的任何延误、干扰或障碍，如未及时提供施工场地、未及时付款等。

⑤ 除承包单位自身以外的其他任何原因。

（2）工程延期的审批程序

① 工程延期意向通知。当工程延期事件发生后，承包单位应在合同规定的有效期内以书面形式通知监理工程师（即工程延期意向通知），以便于监理工程师尽早了解所发生的事件，及时作出一些减少延期损失的决定。

② 提交详细的申述报告。承包单位应在合同规定的有效期内（或监理工程师可能同意的合理期限内）向监理工程师提交详细的申述报告（延期理由及依据）。监理工程师收到该报告后应及时进行调查核实，准确地确定出工程延期时间。当延期事件具有持续性，承包单位在合同规定的有效期内不能提交最终详细的申述报告时，应先向监理工程师提交阶段性的详情报告。监理工程师应在调查核实阶段性报告的基础上，尽快作出延长工期的临时决定。临时决定的延期时间不宜太长，一般不超过最终批准的延期时间。

③ 提交最终的详情报告。待延期事件结束后，承包单位应在合同规定的期限内向监理工程师提交最终的详情报告。监理工程师应复查详情报告的全部内容，然后确定该延期事件所需要的延期时间。如果遇到比较复杂的延期事件，监理工程师可以成立专门小组进行处

理。对于一时难以作出结论的延期事件，可以采用先作出临时延期的决定，然后再作出最后决定的办法。

④ 与业主和承包单位进行协商。监理工程师在作出临时工程延期批准或最终的工程延期批准之前，均应与业主和承包单位进行协商。

（3）工程延期的审批原则　监理工程师在审批工程延期时应遵循下列原则。

① 合同条件。监理工程师批准的工程延期必须符合合同条件。导致工期拖延的原因确实属于承包单位自身以外的，否则不能批准为工程延期。这是监理工程师审批工程延期的一条根本原则。

② 影响工期。发生延期事件的工程部位，无论其是否处在施工进度计划的关键线路上，只有当所延长的时间超过其相应的总时差时，才能批准工程延期。如果延期事件发生在非关键线路上，且延长的时间并未超过总时差时，即使符合批准为工程延期的合同条件，也不能批准工程延期。

建设工程施工进度计划中的关键线路并非固定不变，会随着工程的进展和情况的变化而转移。监理工程师应以承包单位提交的、经自己审核后的施工进度计划（不断调整后）为依据来决定是否批准工程延期。

③ 实际情况。批准的工程延期必须符合实际情况。为此，承包单位应对延期事件发生后的各类有关细节进行详细记载，并及时向监理工程师提交详细报告。与此同时，监理工程师也应对施工现场进行详细考察和分析，并做好有关记录，以便为合理确定工程延期时间提供可靠依据。

（4）工程延期的控制　发生工程延期事件，不仅影响工程的进展，而且会给业主带来损失。因此，监理工程师应做好以下工作，以减少或避免工程延期事件的发生。

① 选择合适的时机下达工程开工令。

② 提醒业主履行施工承包合同中所规定的职责。

③ 妥善处理工程延期事件。当出现工期延误时，监理工程师有权要求承包单位采取有效措施加快施工进度。如果经过一段时间后，实际进度没有明显改进，仍然拖后于计划进度，而且显然影响工程按期竣工时，监理工程师应要求承包单位修改进度计划，并提交给监理工程师重新确认。监理工程师对修改后的施工进度计划的确认，并不是对工程延期的批准，他只是要求承包单位在合理的状态下施工。因此，监理工程师对进度计划的确认，并不能解除承包单位应负的一切责任，承包单位需要承担赶工的全部额外开支和误期损失赔偿，通常可以采用停止付款、误期损失赔偿手段进行处理。

8.3.9　向业主提供进度报告

监理工程师应随时整理进度资料，并做好工程记录，定期向业主提交工程进度报告。

8.3.10　督促承包单位整理技术资料

监理工程师要根据工程进展情况，督促承包单位及时整理有关技术资料。

8.3.11　签署工程竣工报验单、提交质量评估报告

当单位工程达到竣工验收条件后，承包单位在自行预验的基础上提交工程竣工报验单，申请竣工验收。监理工程师在对竣工资料及工程实体进行全面检查、验收合格后，签署工程

竣工报验单，并向业主提出质量评估报告。

8.3.12 整理工程进度资料

在工程完工以后，监理工程师应将工程进度资料收集起来，进行归类、编目和建档，以便为今后其他类似工程项目的进度控制提供参考。

8.3.13 工程移交

监理工程师应督促承包单位办理工程移交手续，颁发工程移交证书。在工程移交后的保修期内，还要处理验收后质量问题的原因及责任等争议问题，并督促责任单位及时修理。当保修期结束且再无争议时，建设工程进度控制的任务完成。

【例题15】根据工程延期的审批程序，当工程延期事件发生后，承包单位首先应在合同规定的有效期内向监理工程师提交（ B ）。

A. 详细的工程延期申述报告　　　　　B. 工程延期意向通知

C. 工程延期理由及依据　　　　　　　D. 准确的工程延期时间

【例题16】在建设工程施工阶段，为了减少或避免工程延期事件的发生，监理工程师应（ CD ）。

A. 及时提供工程设计图纸　　　　　　B. 及时提供施工场地

C. 适时下达工程开工令　　　　　　　D. 妥善处理工程延期事件

E. 及时支付工程进度款

【例题17】某承包商通过投标承揽了一大型建设项目设计和施工任务，由于施工图纸未按时提交而造成实际施工进度拖后。该承包商根据监理工程师指令采取赶工措施后，仍未能按合同工期完成所承包的任务，则该承包商（ A ）。

A. 不仅应承担赶工费，还应向业主支付误期损失赔偿费

B. 应承担赶工费，但不需要向业主支付误期损失赔偿费

C. 不需要承担赶工费，但应向业主支付误期损失赔偿费

D. 既不需要承担赶工费，也不需要向业主支付误期损失赔偿费

【例题18】某承包商承揽了一大型建设工程的设计和施工任务，在施工过程中因某种原因造成实际进度拖后，该承包商能够提出工程延期的条件是（ C ）。

A. 施工图纸未按时提交　　　　　　　B. 检修、调试施工机械

C. 地下埋藏文物的保护处理　　　　　D. 设计考虑不周而变更设计

【例题19】项目监理机构批准工程延期的基本原则是（ D ）。

A. 项目监理机构对施工现场进行了详细考察和分析

B. 延期事件发生在非关键线路上，且延长的时间未超过总时差

C. 工作延长的时间超过其相应总时差，且由承包单位自身原因引起

D. 延期事件是由承包单位自身以外的原因造成

【案例2】

某公司（甲方）与某建筑公司（乙方）订立了基础施工合同，同时又与丙方订立了工程降水合同，基础工程施工网络计划示意图如图8-12所示（单位：天）。

甲乙双方约定2018年6月15日开工，在工程施工中发生了如下事件：

事件1：由于降水施工方（丙方）原因，致使工作J推迟了2天。

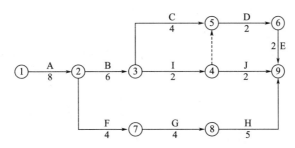

图8-12 基础工程施工网络计划示意图

事件2：2018年6月21日至6月22日，整个施工现场停电（非乙方原因）造成停工2天。

事件3：因设计变更，工作B土方工程量由300m³增至350m³，工作持续时间增加了1天。

【问题】

（1）在不考虑事件1、2、3情况下，说明该网络计划的关键线路，并指出由哪些关键工作所组成。

（2）在不考虑事件1、2、3的情况下，该工程的总工期是多少天？

（3）乙方可以提出工期索赔要求的事件是哪些？简述理由。

【参考答案】

（1）关键线路是①→②→③→⑤→⑥→⑨。关键工作是A、B、C、D、E。

（2）在不考虑事件1、2、3的情况下，该工程的总工期是22天。

（3）事件1可以提出索赔。但J工作的总时差是4天，延误2天没有影响到总工期，所以工期索赔不成立。

事件2不是乙方造成的，有权提出索赔且该事件影响了总工期，工期索赔成立。

事件3可以提出索赔。因为该事件不是乙方的原因造成的，且该工作处于关键线路上，工期索赔成立。

本章作业

一、单选题

1.下列建设工程进度影响因素中，属于业主因素的是（　　）。

　A.地下埋藏文物的保护、处理

　B.合同签订时遗漏条款、表达失当

　C.施工场地条件不能及时提供

　D.特殊材料及新材料的不合理使用

2.施工图纸供应不及时、不配套影响施工进度属于（　　）。

　A.业主因素　　　　B.勘察设计因素　　　C.施工技术因素　　　D.资金因素

3.影响工程进度的因素中，施工安全措施不当属于（　　）。

　A.业主因素　　　　B.施工技术因素　　　C.组织管理因素　　　D.社会环境因素

4.利用横道图表示工程进度计划的主要特点是（　　　）。

　　A.能够反映工作所具有的机动时间　　　　B.能够明确表达各项工作之间的逻辑关系

　　C.形象直观，易于编制和理解　　　　　　D.能方便地利用计算机进行计算和优化

5.工程建设进度控制的经济措施之一是（　　　）。

　　A.业主对应急赶工给予优厚的赶工费用　　B.加强索赔管理，公正地处理索赔

　　C.监理工程师严格控制合同变更　　　　　D.监理工程师分析影响进度的风险因素

6.在建设工程进度调整的系统过程中，分析进度偏差产生的原因之后，首先需要（　　　）。

　　A.确定后续工作和总工期的限制条件　　　B.采取措施调整进度计划

　　C.实施调整后的进度计划　　　　　　　　D.分析进度偏差对后续工作和总工期的影响

7.为确保建设工程进度控制目标的实现，监理工程师必须认真制定进度控制措施。下列属于进度控制的技术措施的是（　　　）。

　　A.对应急赶工给予优厚的赶工费用

　　B.建立图纸审查、工程变更和设计变更管理制度

　　C.审查承包商提交的进度计划，使承包商能在合理的状态下施工

　　D.推行 CM 承发包模式，并协调合同工期与进度计划之间的关系

二、多项选择题

1.下列对工程进度造成影响的因素中，属于业主因素的有（　　　）。

　　A.不能及时向施工承包单位付款　　　　　B.不明的水文气象条件

　　C.施工安全措施不当　　　　　　　　　　D.不能及时提供施工场地条件

　　E.临时停水、停电、断路

2.在工程实施过程中，监理工程师控制进度的组织措施包括（　　　）。

　　A.建立进度计划审核制度和工程进度报告制度

　　B.审查承包商提交的进度计划，使其能在合理的状态下施工

　　C.建立进度控制目标体系，明确进度控制人员及其职责分工

　　D.建立进度信息沟通网络及计划实施中的检查分析制度

　　E.采用网络计划技术并结合电子计算机的应用，对工程进度实施动态控制

3.进度控制的组织措施主要包括（　　　）。

　　A.审查承包商提交的进度计划　　　　　　B.编制进度控制工作细则

　　C.采用网络计划技术　　　　　　　　　　D.建立工程进度报告制度及进度信息沟通网络

　　E.建立进度控制目标体系

4.监理工程师根据建设工程的具体情况，制定的进度控制的合同措施主要包括（　　　）。

　　A.建立工程变更管理制度　　　　　　　　B.加强合同管理

　　C.加强风险管理　　　　　　　　　　　　D.公正地处理索赔

　　E.及时签发付款凭证

第9章 建设工程监理安全生产管理

9.1 建设工程参建主体的安全责任

《中华人民共和国建筑法》规定了有关部门和单位的安全生产责任。《建设工程安全生产管理条例》对于各级部门和建设工程有关单位的安全责任进一步明确规定，主要规定如下。

9.1.1 建设单位的安全责任

（1）提供资料 建设单位应当向施工单位提供施工现场及毗邻区域内供水、排水、供电、供气、供热、通信、广播电视等地下管线资料，气象和水文观测资料，相邻建筑物和构筑物、地下工程的有关资料，并保证资料的真实、准确、完整。

（2）依法履行合同 建设单位不得对勘察、设计、施工、工程监理等单位提出不符合建设工程安全生产法律、法规和强制性标准规定的要求，不得压缩合同约定的工期。

（3）提供安全生产费用 建设单位在编制工程概算时，应当确定建设工程安全作业环境及安全施工措施所需费用。

（4）不得推销劣质材料设备 建设单位不得明示或者暗示施工单位购买、租赁、使用不符合安全施工要求的安全防护用具、机械设备、施工机具及配件、消防设施和器材。

（5）提供安全施工措施资料 建设单位在申请领取施工许可证时，应当提供建设工程有关安全施工措施的资料。依法批准开工报告的建设工程，建设单位应当自开工报告批准之日起15日内，将保证安全施工的措施报送建设工程所在地的县级以上地方人民政府建设行政主管部门或者其他有关部门备案。

（6）拆除工程备案 建设单位应当将拆除工程发包给具有相应资质等级的施工单位。并应在拆除工程施工15日前，将有关资料报送建设工程所在地的县级以上地方人民政府建设行政主管部门或者其他有关部门备案。

9.1.2 勘察单位、设计单位的安全责任

勘察单位应当按照法律、法规和工程建设强制性标准进行勘察，提供的勘察文件应当真实、准确，满足建设工程安全生产的需要。

勘察单位在勘察作业时，应当严格执行操作规程，采取措施保证各类管线、设施和周边建筑物、构筑物的安全。

设计单位应当按照法律、法规和工程建设强制性标准进行设计，防止因设计不合理导致生产安全事故的发生。设计单位和注册建筑师等注册执业人员应当对其设计负责。

设计单位应当考虑施工安全操作和防护的需要，对涉及施工安全的重点部位和环节，在

设计文件中注明,并对防范生产安全事故提出指导意见。对于采用新结构、新材料、新工艺的建设工程和特殊结构的建设工程,设计单位应当在设计中提出保障施工作业人员安全和预防生产安全事故的措施建议。

9.1.3 监理单位的安全责任

9.1.3.1 监理单位的安全责任

监理单位和监理工程师应当按照法律法规和工程建设强制性标准实施监理,并对建设工程安全生产承担监理责任。

监理单位应当审查施工组织设计中的安全技术措施或者专项施工方案是否符合工程建设强制性标准。

监理单位在实施监理过程中,发现存在安全事故隐患的,应当要求施工单位整改;情况严重的,应当要求施工单位暂时停止施工,并及时报告建设单位。施工单位拒不整改或者不停止施工的,监理单位应当及时向有关主管部门报告。

9.1.3.2 监理单位(人员)的安全违法行为及法律责任

(1)《建设工程安全生产管理条例》规定:工程监理单位有下列行为之一的,责令限期改正;逾期未改正的,责令停业整顿,并处 10 万元以上 30 万元以下的罚款;情节严重的,降低资质等级,直至吊销资质证书;造成重大安全事故,构成犯罪的,对直接责任人员,依照刑法有关规定追究刑事责任;造成损失的,依法承担赔偿责任。

① 未对施工组织设计中的安全技术措施或者专项施工方案进行审查的。

② 发现安全事故隐患未及时要求施工单位整改或者暂时停止施工的。

③ 施工单位拒不整改或者不停止施工,未及时向有关主管部门报告的。

④ 未依照法律、法规和工程建设强制性标准实施监理的。

(2)《刑法》规定:"工程监理单位违反国家规定,降低工程质量标准,造成重大安全事故的,对直接责任人员,处五年以下有期徒刑或者拘役,并处罚金;后果特别严重的,处五年以上十年以下有期徒刑,并处罚金。"

(3)《建设工程安全生产管理条例》规定,注册监理工程师未执行法律、法规和工程建设强制性标准的,责令停止执业 3 个月以上 1 年以下;情节严重的,吊销执业资格证书,5年内不予注册;造成重大安全事故的,终身不予注册;构成犯罪的,依照刑法有关规定追究刑事责任。

9.1.4 施工单位的安全责任

9.1.4.1 符合资质条件

施工单位从事建设工程的新建、扩建、改建和拆除等活动,应当具备国家规定的注册资本、专业技术人员、技术装备和安全生产等条件,依法取得相应等级的资质证书,并在其资质等级许可的范围内承揽工程。

9.1.4.2 主要负责人的安全责任

施工单位主要负责人依法对本单位的安全生产工作全面负责。施工单位应当建立健全的安全生产责任制度和安全生产教育培训制度,制定安全生产规章制度和操作规程,对所承担的建设工程进行定期和专项安全检查,并做好安全检查记录。要保证本单位安全生产条件所需资金的投入，对于列入建设工程概算的安全作业环境及安全施工措施所需费用，应当用于施工安全防护用具及设施的采购和更新、安全施工措施的落实、安全生产条件的改善，不得挪作他用。

9.1.4.3　设立安全生产管理机构

施工单位应当设立安全生产管理机构，配备专职安全生产管理人员。

9.1.4.4　编制专项施工方案

专项施工方案分为一般危险性工程专项施工方案和重大危险性工程专项施工方案。

（1）一般危险性工程专项施工方案　《建设工程安全生产管理条例》规定，针对达到一定规模的危险性较大的分部分项工程，由施工单位在施工前单独编制安全专项施工方案。危险性较大的分部分项工程是指建筑工程在施工过程中存在的、可能导致作业人员群死群伤或造成重大不良社会影响的分部分项工程。

① 基坑工程。开挖深度超过3m（含3m）的基坑（槽）的土方开挖、支护、降水工程。开挖深度虽未超过3m，但地质条件、周围环境和地下管线复杂，或影响毗邻建、构筑物安全的基坑（槽）的土方开挖、支护、降水工程。

② 模板工程及支撑体系。各类工具式模板工程，包括滑模、爬模、飞模、隧道模等工程。

③ 起重吊装及起重机械安装拆卸工程。

④ 脚手架工程。包括：搭设高度24m及以上的落地式钢管脚手架工程（包括采光井、电梯井脚手架），附着式升降脚手架工程，悬挑式脚手架工程，高处作业吊篮，卸料平台、操作平台工程。

⑤ 拆除工程。

⑥ 暗挖工程。

⑦ 其他。包括：建筑幕墙安装工程，钢结构、网架和索膜结构安装工程，人工挖孔桩工程，水下作业工程，装配式建筑混凝土预制构件安装工程，采用新技术、新工艺、新材料、新设备可能影响工程施工安全，尚无国家、行业及地方技术标准的分部分项工程。

施工单位应当根据国家现行相关标准规范，由项目技术负责人组织相关专业技术人员结合工程实际编制专项施工方案。专项施工方案应当由施工单位技术部门组织本单位施工技术、安全、质量部门的专业技术人员进行审核。经审核合格的，由施工单位技术负责人签字。

建筑工程实行施工总承包的，专项施工方案应当由施工总承包单位组织编制。其中，起重机械安装拆卸工程、深基坑工程、附着式升降脚手架等专业工程实行分包的，其专项施工方案可由专业承包单位组织编制。

专项施工方案应当由总承包单位技术负责人及相关专业分包单位技术负责人签字。经审核合格后报监理单位，由项目总监理工程师审查签字。

（2）重大危险性工程专项施工方案　依据《建设工程安全生产管理条例》规定，针对达到一定规模的危险性较大的分部分项工程中涉及深基坑开挖深度超过5m（含5m）、地下暗挖工程、高大模板工程的安全专项施工方案，施工单位还应当组织专家进行论证、审查。

专家论证会参会人员应当包括：专家，建设单位项目负责人，有关勘察、设计单位项目技术负责人及相关人员，总承包单位和分包单位技术负责人或授权委派的专业技术人员、项目负责人、项目技术负责人、专项施工方案编制人员、项目专职安全生产管理人员及相关人员，监理单位项目总监理工程师及专业监理工程师。

施工单位应根据论证报告修改完善专项施工方案，专家组组长认可后，经施工单位技术负责人、项目总监理工程师、建设单位项目负责人签字后，方可组织实施。施工单位应当严格按照专项施工方案组织施工，不得擅自修改、调整专项施工方案。

对需要编制专项施工方案的危险性较大的分部分项工程，监理单位应当编制监理实施细则。实施细则应当明确安全监理的办法、措施和控制要点，以及对施工单位安全技术措施的检查施工方案。

项目监理机构应检查施工单位组织专家进行论证、审查的情况，以及是否附具安全验算结果，符合要求的，应由总监理工程师签认后报建设单位。不需要专家论证的专项施工方案，经施工单位审核合格后上报项目监理机构，由项目总监理工程师签认后报建设单位。

如因设计、结构、外部环境等因素发生变化确需修改的，修改后的专项施工方案应当重新履行审核批准手续。对于超过一定规模的危险性较大工程的专项施工方案，施工单位应当重新组织专家进行论证。

对于按规定需要验收的危险性较大的分部分项工程，施工单位、监理单位应当组织有关人员进行验收。验收合格的，经施工单位项目技术负责人及项目总监理工程师签字后，方可进入下一道工序。各专项施工方案由项目部收集成册，作为资料附件。

专项施工方案的主要内容如下。

① 工程概况。工程概况和特点、施工平面布置、施工要求和技术保证条件。

② 编制依据。相关法律、法规、规范性文件、标准、规范及施工图设计文件、施工组织设计等。

③ 施工计划。包括施工进度计划、材料与设备计划。

④ 施工工艺技术。技术参数、工艺流程、施工方法、操作要求、检查要求等。

⑤ 施工安全保证措施。组织保障措施、技术措施、监测监控措施等。

⑥ 施工管理及作业人员配备和分工。施工管理人员、专职安全生产管理人员、特种作业人员、其他作业人员等。

⑦ 验收要求。验收标准、验收程序、验收内容、验收人员等。

⑧ 应急处置措施。

⑨ 计算书及相关施工图纸。

住建部（2018）《危险性较大的分部分项工程安全管理规定》规定：施工、监理单位应当建立危大工程安全管理档案。施工单位应当将专项施工方案及审核、专家论证、交底、现场检查、验收及整改等相关资料纳入档案管理。监理单位应当将监理实施细则、专项施工方案审查、专项巡视检查、验收及整改等相关资料纳入档案管理。

（3）《危险性较大的分部分项工程安全管理规定》各方主体的法律责任规定

① 建设单位。建设单位有下列行为之一的，责令限期改正，并处 1 万元以上 3 万元以下的罚款；对直接负责的主管人员和其他直接责任人员处 1000 元以上 5000 元以下的罚款。

a. 未按照本规定提供工程周边环境等资料的。

b. 未按照本规定在招标文件中列出危大工程清单的。

c. 未按照施工合同约定及时支付危大工程施工技术措施费或者相应的安全防护文明施工措施费的。

d. 未按照本规定委托具有相应勘察资质的单位进行第三方监测的。

e. 未对第三方监测单位报告的异常情况组织采取处置措施的。

② 勘察设计单位。勘察单位未在勘察文件中说明地质条件可能造成的工程风险的，责令限期改正，依照《建设工程安全生产管理条例》对单位进行处罚；对直接负责的主管人员和其他直接责任人员处 1000 元以上 5000 元以下的罚款。

设计单位未在设计文件中注明涉及危大工程的重点部位和环节，未提出保障工程周边环境安全和工程施工安全的意见的，责令限期改正，并处 1 万元以上 3 万元以下的罚款；对直接负责的主管人员和其他直接责任人员处 1000 元以上 5000 元以下的罚款。

③ 施工单位。

a. 施工单位未按照本规定编制并审核危大工程专项施工方案的，依照《建设工程安全生产管理条例》对单位进行处罚，并暂扣安全生产许可证 30 日；对直接负责的主管人员和其他直接责任人员处 1000 元以上 5000 元以下的罚款。

b. 施工单位有下列行为之一的，依照《中华人民共和国安全生产法》《建设工程安全生产管理条例》对单位和相关责任人员进行处罚：未向施工现场管理人员和作业人员进行方案交底和安全技术交底的；未在施工现场显著位置公告危大工程，并在危险区域设置安全警示标志的；项目专职安全生产管理人员未对专项施工方案实施情况进行现场监督的。

c. 施工单位有下列行为之一的，责令限期改正，处 1 万元以上 3 万元以下的罚款，并暂扣安全生产许可证 30 日；对直接负责的主管人员和其他直接责任人员处 1000 元以上 5000 元以下的罚款：未对超过一定规模的危大工程专项施工方案进行专家论证的；未根据专家论证报告对超过一定规模的危大工程专项施工方案进行修改，或者未按照本规定重新组织专家论证的；未严格按照专项施工方案组织施工，或者擅自修改专项施工方案的。

d. 施工单位有下列行为之一的，责令限期改正，并处 1 万元以上 3 万元以下的罚款；对直接负责的主管人员和其他直接责任人员处 1000 元以上 5000 元以下的罚款：项目负责人未按照本规定现场履职或者组织限期整改的；施工单位未按照本规定进行施工监测和安全巡视的；未按照本规定组织危大工程验收的；发生险情或者事故时，未采取应急处置措施的；未按照本规定建立危大工程安全管理档案的。

④ 监理单位。

a. 监理单位有下列行为之一的，依照《中华人民共和国安全生产法》《建设工程安全生产管理条例》对单位进行处罚；对直接负责的主管人员和其他直接责任人员处 1000 元以上 5000 元以下的罚款：总监理工程师未按照本规定审查危大工程专项施工方案的；发现施工单位未按照专项施工方案实施，未要求其整改或者停工的；施工单位拒不整改或者不停止施工时，未向建设单位和工程所在地住房城乡建设主管部门报告的。

b. 监理单位有下列行为之一的，责令限期改正，并处 1 万元以上 3 万元以下的罚款；对直接负责的主管人员和其他直接责任人员处 1000 元以上 5000 元以下的罚款：未按照本规定编制监理实施细则的；未对危大工程施工实施专项巡视检查的；未按照本规定参与组织危大工程验收的；未按照本规定建立危大工程安全管理档案的。

9.1.4.5 安全施工技术交底

《建设工程安全生产管理条例》规定，建设工程施工前，施工单位负责项目管理的技术人员应当对有关安全施工的技术要求向施工作业班组、作业人员作出详细说明，并由双方签字确认。

安全技术交底，通常有施工工种安全技术交底、分部分项工程施工安全技术交底、大型特殊工程单项安全技术交底、设备安装工程技术交底以及采用新工艺、新技术、新材料施工的安全技术交底等。

9.1.4.6 设置安全警示标志

施工单位应当在施工现场入口处、施工起重机械、临时用电设施、脚手架、出入通道口、楼梯口、电梯井口、孔洞口、桥梁口、隧道口、基坑边沿、爆破物及有害危险气体和液体存放处等危险部位，设置明显的安全警示标志。安全警示标志必须符合国家标准。

9.1.4.7 施工现场安全防护

施工单位应在施工现场采取相应的安全施工措施。施工现场暂时停止施工的，施工单位应当做好现场防护，所需费用由责任方承担，或者按照合同约定执行。

施工单位应当将施工现场的办公、生活区与作业区分开设置，并保持安全距离，办公、生活区的选址应当符合安全性要求。职工的膳食、饮水、休息场所等应当符合卫生标准。

施工单位不得在尚未竣工的建筑物内设置员工集体宿舍。

施工现场临时搭建的建筑物应当符合安全使用要求。施工现场使用的装配式活动房屋应当具有产品合格证。

9.1.4.8 对周边环境防护措施

施工单位对因建设工程施工可能造成损害的毗邻建筑物、构筑物和地下管线等，应当采取专项防护措施。

施工单位应当遵守有关环境保护法律、法规的规定，在施工现场采取措施，防止或者减少粉尘、废气、废水、固体废物、噪声、振动和施工照明对人和环境的危害和污染。在城市市区内的建设工程，施工单位应当对施工现场实行封闭围挡。

9.1.4.9 消防安全

施工单位应当在施工现场建立消防安全责任制度，确定消防安全责任人，制定用火、用电、使用易燃易爆材料等各项消防安全管理制度和操作规程，设置消防通道、消防水源，配备消防设施和灭火器材，并在施工现场入口处设置明显标志。

9.1.4.10 安全防护设备

施工单位应当向作业人员提供安全防护用具和安全防护服装，并书面告知危险岗位的操作规程和违章操作的危害。施工单位采购、租赁的安全防护用具、机械设备、施工机具及配件，应当具有生产（制造）许可证、产品合格证，并在进入施工现场前进行查验。

施工现场的安全防护用具、机械设备、施工机具及配件必须由专人管理，定期进行检查、维修和保养，建立相应的资料档案，并按照国家有关规定及时报废。

9.1.4.11 起重机械设备管理

施工单位在使用施工起重机械和整体提升脚手架、模板等自升式架设设施前，应当组织有关单位进行验收，也可以委托具有相应资质的检验检测机构进行验收；使用承租的机械设备和施工机具及配件的，由施工总承包单位、分包单位、出租单位和安装单位共同进行验收，验收合格的方可使用。

施工单位应当自施工起重机械和整体提升脚手架、模板等自升式架设设施验收合格之日起30日内，向建设行政主管部门或者其他有关部门登记。登记标志应当置于或者附着于该设备的显著位置。

9.1.4.12　安全教育培训

施工单位的主要负责人、项目负责人、专职安全生产管理人员应当经建设行政主管部门或者其他有关部门考核合格后方可任职。

施工单位应当对管理人员和作业人员每年至少进行一次安全生产教育培训，其教育培训情况记入个人工作档案。安全生产教育培训考核不合格的人员，不得上岗。

施工单位在采用新技术、新工艺、新设备、新材料时，应当对作业人员进行相应的安全生产教育培训。

作业人员进入新的岗位或者新的施工现场前，应当接受安全生产教育培训。未经教育培训或者教育培训不合格的人员，不得上岗作业。

垂直运输机械作业人员、安装拆卸工、爆破作业人员、起重信号工、登高架设人员等特种作业人员，必须按照有关规定经过专门的安全作业培训，并取得特种作业操作资格证书后，方可上岗作业。

9.1.4.13　应急救援预案

施工单位应当制定本单位生产安全事故应急救援预案，建立应急救援组织或者配备应急救援人员，配备必要的应急救援器材、设备，并定期组织操练。

施工单位应当根据建设工程的特点、范围，对施工现场易发生重大事故的部位、环节进行监控，制定施工现场生产安全事故应急救援预案，工程总承包单位和分包单位按照应急救援预案，各自建立应急救援组织或者配备应急救援人员，配备救援器材、设备，并定期组织操练。

9.1.4.14　安全生产事故报告

事故发生后，事故现场有关人员应当立即向本单位负责人报告，单位负责人接到报告后，应当于 1h 内向事故发生地县级以上人民政府安全生产监督管理部门和负有安全生产监督管理职责的有关部门报告。情况紧急时，事故现场有关人员可以直接向事故发生地县级以上人民政府安全生产监督管理部门和负有安全生产监督管理职责的有关部门报告。特种设备发生事故的，还应当同时向特种设备安全监督管理部门报告。发生生产安全事故后，施工单位应当采取措施防止事故扩大，保护事故现场。需要移动现场物品时，应当做出标记和书面记录，妥善保管有关证物。

9.1.4.15　总分包单位的安全责任

实行施工总承包的建设工程，由总承包单位对施工现场的安全生产负总责。

（1）总承包单位应当自行完成建设工程主体结构的施工。

（2）总承包单位依法将建设工程分包给其他单位的，分包合同中应当明确各自的安全生产方的权利、义务。总承包单位和分包单位对分包工程的安全生产承担连带责任。

（3）建设工程实行总承包的，如发生事故，由总承包单位负责上报事故。

分包单位应当服从总承包单位的安全生产管理，分包单位不服从管理导致生产安全事故的，由分包单位承担主要责任。

9.1.5　其他有关单位的安全责任

为建设工程提供机械设备和配件的单位，应当按照安全施工的要求配备齐全有效的保险、限位等安全设施和装置。出租的机械设备和施工机具及配件，应当具有生产（制造）许可证、产品合格证。

出租单位应当对出租的机械设备和施工机具及配件的安全性能进行检测，在签订租赁协议时，应当出具检测合格证明。禁止出租检测不合格的机械设备和施工机具及配件。

在施工现场安装、拆卸施工起重机械和整体提升脚手架、模板等自升式架设设施，必须由具有相应资质的单位承担。

安装、拆卸施工起重机械和整体提升脚手架、模板等自升式架设设施，应当编制拆装方案、制定安全施工措施，并由专业技术人员现场监督。

施工起重机械和整体提升脚手架、模板等自升式架设设施安装完毕后，安装单位应当自检，出具自检合格证明，并向施工单位进行安全使用说明，办理验收手续并签字。

【案例 1】

某写字楼工程，地下 1 层，地上 15 层，框架剪力墙结构。首层中厅高 12m，施工单位的项目部编制的模板支架施工方案是满堂扣件式钢管脚手架，方案由项目部技术负责人审批后实施。施工中，某工人在中厅高空搭设脚手架时随手将扳手放在脚手架上，脚手架受振动后扳手从上面滑落，顺着楼板预留洞口（平面尺寸 0.25m×0.50m）砸到在地下室施工的工人王某头部。由于工人王某认为在室内的楼板下作业没有危险，故没有戴安全帽，被砸成重伤。

【问题】

（1）说明该起安全事故的直接原因与间接原因。

（2）写出该模板支架施工方案正确的审批程序。

（3）扳手放在脚手架上是否正确？说明理由。

（4）预留洞口应如何防护？

【参考答案】

（1）直接原因与间接原因是：该工人违规操作，预留洞口未防护，工人王某未戴安全帽，现场安全管理不到位，安全意识淡薄。

（2）该施工方案应先由施工单位的技术负责人审批，该模板支架高度超过 8m 还应组织专家组审查论证通过，再报总监理工程师审批同意。

（3）工具不能随意放在脚手架上，工具暂时不用应放在工具袋内。

（4）楼板面等处边长为 25～50cm 的洞口，可用竹、木等做成盖板盖住洞口，盖板必须能保持四周搁置均衡、固定牢靠，盖板应防止挪动移位。

9.2 监理安全生产管理工作

（1）将安全生产管理内容纳入监理规划和监理细则，明确安全监理范围、内容、工作程序和制度措施，以及人员配备计划和职责等；对危险性较大的分部分项工程，应当针对工程特点、周边环境和施工工艺等，制定安全监理工作流程、方法和措施。

（2）审查总、分包施工企业资质、安全生产许可证、施工单位安全生产许可证及施工单位项目经理、专职安全生产管理人员及特种作业人员取得安全生产考核合格证书和操作资格证书。

施工单位的主要负责人、项目负责人、专职安全生产管理人员应当经建设行政主管部门或者其他有关部门考核合格后方可任职；施工单位项目负责人应当由取得相应执业资格的人员担任；垂直运输机械作业人员、安装拆卸工、爆破作业人员、起重信号工、登高架设作业人员等特种作业人员必须按照国家有关规定经过专门的安全作业培训，并取得特种作业操作资格证书后，方可上岗作业。

（3）审核总、分包施工企业工程项目安全生产保障体系、安全生产责任制、各项规章制度和安全生产管理机构建立及人员配备情况。

（4）审核施工企业工程项目应急救援和安全防护、文明施工措施费用使用计划情况。

（5）审核施工现场安全防护是否符合投标时承诺和《建筑施工现场环境与卫生标准》等标准要求情况。

（6）检查施工单位施工机械和整体提升脚手架、模板等自升式架设设施、安全防护用具、各种设施的安全许可验收记录，并由监理工程师签收备案。

（7）审查施工组织设计中的安全技术措施或专项施工方案是否符合工程建设强制性标准情况。

专项施工方案审查下列基本内容。

① 对编审程序进行符合性审查。项目监理机构在审批专项施工方案前，应首先审查专项施工方案的编制和审批程序是否符合相关规定。符合规定的，进行实质性内容审查。对于不符合规定的，书面通知施工单位重新报审，符合规定后再行报审。

② 对实质性内容进行符合性审查。项目监理机构对专项施工方案中安全技术措施是否符合工程建设强制性标准进行审查。根据相关规定，专项施工方案应包括工程概况、编制依据、施工计划、施工工艺技术、施工安全保证措施、劳动力计划、计算书及相关图纸等内容，其中，施工安全保证措施又包括组织保障、技术措施、应急预案、监测监控等措施，其内容应符合工程建设强制性标准。对于施工单位报审的安全技术措施违反工程建设强制性标准的，应要求其重新编制、报审。

（8）定期巡视检查危险性较大分部分项工程施工作业。

项目监理机构在巡视检查过程中，重点检查施工单位是否严格按照经批准的专项施工方案施工。发现未按专项施工方案实施的，应立即签发监理通知责令整改，要求施工单位按照经批准的专项施工方案实施；施工单位拒不整改的，项目监理机构应及时向建设单位报告。

（9）督促施工单位进行安全自查工作，并对施工现场安全生产情况进行巡视检查，对发现的各类安全事故隐患，应书面通知施工单位，并督促其立即整改；情况严重的，监理单位应及时下达工程暂停令，要求施工单位停工整改，同时报告建设单位。安全事故隐患消除后，监理单位应检查整改结果，签署复查或复工意见。

施工单位拒不整改或不停工整改的，监理单位应及时向工程所在地建设行政主管部门报送监理报告。检查、整改、复查、监理报告等情况应当记载在监理日志、监理月报中。

（10）对安全防护、文明施工措施进行监理。

依据《建筑工程安全防护、文明施工措施费用及使用管理规定》，工程监理单位应当对施工单位落实安全防护、文明施工措施情况进行现场监理。对施工单位已经落实的安全防护、文明施工措施，总监理工程师或者造价工程师应当及时审查签认发生的费用。监理单位发现施工单位未落实施工组织设计及专项施工方案中安全防护和文明施工措施的，有权责令其立即整改；对施工单位拒不整改或未按期限要求完成整改的，工程监理单位应当及时向建设单位和建设行政主管部门报告，必要时责令其暂停施工。建设工程安全防护、文明施工措施项目清单见表 9-1。

表 9-1 建设工程安全防护、文明施工措施项目清单

类别	项目名称		具体要求
文明施工与环境保护	安全警示标志牌		在易发伤亡事故(或危险)处设置明显的、符合国家标准要求的安全警示标志牌
	现场围挡		(1)现场采用封闭围挡,高度不小于1.8m; (2)围挡材料可采用彩色、定型钢板,砖、混凝土砌块等墙体
	五板一图		在进门处悬挂工程概况、管理人员名单及监督电话、安全生产、文明施工、消防保卫五板;施工现场总平面图
	企业标志		现场出入的大门应设有本企业标识或企业标识
	场容场貌		(1)道路畅通; (2)排水沟、排水设施通畅; (3)工地地面硬化处理; (4)绿化
	材料堆放		(1)材料、构件、料具等堆放时,悬挂有名称、品种、规格等标牌; (2)水泥和其他易飞扬细颗粒建筑材料应密闭存放或采取覆盖等措施; (3)易燃、易爆和有毒有害物品分类存放
	现场防火		消防器材配置合理,符合消防要求
	垃圾清运		施工现场应设置密闭式垃圾站,施工垃圾、生活垃圾应分类存放,施工垃圾必须采用相应容器或管道运输
临时设施	现场办公、生活设施		(1)施工现场办公、生活区与作业区分开设置,保持安全距离; (2)工地办公室、现场宿舍、食堂、厕所、饮水设施、休息场所符合卫生和安全要求
	施工现场临时用电	配电线路	(1)按照 TN-S 系统要求配备五芯电缆、四芯电缆和三芯电缆; (2)按要求架设临时用电线路的电杆、横担、瓷夹、瓷瓶等,或电缆地的地沟; (3)对靠近施工现场的外电线路,设置木质、塑料等绝缘体的防护设施
		配电箱、开关箱	(1)按三级配电要求,配备总配电箱、分配电箱、开关箱三类标准电箱,开关箱应符合一机、一箱、一闸、一漏,三类电箱中的各类电器应是合格品; (2)按两级保护的要求,选取符合容量要求和质量合格的总配电箱和开关箱中的漏电保护器
		接地保护装置	施工现场保护零钱的重复接地应不少于三处
安全施工	临边洞口交叉高处作业防护	楼板、屋面、阳台等临边防护	用密目式安全立网全封闭,作业层另加两边防护栏杆和18cm高的踢脚板
		通道口防护	设防护棚,防护棚应为不小于5cm厚的木板或两道相距50cm的竹笆,两侧应沿栏杆架用密目式安全网封闭
		预留洞口防护	用木板全封闭;短边超过1.5m长的洞口,除封闭外四周还应设有防护栏杆
		电梯井口防护	设置定型化、工具化、标准化的防护门;在电梯井内每隔两层(不大于10m)设置一道安全平网
		楼梯边防护	设1.2m高的定型化、工具化、标准化的防护栏杆,18cm高的踢脚板
		垂直方向交叉作业防护	设置防护隔离棚或其他设施
		高空作业防护	有悬挂安全带的悬索或其他设施;有操作平台;有上下的梯子或其他形式的通道
其他(由各地自定)			

（11）对安全隐患的处理如下。

① 当发现施工安全隐患时，监理工程师首先应判断其严重程度。当存在安全事故隐患时应及时签发监理通知单，要求施工单位进行整改。

② 当发现严重安全事故隐患时，总监理工程师应签发工程暂停令，指令施工单位暂时停止施工，必要时应要求施工单位采取临时安全防护措施，同时上报建设单位。

③ 当施工单位拒不整改或拒不执行监理指令时，项目监理机构应及时向建设行政主管部门进行汇报。

④ 项目监理机构应要求施工单位就存在的安全事故隐患提出整改方案，整改方案经监理工程师审核批准后，施工单位进行整改处理，项目监理机构应对处理结果进行检查、验收。

（12）对安全事故的处理如下。

① 建设工程安全事故发生后，监理工程师一般按以下程序进行处理。建设工程安全事故发生后，总监理工程师应签发工程暂停令，并要求施工单位必须立即停止施工，施工单位应立即实行抢救伤员，排除险情，采取必要措施，防止事故扩大，并做好标识，保护好现场。同时，要求发生安全事故的施工总承包单位迅速按安全事故类别和等级向相应的政府主管部门上报，并于 24h 内写出书面报告。工程安全事故报告应包括以下主要内容：事故发生的时间、详细地点、工程项目名称及所属企业名称；事故类别、事故严重程度；事故的简要经过、伤亡人数和直接经济损失的初步估计；事故发生原因的初步判断；抢救措施及事故控制情况；报告人情况和联系电话。

② 监理工程师在事故调查组展开工作后，应积极协助，客观地提供相应证据，若监理方无责任，监理工程师可应邀参加调查组，参与事故调查。若监理方有责任，则应予以回避，但应配合调查组做好以下工作：查明事故发生的原因、人员伤亡及财产损失情况；查明事故的性质和责任；提出事故的处理及防止类似事故再次发生所应采取措施的建议；提出对事故责任者的处理建议；检查控制事故的应急措施是否得当和落实；写出事故调查报告。

③ 监理工程师接到安全事故调查组提出的处理意见涉及技术处理时，可组织相关单位研究，并要求相关单位完成技术处理方案，必要时，应当征求设计单位的意见。技术处理方案必须依据充分，应在安全事故的部位、原因全部查清的基础上进行，必要时，组织专家进行论证，以保证技术处理方案可靠、可行，保证施工安全。

④ 技术处理方案核签后，监理工程师应要求施工单位制定详细的施工方案，必要时，监理工程师应编制监理实施细则，对工程安全事故技术处理的施工过程进行重点监控，对于关键部位和关键工序应派专人进行监控。

⑤ 施工单位完工自检后，监理工程师应组织相关各方进行检查验收，必要时进行处理结果鉴定。要求事故单位整理编写安全事故处理报告，并审核签认，进行资料归档。

⑥ 根据政府主管部门的复工通知，确认具备复工条件后，签发工程复工令，恢复正常施工。

【例题 1】根据《建设工程安全生产管理条例》，建设单位的安全责任是（ A ）。

A. 编制工程概算时，应确定建设工程安全作业环境及安全施工措施所需费用

B. 采用新工艺时，应提出保障施工作业人员安全的措施

C. 采用新技术、新工艺时，应对作业人员进行相关的安全生产教育培训

D. 工程施工前，应审查施工单位的安全技术措施

【例题2】根据《建设工程安全生产管理条例》，工程监理单位的安全生产管理职责是（D）。

    A.发现存在安全事故隐患时，应要求施工单位暂时停止施工

    B.委派专职安全生产管理人员对安全生产进行现场监督检查

    C.发现存在安全事故隐患时，应立即报告建设单位

    D.审查施工组织设计中的安全技术措施或专项施工方案是否符合工程建设强制性标准

【例题3】监理工程师发现施工现场料堆偏高，有可能滑塌，存在安全事故隐患，则监理工程师应当（A）。

    A.要求施工单位整改   B.要求施工单位停止施工

    C.向安全生产监督行政主管部门报告   D.向建设工程质量监督机构报告

【例题4】工程监理单位的主要安全责任有（CD）。

    A.采取措施保护施工现场毗邻区域内地下管线

    B.组织抢救生产安全事故

    C.审查专项施工方案

    D.对施工安全事故隐患要求整改

    E.及时报告生产安全事故

【例题5】依据《建设工程安全生产管理条例》，在实施监理过程中，工程监理单位发现存在安全事故隐患时，正确的做法为（BD）。

    A.要求施工单位暂时停止施工

    B.要求施工单位整改

    C.对情况严重的，应当要求施工单位暂时停止施工，并及时报告其上级管理部门

    D.对情况严重的，应当要求施工单位暂时停止施工，并及时报告建设单位

    E.对情况严重的，应当要求施工单位暂时停止施工，并及时报告有关主管部门

【案例2】

某实行监理的工程，实施过程中发生下列事件：

事件1：建设单位于2015年11月底向中标的监理单位发出监理中标通知书，监理中标价为280万元；建设单位与监理单位协商后，2016年1月10日签订了监理合同。监理合同约定：合同价为260万元；因非监理单位原因导致监理服务期延长，每延长一个月增加监理费8万元；监理服务自合同签订之日起开始，服务期26个月。

建设单位通过招标确定了施工单位，并与施工单位签订了施工承包合同，合同约定：开工日期为2016年2月10日，施工总工期为24个月。

事件2：由于吊装作业危险性较大，施工项目部编了专项施工方案，并报送现场监理员签收。吊装作业前，吊车司机使用风速仪检测到风力过大，拒绝进行吊装作业。施工项目经理便安排另一名吊车司机进行吊装作业，监理员发现后立即向专业监理工程师汇报，该专业监理工程师回答说：这是施工单位内部的事情。

事件3：监理员将施工项目部编制的专项施工方案交给总监理工程师后，发现现场吊装作业吊车发生故障。为了不影响进度，施工项目经理调来另一台吊车，该吊车比施工方案确定的吊车吨位稍小，但经过安全检测可以使用。监理员立即将此事向总监理工程师汇报，总监理工程师以专项施工方案未经审查批准就实施为由，签发了停止吊装作业的指令。施工项目经理签收暂停令后，仍要求施工人员继续进行吊装。总监理工程师报告了建设单位，建设

单位负责人称工期紧迫，要求总监理工程师收回吊装作业暂停令。

【问题】

（1）指出事件 1 中建设单位做法的不妥之处，写出正确做法。

（2）指出事件 2 中专业监理工程师的不妥之处，写出正确做法。

（3）指出事件 2 和事件 3 中施工项目经理在吊装作业中的不妥之处，写出正确做法。

（4）分别指出事件 3 中建设单位、总监理工程师工作中的不妥之处，写出正确做法。

【参考答案】

（1）事件 1 中，建设单位做法的不妥之处以及正确做法具体如下：

① 不妥之处：建设单位与监理单位经协商后确定合同价为 260 万元；正确做法：应以中标价 280 万元作为合同价，中标通知书发出后，招标人不应再与中标人就价格进行谈判，《招标投标法》规定，招标人和中标人应当自中标通知书发出之日起 30 日内按照招标文件和中标人的投标文件订立书面合同，合同内容不得违反招标文件的实质性内容；

② 不妥之处：建设单位与监理单位协商后于 2016 年 1 月 10 日签订监理合同；正确做法：《招标投标法》规定，中标通知书发出后的 30 天内（即 2015 年 12 月底），双方应按照招标文件和投标文件订立书面合同。

（2）指出事件 2 中专业监理工程师的不妥之处，写出正确做法：

① 事件 2 中，专业监理工程师的不妥之处：专业监理工程师回答"这是施工单位内部的事情"，对违章进行吊装作业置之不理；

② 正确做法：专业监理工程师应及时下达监理工程师通知，要求停止吊装作业，并向总监理工程师汇报。

（3）指出事件 2 和事件 3 中施工项目经理在吊装作业中的不妥之处，写出正确做法：

① 事件 2 中，项目经理在吊装作业中的不妥之处：在风力过大的情况下安排另一名塔式起重机司机进行吊装作业；正确做法：在风力过大的情况下应停止吊装作业；

② 事件 3 中，项目经理在吊装作业中的不妥之处：在未经总监理工程师审核批准专项施工方案的前提下，要求施工人员进行吊装作业；正确做法：专项施工方案经总监理工程师批准，施工单位技术负责人、总监理工程师签字后才可进行吊装作业；

③ 事件 3 中，项目经理在吊装作业中的不妥之处：签收工程暂停令后仍要求继续吊装作业；正确做法：项目经理在签收工程暂停令后应停止吊装作业。

（4）分别指出事件 3 中建设单位、总监理工程师工作中的不妥之处，写出正确做法：

① 事件 3 中，建设单位的不妥之处：要求总监理工程师收回吊装作业暂停令；正确做法：建设单位不应该要求总监理工程师收回工程暂停令，并且应该支持总监理工程师决定；

② 事件 3 中，总监理工程师的不妥之处：没有及时将吊装作业情况报告政府主管部门；正确做法：工程监理单位在实施监理过程中，发现存在安全事故隐患的，应当要求施工单位整改；情况严重的，应当要求施工单位暂时停止施工，并及时报告建设单位；施工单位拒不整改或者不停止施工的，工程监理单位应当及时向有关主管部门报告。

【案例 3】

某工程，建设单位通过公开招标与甲施工单位签订了施工总承包合同，依据合同，甲施工单位通过招标将钢结构工程分包给乙施工单位。施工过程中发生了下列事件：

事件 1：甲施工单位项目经理安排技术员兼任施工现场安全员，并安排其负责编制基坑支护与降水工程专项施工方案，基坑开挖深度超过 5m，项目经理对该施工方案进行安全验算后，即组织现场施工，并将施工方案及验算结果报送项目监理机构。

事件2：乙施工单位采购的特殊规格钢板，因供应商不能提供出厂合格证明，乙施工单位按规定要求进行了检验，检验合格后向项目监理机构报验。为不影响工程进度，总监理工程师要求甲施工单位在监理人员的见证下取样复验，复验结果合格后，同意该批钢板进场使用。

事件3：为满足钢结构吊装施工的需要，甲施工单位向设备租赁公司租用了一台大型起重塔吊，委托一家有相应资质的安装单位进行塔吊安装。安装完成后，由甲、乙施工单位对该塔吊共同进行验收，验收合格后投入使用，并到有关部门办理了登记。

事件4：钢结构工程施工中，专业监理工程师在现场发现乙施工单位使用的高强螺栓未经报验，存在严重的质量隐患，即向乙施工单位签发了工程暂停令，并报告了总监理工程师。甲施工单位得知后也要求乙施工单位立刻停工整改。乙施工单位为赶工期，边施工边报验，项目监理机构及时报告了有关主管部门。报告发出的当天，发生了因高强螺栓不符合质量标准导致的钢梁高空坠落事故，造成一人重伤，直接经济损失4.6万元。

【问题】

（1）指出事件1甲施工单位项目经理做法的不妥之处，写出正确做法。

（2）事件2中，总监理工程师的处理是否妥当？说明理由。

（3）指出事件3中塔吊验收中的不妥之处。

（4）指出事件4中专业监理工程师做法的不妥之处，说明理由。

（5）事件4中的质量事故，甲施工单位和乙施工单位各承担什么责任？说明理由。监理单位是否有责任？说明理由。该事故属于哪一类工程质量事故？

【参考答案】

（1）指出事件1中甲施工单位项目经理做法的不妥之处，写出正确做法：

① 不妥之处：安排技术员兼任施工现场安全员；正确做法：应配备专职安全生产管理人员；

② 不妥之处：对该施工方案进行安全验算后即组织现场施工；正确做法：安全验算合格后应组织专家进行论证、审查，并经施工单位技术负责人签字，报总监理工程师签字后才能安排现场施工。

（2）事件2中，总监理工程师的处理是否妥当？说明理由。

总监理工程师的处理不妥；理由：没有出厂合格证明的原材料不得进场使用。

（3）指出事件3中塔吊验收中的不妥之处。

不妥之处：只有甲、乙施工单位参加了验收，出租单位和安装单位未参加验收。

（4）指出事件4中专业监理工程师做法的不妥之处，说明理由。

不妥之处：向乙施工单位签发工程暂停令；理由：工程暂停令应由总监理工程师向甲施工单位签发，并标明停工部位或范围。

（5）事件4中的质量事故，甲施工单位和乙施工单位各承担什么责任？说明理由。监理单位是否有责任？说明理由。该事故属于哪一类工程质量事故？

质量事故甲施工单位承担连带责任，因甲施工单位是总承包单位；乙施工单位承担主要责任，因质量事故是由于乙施工单位自身原因造成的（或因质量事故是由于乙施工单位不服从甲施工单位管理造成的）。

监理单位没有责任；理由：项目监理机构已履行了监理职责并已及时向有关主管部门

报告。

该质量事故属于一般质量事故。

【案例4】

某高层办公楼，总建筑面积是137500m²，地下3层，地上25层。业主与施工总承包单位签订了施工总承包合同，并委托了工程监理单位。

施工总承包单位完成桩基工程后，将深基坑支护工程的设计委托给了专业设计单位，并自行决定将基坑支护和土方开挖工程分包给了一家专业分包单位施工。专业设计单位根据业主提供的勘察报告完成了基坑支护设计后，立即将设计文件直接给了专业分包单位。专业分包单位在收到设计文件后编制了基坑支护工程和降水工程专项施工组织方案。方案经施工总承包单位项目经理签字后即由专业分包单位组织了施工。

专业分包单位在施工过程中，由负责质量管理工作的施工人员兼任现场安全生产监督工作，土方开挖到接近基坑设计标高（自然地坪下8.5m）时，总监理工程师发现基坑四周地表出现裂缝即向施工总承包单位发出书面通知，要求停止施工并要求立即撤离现场，施工人员查明原因后再恢复施工。但总承包单位认为地表裂缝属正常现象，没有予以理睬。不久基坑发生了严重的坍塌，并造成了4名施工人员被掩埋，经抢救3人死亡、1人重伤。事故发生后，专业分包单位立即向有关安全生产监督管理部门上报了事故情况。经事故调查组调查，造成坍塌事故的主要原因，是由于地质勘察资料中未表明存在古河道，基坑支护设计中未能考虑这一因素造成的。事故直接经济损失80万元，专业分包单位要求设计单位赔偿事故损失80万元。

【问题】

(1) 请指出上述整个事件中有哪些做法不妥，并写出正确的做法。

(2) 这起事故中的主要责任者是谁？请说明理由。

【参考答案】

(1) 整个事件中下列做法不妥：

① 施工总承包单位自行决定将基坑支护和土方开挖工程分包给专业分包单位施工不妥；正确做法是按合同规定的程序选择专业分包单位或得到业主同意后分包；

② 专业设计单位将设计文件直接交给专业分包单位不妥；正确做法是专业设计单位将设计文件提交给总承包单位，经总承包单位组织专家进行论证、审查同意后，由总承包单位交给专业分包单位实施；

③ 专业分包单位编制的基坑支护工程和降水工程专项施工组织方案经由施工总承包单位项目经理签字后即由专业分包单位组织施工不妥；正确做法是专项施工组织方案应先经总承包单位技术负责人审核签字，在经总监理工程师审核签字后，再由专业分包单位组织施工；

④ 专业分包单位在施工过程中，由负责质量管理工作的施工人员兼任现场安全生产监督工作不妥；正确做法是在施工过程中，安排专职安全生产管理人员负责现场安全生产监督工作；

⑤ 当基坑四周出现裂缝时，总承包单位收到监理单位要求停止施工的书面通知而不予理睬、拒不执行不妥；正确做法是总承包单位在收到总监理工程师发出的停工通知后应立即停止施工，查明原因，采取有效措施消除安全隐患；

⑥ 事故发生后，专业分包单位立即向有关安全生产监督管理部门上报事故情况不妥；

正确做法是事故发生以后，专业分包单位应立即向总承包单位报告，由总承包单位立即向有关安全生产监督管理部门报告；

⑦ 工程质量安全事故造成经济损失后，专业分包单位要求设计单位赔偿事故损失不妥；正确做法是专业分包单位向总承包单位提出损失赔偿，由总承包单位再向业主提出损失赔偿要求。

（2）这起事故的主要责任在施工总承包单位。当基坑四周出现裂缝，监理工程师书面通知总承包单位"停止施工，并要求撤离现场，施工人员查明原因"时，施工总承包单位拒不执行监理工程师指令，没有及时采取有效措施避免基坑严重坍塌安全事故的发生。

图 9-1 为监理工程建设安全生产监控框图。

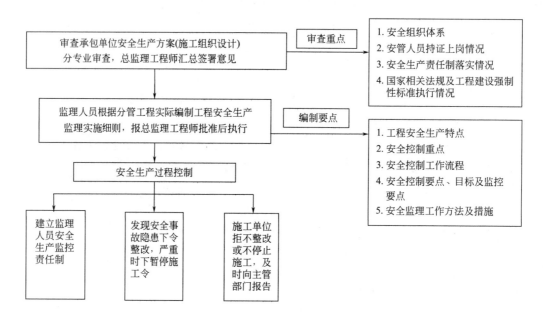

图 9-1　监理工程建设安全生产监控框图

图 9-2 为监理施工安全监控程序框图。

【案例 5】

某工程，建设单位委托监理单位承担施工阶段的监理任务，总承包单位按照施工合同约定选择了设备安装分包单位。在合同履行过程中发生如下事件：

事件 1：工程开工前，总承包单位在编制施工组织设计时认为修改部分施工图设计可以使施工更方便、质量和安全更易保证，遂向项目监理机构提出了设计变更的要求。

事件 2：专业监理工程师检查主体结构施工时，发现总承包单位在未向项目监理机构报审危险性较大的预制构件起重吊装专项方案的情况下已自行施工，现场没有安全管理人员。于是总监理工程师下达了监理通知单。

事件 3：专业监理工程师在现场巡视时，发现设备安装分包单位违章作业，有可能导致发生重大质量事故。总监理工程师口头要求总承包单位暂停分包单位施工，但总承包单位未予执行。总监理工程师随即向总承包单位下达了工程暂停令，总承包单位向该设备安装分包单位转发工程暂停令前，发生了设备安装质量事故。

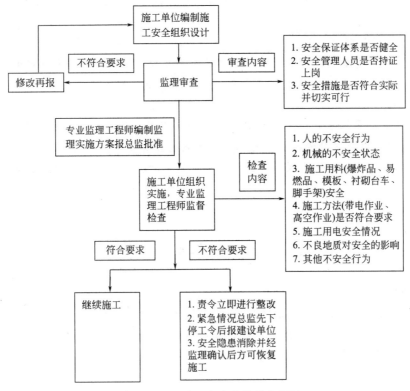

图 9-2　监理施工安全监控程序框图

【问题】

（1）针对事件 1 中总承包单位提出的设计变更要求，写出项目监理机构的处理程序。

（2）根据《建设工程安全生产管理条例》规定，事件 2 中起重吊装专项方案需经哪些人签字后方可实施？

（3）指出事件 2 中总监理工程师的做法是否妥当？说明理由。

（4）事件 3 中总监理工程师是否可以口头要求暂停施工？为什么？

（5）就事件 3 中所发生的质量事故，指出建设单位、监理单位、总承包单位和设备安装分包单位各自应承担的责任，说明理由。

【参考答案】

（1）处理程序如下：

① 总监理工程师组织专业监理工程师审查总承包单位提交的设计变更要求；

② 若审查后同意总承包单位的设计变更申请，按下列程序进行：项目监理机构将审查意见提交给建设单位；项目监理机构取得设计变更文件后，结合实际情况对变更费用和工期进行评估；总监理工程师就评估情况与建设单位和总承包单位协商；总监理工程师签发工程变更单；

③ 若审查后不同意总承包单位的设计变更申请，应要求施工单位按原设计图纸施工。

（2）专项施工方案需经总承包单位技术负责人、总监理工程师签字后方可实施。

（3）不妥；理由：承包单位起重吊装专项方案没有报审，现场没有专职安全生产管理人员，依据《建设工程安全生产管理条例》，总监理工程师应下达工程暂停令，并及时报告建设单位。

（4）可以；理由：紧急情况下，总监理工程师可以口头下达暂停施工指令，但在规定的时间内应书面确认。

（5）四方责任及理由如下：

① 建设单位没有责任；理由：因质量事故是由于分包单位违章作业造成的；

② 监理单位没有责任；理由：因质量事故是由于分包单位违章作业造成的，且监理单位已按规定履行了职责；

③ 总承包单位承担连带责任；理由：工程分包不能免除总承包单位的任何质量责任和义务，总承包单位没有对分包单位的施工实施有效的监督管理；

④ 分包单位应承担责任；理由：因质量事故是由于其违章作业直接造成的。

本 章 作 业

一、单选题

1. 根据《建设工程安全生产条例》，属于工程建设单位安全职责的有（　　）。
   A. 组织事故抢救，保护事故现场及相关证据
   B. 需要进行爆破作业的，申请办理批准手续
   C. 提出保障作业人员安全和防范事故发生的措施建议
   D. 发现存在严重安全事故隐患拒不停工时，及时报告主管部门

2. 根据《建设工程安全生产管理条例》，建设单位的安全责任是（　　）。
   A. 编制工程概算时，应确定建设工程安全作业环境及安全施工措施所需费用
   B. 采用新工艺时，应提出保障施工作业人员安全的措施
   C. 采用新技术、新工艺时，应对作业人员进行相关的安全生产教育培训
   D. 工程施工前，应审查施工单位的安全技术措施

3. 根据《建设工程安全生产管理条例》，工程监理单位和监理工程师应按照法律、法规和（　　）实施监理，并对建设工程安全生产承担管理责任。
   A. 工程监理合同　　　　　　　　　B. 建设工程合同
   C. 设计文档　　　　　　　　　　　D. 工程建设强制性标准

4. 在施工现场安装、拆卸施工起重机械、整体提升脚手架、模板等自升式架设设施，必须由（　　）承担。
   A. 总承包单位　　　　　　　　　　B. 使用设备的分包单位
   C. 具有相应资质单位　　　　　　　D. 设备出租单位

5. 根据《建设工程安全生产管理条例》，下列达到一定规模的危险性较大的分部分项工程中，需由施工单位组织专家对专项施工方案进行论证、审查的是（　　）。
   A. 起重吊装工程　　B. 脚手架工程　　C. 高大模板工程　　D. 拆除、爆破工程

6. 房地产公司甲的下列做法中，符合安全生产法律规定的是（　　）。
   A. 要求施工企业购买其指定的不合格消防器材
   B. 申请施工许可证时没有提供保障工程安全施工措施的资料
   C. 甲向施工企业提供的地下工程资料不准确

D. 甲在拆除工程施工 15 日前将相关资料报送有关部门

二、多项选择题

1. 根据《建设工程安全生产管理条例》，施工单位对因建设工程施工可能造成损害的毗邻（　　），应当采取专项防护措施。

    A. 施工现场临时设施　　　　　　　　B. 建筑物

    C. 构筑物　　　　　　　　　　　　　D. 地下管线

    E. 施工现场道路

2. 下列建设工程安全生产责任中，属于工程监理单位安全职责的有（　　）。

    A. 编制安全技术措施或专项施工方案

    B. 对施工现场的安全生产责任负总责

    C. 出现安全事故，负责成立事故调查组

    D. 审查安全技术措施或专项施工方案

    E. 对施工安全事故隐患提出整改要求

3. 建设单位的安全责任包括（　　）。

    A. 向施工单位提供地下管线资料　　　B. 依法履行合同

    C. 提供安全生产费用　　　　　　　　D. 不推销劣质材料设备

    E. 对分包单位安全生产全面负责

4. 关于建设单位安全责任的说法，正确的有（　　）。

    A. 不得压缩合同的工期

    B. 确保地下管线的安全

    C. 需要临时占用规划批准范围以外场地的，办理批准手续

    D. 申请施工许可证时应当提供有关安全施工措施的资料

    E. 审查专项施工方案

三、案例分析

【案例分析 1】

某实施监理的工程，建设单位与甲施工单位按《施工合同（示范文本）》签订了合同，合同工期 2 年。经建设单位同意，甲施工单位将其中的专业工程分包给乙施工单位。

工程实施过程中发生以下事件：

事件 1：甲施工单位在基础工程施工时发现，现场条件与施工图不符，遂向项目监理机构提出变更申请。总监理工程师指令甲施工单位暂停施工后，立即与设计单位联系，设计单位同意变更，但同时表示无法及时提交变更后的施工图。总监理工程师将此事报告建设单位，建设单位随即要求总监理工程师修改施工图并签署变更文件，交给甲施工单位执行。

事件 2：专业监理工程师巡视时发现，乙施工单位未按审查后的施工方案施工，存在工程质量、安全事故隐患。总监理工程师分别向甲、乙施工单位发出整改通知，甲、乙施工单位既不整改也未回函答复。

【问题】

（1）分别指出事件 1 中总监理工程师和建设单位做法的不妥之处。写出该变更的正确处理程序。

（2）事件 2 中，总监理工程师分别向甲、乙施工单位发出整改通知是否正确？分别说明理由。在发出整改通知后，甲、乙施工单位既不整改也未回函答复，总监理工程师应采取什

么措施？

【案例分析2】

某监理工程，施工过程中发生如下事件：

事件1：施工单位在编制搭设高度为28m的脚手架工程专项施工方案的同时，项目经理即安排施工人员开始搭设脚手架，并兼任施工现场安全生产管理人员，总监理工程师发现后立即向施工单位签发了监理通知单要求整改。

事件2：在脚手架拆除过程中，发生坍塌事故，造成施工人员3人死亡、5重伤、7人轻伤。事故发生后，总监理工程师立即签发了监理通知单，并按规定向监理单位负责人报告了事故情况。

事件3：由建设单位负责采购的一批钢筋进场后，施工单位发现其规格型号与合同约定不符，项目监理机构按程序对这批钢筋进行了处置。

【问题】

（1）指出事件1中施工单位做法的不妥之处，写出正确做法。

（2）指出事件2中总监理工程师做法的不妥之处，写出正确做法。

（3）事件3中，项目监理机构应如何处置该批钢筋？

第 10 章　建设工程监理文件

10.1　建设工程监理文件概述

10.1.1　建设工程监理文件的构成

建设工程监理工作文件主要是指监理单位投标时编制的监理大纲、监理合同签订以后编制的监理规划和专业监理工程师编制的监理实施细则。工程监理文件构成见表 10-1。

表 10-1　工程监理文件构成

监理大纲	又称监理方案,它是监理单位在业主开始委托监理的过程中,在业主进行监理招标过程中,为承揽到监理业务而编写的监理方案性文件	
	作用	使业主认可监理大纲中的监理方案,从而承揽到监理业务
		为项目监理机构今后开展监理工作制定基本的方案
	编制人员	监理单位经营部门或技术管理部门人员,也应包括拟定的总监理工程师
监理规划	监理单位接受业主委托并签订委托监理合同之后,在项目总监理工程师的主持下,根据委托监理合同,在监理大纲的基础上,结合工程的具体情况,广泛收集工程信息和资料的情况下制定,经监理单位技术负责人批准,用来指导项目监理机构全面开展监理工作的指导性文件	
	从内容范围上讲,监理大纲与监理规划都是围绕着整个项目监理机构所开展的监理工作来编写的,监理规划的内容要比监理大纲更翔实、更全面	
监理实施细则	在监理规划的基础上,由项目监理机构的专业监理工程师针对建设工程中某一专业或某一方面的监理工作编写,并经总监理工程师批准实施的操作性文件	
	作用	指导本专业或本子项目具体监理业务的开展
三者之间的关系	三者是相互关联的,都是建设工程监理工作文件的组成部分,存在着明显的依据性关系;在编写规划时,一定要严格根据监理大纲的有关内容来编写;在制定监理实施细则时,一定要在监理规划的指导下进行	
	一般来说,监理单位开展监理活动应当编制以上工作文件,对于简单的监理活动只编写监理实施则就可以了,有的建设工程也可以制定较详细的监理规划,不再编写监理实施细则	

10.1.2　建设工程监理大纲

建设工程监理大纲是工程监理单位在工程施工监理项目招标过程中为承揽到工程监理业务而编写的监理技术性方案文件。根据各方面的技术标准、规范的规定,结合实际,阐述对该工程监理招标文件的理解,提出工程监理工作的目标,制定相应的监理措施,使建设单位认可监理方案。建设工程监理大纲是监理机构开展监理工作的最基本的参考方案,包括实施的监理程序和方法,明确完成时限、分析监理重难点等。

10.1.2.1 监理大纲的特点

（1）总体的计划性、规划性，不具有实际操作性，以指导性为主。

（2）技术及管理的初步方案。

（3）内容相对具体，涉及全过程。

（4）展示监理业务水平、企业管理能力。

（5）修改完善受到开标时间的限制。

10.1.2.2 监理大纲的内容

（1）工程概述　包括建设单位、工程名称、工程地址、工程规模等。

（2）监理依据和监理工作内容

① 监理依据。

② 监理工作内容。可概括为"三控两管一协调"和安全生产管理。

（3）建设工程监理实施方案　是监理评标的重点，建设单位一般会特别关注工程监理单位资源的投入：一方面是项目监理机构的设置和人员配备；另一方面是监理设备配置。

实施方案主要内容包括以下几方面。

① 针对建设单位委托监理工程特点，拟定监理工作指导思想、工作计划。

② 主要管理措施、技术措施以及控制要点。

③ 拟采用的监理方法和手段。

④ 监理工作制度和流程。

⑤ 监理文件资料管理和工作表式。

⑥ 拟投入的资源等。

（4）建设工程监理难点、重点及合理化建议　是整个投标文件的精髓。

【例题1】下列关于监理大纲、监理规划和监理实施细则之间关系的表述中，正确的是（B）。

A. 监理大纲的内容比监理规划的内容更全面、更翔实

B. 监理实施细则应在监理规划的基础上进行编写

C. 监理大纲应按监理规划的有关内容编写

D. 三者编写顺序为监理规划、监理大纲和监理实施细则

【例题2】下列关于监理大纲、监理规划、监理实施细则的表述中，错误的是（B）。

A. 它们共同构成了建设工程监理工作文件

B. 监理单位开展监理活动必须编制上述文件

C. 监理规划依据监理大纲编制

D. 监理实施细则经总监理工程师批准后实施

10.1.3 建设工程监理规划

10.1.3.1 建设工程监理规划概述

（1）建设工程监理规划的概念　建设工程监理规划（以下简称监理规划）是监理单位根据监理合同所确定的监理范围，结合项目具体情况，在广泛收集工程信息的情况下编制的指导项目监理机构全面开展监理业务工作的纲领性文件。

监理规划和施工组织设计一样，具有很强的针对性、指导性。每个项目的监理规划既要

考虑项目自身的本质特点，也要根据承担这个项目监理工作的工程项目监理单位的情况来编制，只有这样，监理规划才有针对性，才能真正起到指导作用，才是可行的。在工程监理规划中要明确规定项目监理组织在工程实施过程中，每个阶段要做什么工作，谁来做这些工作；在什么时间和什么地点做这些工作，怎样才能做好这些工作。只有这样监理规划才能起到有效的指导作用，真正成为项目监理组织进行各项工作的依据，也才称之为纲领性文件。

（2）建设工程监理规划的作用

① 指导项目监理机构全面开展监理工作。监理规划的基本作用就是指导项目监理机构全面开展监理工作。建设工程监理的中心目的是协助业主实现建设工程的总目标。监理规划需要对项目监理机构开展的各项监理工作做出全面、系统的组织和安排，包括确定监理工作目标，制定监理工作程序，确定目标控制、合同管理、信息管理、组织协调等各项措施和确定各项工作的方法和手段。

② 监理规划是建设监理主管机构对监理单位监督管理的依据。政府建设监理主管机构对建设工程监理单位要进行核查和考评以确认它的资质和资质等级，政府建设监理主管机构对监理单位进行考核时，十分重视对监理规划的检查，监理规划是政府建设监理主管机构监督、管理和指导监理单位开展监理活动的重要依据。

③ 监理规划是业主确认监理单位履行合同的主要依据。建设单位不但需要而且应当了解和确认监理单位的工作。有权监督监理单位全面、认真执行监理合同。监理规划是建设单位了解和确认这些问题的最好资料，是建设单位确认监理单位是否履行监理合同的主要说明性文件。

④ 监理规划是监理单位内部考核的依据和重要的存档资料。监理单位需要对各项目监理机构的工作进行考核，其主要依据就是经过内部主管负责人审批的监理规划。监理规划的内容随着工程的进展而逐步调整、补充和完善。

（3）监理规划的编写

① 监理规划编写的依据。工程建设方面的法律、法规；政府批准的工程建设文件；建设工程监理合同；其他建设工程合同；监理大纲。

② 监理规划编写的要求。

a. 监理规划的内容应具有针对性、指导性和可操作性。监理规划作为指导项目监理机构全面开展监理工作的纲领性文件，监理规划是指导某一个特定建设工程监理工作的技术组织文件，它的具体内容应与这个建设工程相适应，具体内容应具有针对性，同时要具备指导性和可操作性。监理规划要能够对有效实施建设工程监理做好指导工作，使项目监理机构能圆满完成所承担的建设工程监理任务。监理规划编写阶段可按工程实施的各阶段来划分。

b. 总监理工程师组织编制监理规划，由专业监理工程师共同参与编写。监理规划的编写还应听取建设单位的意见，以便能最大限度满足其合理要求。

c. 监理规划应把握工程项目运行脉搏，随着工程进展进行不断的补充、修改和完善。

d. 监理规划应有利于建设工程监理合同的履行。

e. 监理规划的表达方式应当标准化、格式化。编写监理规划应当采用什么表格、图示以及哪些内容需要采用简单的文字说明应当作出统一规定。

f. 编制监理规划要考虑时效性。监理规划应在签订建设工程监理合同及收到工程设计文件后由总监理工程师组织编制，并应在召开第一次工地会议 7 天前报建设单位。监理规划报送前还应由监理单位技术负责人审核签字。

g. 监理规划经审核批准后方可实施。监理规划在编写完成后需进行审核并经批准。监理单位的技术管理部门是内部审核单位，技术负责人应当签认，同时，还应当按工程监理合同约定提交给建设单位，由建设单位确认。

10.1.3.2 建设工程监理规划的内容及其审核

监理规划比监理大纲在内容与深度上更为详细和具体，监理大纲是编制监理规划的依据。在项目总监理工程师的主持下，以监理合同、监理大纲为依据，根据项目的特点和具体情况，充分收集与项目建设有关的信息和资料，结合监理单位自身情况认真编制，其主要内容包括以下几方面。

（1）监理规划的内容

① 建设工程概况。

② 监理工作范围和工作的主要内容。监理工作范围是指监理单位所承担的监理任务的工程范围。监理工作范围要根据监理合同的要求明确是全部工程项目，还是某些事项或标段的建设监理，写明建设单位的授权范围。在订立建设工程监理合同时，建设单位将勘察、设计、保修阶段等相关服务一并委托的，应在合同中明确相关服务的工作范围、内容、服务期限和酬金等相关条款。监理各阶段的主要工作内容见表 10-2。

表 10-2　监理各阶段的主要工作内容

阶段	监理工作的主要内容
立项阶段	（1）协助业主准备工程报建手续； （2）可行性研究咨询/监理； （3）技术经济论证； （4）编制建设工程投资估算
设计阶段	（1）结合建设工程特点，收集设计所需的技术经济资料； （2）编写设计要求文件； （3）组织建设工程设计方案竞赛或设计招标，协助业主选择好勘察设计单位； （4）拟定和商谈设计委托合同内容； （5）向设计单位提供设计所需的基础资料； （6）配合设计单位开展技术经济分析，搞好设计方案的比选，优化设计； （7）配合设计进度，组织设计单位与有关部门，如消防、环保、土地、人防、防汛、园林以及供水、供电、供气、供热、电信等部门的协调工作； （8）组织各设计单位之间的协调工作； （9）参与主要设备、材料的选型； （10）审核工程估算、概算、施工图预算； （11）审核主要设备、材料清单； （12）审核工程设计图纸，检查设计文件是否符合设计规范及标准，检查施工图纸是否满足施工需要； （13）检查和控制设计进度； （14）组织设计文件的报批
施工招标阶段	（1）拟定建设工程施工招标方案并征得业主同意； （2）准备建设工程施工招标条件； （3）办理施工招标申请； （4）协助业主编写施工招标文件； （5）标底经业主认可后，报送所在地方建设主管部门审核； （6）协助业主组织建设工程施工招标工作； （7）组织现场勘察与答疑会，回答投标人提出的问题； （8）协助业主组织开标、评标及定标工作； （9）协助业主与中标单位商签施工合同

阶段	监理工作的主要内容	
材料、设备采购供应	对于由业主负责采购供应的材料、设备等物资,监理工程师应负责制定计划,监督合同的执行和供应工作,包括: (1)制定材料、设备供应计划和相应的资金需求计划; (2)通过质量、价格、供货期、售后服务等条件的分析和比选,确定材料、设备等物资的供应单位,重要设备应访问现有使用用户,并考察生产单位的质量保证体系; (3)拟定并商签材料、设备的订货合同; (4)监督合同的实施,确保材料、设备的及时供应	
施工准备阶段	(1)审查施工单位选择的分包单位的资质; (2)监督检查施工单位质量保证体系及安全技术措施,完善质量管理程序与制度; (3)参加设计单位向施工单位的技术交底; (4)审查施工单位上报的实施性施工组织设计,重点对施工方案、劳动力、材料、机械设备的组织及保证工程质量、安全、工期和控制造价等方面的措施进行监督,并向业主提出监理意见; (5)在单位工程开工前检查施工单位的复测资料,特别是两个相邻施工单位之间的测量; (6)对所有的隐蔽工程在进行隐蔽以前进行检查和办理签证,对重点工程要派监理人员驻点跟踪监理,签署重要的分项工程、分部工程和单位工程质量评定表; (7)对施工测量、放样等进行检查,对发现的质量问题应及时通知施工单位纠正,并做好监理记录; (8)检查确认运到现场的工程材料、构件和设备质量,并应查验试验或化验报告单、出厂合格证是否齐全、合格,监理工程师有权禁止不符合质量要求的材料、设备进入工地和投入使用; (9)监督施工单位严格按照施工规范、设计图纸要求进行施工,严格执行施工合同; (10)对工程主要部位、主要环节及技术复杂工程加强检查; (11)检查施工单位的工程自检工作,数据是否齐全,填写是否正确,并对施工单位质量评定自检工作作出综合评价; (12)对施工单位的检验测试仪器、设备、度量衡定期检验,不定期地进行抽查,保证度量资料的准确; (13)监督施工单位对各类土木和混凝土试件按规定进行检查和抽查; (14)监督施工单位认真处理施工中发生的一般质量事故,并认真做好监理记录; (15)对大、重大质量事故以及其他紧急情况,应及时报告业主,资料、控制桩橛是否交接清楚,手续是否完善,质量有无问题,并对贯通测量、中线及水准桩的设置、固桩情况进行审查; (16)对重点工程部位的中线、水平控制进行复查; (17)监督落实各项施工条件,审批一般单项工程、单位工程的开工报告,并报业主备查	
施工阶段	质量控制	(1)检查签证隐蔽工程; (2)检查确认材料、设备及施工方法; (3)检查施工过程工程质量; (4)对关键工序、工艺旁站监理; (5)参加评优创优活动; (6)参加工程质量事故处理等
	进度控制	(1)监督施工单位严格按施工合同规定的工期组织施工,对控制工期的重点工程,审查施工单位提出的保证进度的具体措施,如发生延误,应及时分析原因,采取对策; (2)建立工程进度台账,核对工程形象进度,按月、季向业主报告施工计划执行情况、工程进度及存在的问题
	投资控制	(1)审查施工单位申报的月、季度计量报表,认真核对其工程数量,不超计、不漏计,严格按合同规定进行计量支付签证; (2)保证支付签证的各项工程质量合格、数量准确; (3)建立计量支付签证台账,定期与施工单位核对清算; (4)按业主授权和施工合同的规定审核变更设计
	安全监理	(1)发现存在安全事故隐患的,要求施工单位整改或停工处理; (2)施工单位不整改或不停止施工的,及时向有关部门报告

阶段	监理工作的主要内容
施工验收阶段	(1)督促、检查施工单位及时整理竣工文件和验收资料,受理单位工程竣工验收报告,提出监理意见; (2)根据施工单位的竣工报告,提出工程质量检验报告; (3)组织工程预验收,参加业主组织的竣工验收
合同管理工作	(1)拟定建设工程合同体系及合同管理制度,包括合同草案的拟定、会签、协商、修改、审批、签署、保管等工作制度及流程; (2)协助业主拟定工程的各类合同条款,并参与各类合同的商谈; (3)合同执行情况的分析和跟踪管理; (4)协助业主处理与工程有关的索赔事宜及合同争议事宜
委托的其他服务	监理单位及其监理工程师受业主委托,还可承担以下几方面的服务: (1)协助业主准备工程条件,办理供水、供电、供气、电信线路等申请或签订协议; (2)协助业主制定产品营销方案; (3)为业主培训技术人员

③ 监理工作目标。建设工程监理目标是指监理单位所承担的建设工程监理控制预期达到的目标。通常以建设工程的投资、进度、质量三大目标的控制值来表示。

④ 监理工作依据。工程建设方面的法律、法规;政府批准的工程建设文件;建设工程监理合同;其他建设工程合同。

⑤ 项目监理机构的组织形式。

⑥ 项目监理机构的人员配备计划。

⑦ 项目监理机构的人员岗位职责。

⑧ 监理工作程序,包括监理工作流程图。

⑨ 监理工作方法及措施。监理工作方法及措施见表 10-3。

表 10-3 监理工作方法及措施

监理工作方法及措施	投资目标控制	(1)投资目标分解			按投资费用组成分解;按年度、季度分解;按建设工程实施阶段分解;按建设工程组成分解
		(2)投资使用计划			
		(3)投资目标实现的风险分析			
		(4)工作流程与措施	工作流程图		
			具体措施	组织措施	建立健全项目监理机构,完善职能分工及有关制度,落实投资控制责任
				技术措施	在设计阶段,推行限额设计和优化设计;在招标投标阶段,合理确定标底及合同价;对材料、设备采购,通过质量价格比选,合理确定生产供应单位;在施工阶段,通过审核施工组织设计和施工方案,使组织施工合理化
				经济措施	及时进行计划费用与实际费用的分析比较,对原设计或施工方案提出合理化建议并被采用,由此产生的投资节约按合同规定予以奖励
				合同措施	按合同条款支付工程款,防止过早、过量的支付,减少施工单位的索赔,正确处理索赔事宜等
		(5)投资控制的动态比较			投资目标分解值与概算值的比较;概算值与施工图预算值的比较;合同价与实际投资的比较
		(6)投资控制表格			

续表

监理工作方法及措施	进度目标控制	(1)工程总进度计划		
		(2)总进度目标分解	年度、季度进度目标;各阶段的进度目标;各子项目进度目标	
		(3)进度目标实现的风险分析		
		(4)工作流程与措施	工作流程图	
			具体措施	组织措施：落实进度控制责任,建立进度控制协调制度
				技术措施：建立多级网络计划体系,监控承建单位的作业实施计划
				经济措施：对工期提前者实行奖励;对应急工程实行较高的计件单价;确保资金的及时供应等
				合同措施：按合同要求及时协调各方的进度,以确保建设工程的形象进度
		(5)进度控制的动态比较	进度目标分解值与进度实际值的比较;进度目标值的预测分析	
		(6)进度控制表格		
	质量目标控制	(1)质量控制目标的描述	设计质量、材料质量、设备质量、土建施工质量及设备安装质量控制目标;其他说明	
		(2)质量目标实现的风险分析		
		(3)工作流程与措施	工作流程图	
			具体措施	组织措施：建立健全项目监理机构,完善职责分工,制定有关质量监督制度,落实质量控制责任
				技术措施：协助完善质量保证体系;严格事前、事中和事后的质量检查监督
				经济措施及合同措施：严格质检和验收,不符合合同规定质量要求的拒付工程款;达到业主特定质量目标要求的,按合同支付质量补偿金或奖金
		(4)质量目标状况的动态分析		
		(5)质量控制表格		
	合同管理	(1)合同结构	可以以合同结构图的形式表示	
		(2)合同目录一览表		
		(3)工作流程与措施	工作流程图;具体措施	
		(4)合同执行状况的动态分析		
		(5)合同争议调解与索赔处理程序		
		(6)合同管理表格		
	信息管理	(1)信息分类表		
		(2)机构内部信息流程图		
		(3)工作流程与措施	工作流程图;具体措施	
		(4)信息管理表格		
	组织协调	(1)与建设工程有关的单位	系统内的单位	业主、设计单位、施工单位、材料和设备供应单位、资金提供单位等
			系统外的单位	政府建设行政主管机构、政府其他有关部门、工程毗邻单位、社会团体等
		(2)协调分析	建设工程系统内的单位协调重点分析;建设工程系统外的单位协调重点分析	
		(3)协调工作程序	投资控制协调程序;进度控制协调程序;质量控制协调程序;其他方面工作协调程序	
		(4)协调工作表格		

续表

监理工作方法及措施	安全监理	(1)安全监理职责描述
		(2)安全监理责任的风险分析
		(3)安全监理的工作流程和措施
		(4)安全监理状况的动态分析
		(5)安全监理工作所用图表

⑩ 监理工作制度。监理工作制度见表10-4。

表 10-4　监理工作制度

施工招标阶段	施工阶段	项目监理机构内部工作制度
(1)招标准备工作有关制度； (2)编制招标文件有关制度； (3)标底编制及审核制度； (4)合同条件拟定及审核制度； (5)组织招标事务有关制度等	(1)设计文件、图纸审查制度； (2)施工图纸会审及设计交底制度； (3)施工组织设计审核制度； (4)工程开工申请审批制度； (5)工程材料、半成品质量检验制度； (6)隐蔽工程分项(部)工程质量验收制度； (7)单位工程、单项工程总监验收制度； (8)设计变更处理制度； (9)工程质量事故处理制度； (10)施工进度监督及报告制度； (11)监理报告制度； (12)工程竣工验收制度； (13)监理日志和会议制度	(1)监理组织工作会议制度； (2)对外行文审批制度； (3)监理工作日志制度； (4)监理周报、月报制度； (5)技术、经济材料及档案管理制度； (6)监理费用预算制度

⑪ 监理设施。业主提供满足监理工作需要的办公设施、交通设施、通信设施、生活设施。

根据建设工程类别、规模、技术复杂程度、建设工程所在地的环境条件，按监理合同的约定，配备满足监理工作需要的常规检测设备和工具。

【例题3】下列关于监理规划作用的表述中，错误的是（B）。

A. 监理规划的基本作用是指导项目监理机构全面开展监理工作

B. 监理规划是政府建设主管部门对监理单位在设立时审查的主要材料

C. 监理规划是业主了解和确认监理单位履行合同的依据

D. 监理规划是监理单位内部考核的依据和重要的存档资料

【例题4】由项目监理机构的专业监理工程师编写，并经总监理工程师批准实施的监理文件是（C）。

A. 监理大纲　　　B. 监理规划　　　C. 监理实施细则　　D. 监理合同

【例题5】监理规划中，建立健全项目监理机构，完善职责分工，落实质量控制责任，属于质量控制的（D）措施。

A. 技术　　　　　B. 经济　　　　　C. 合同　　　　　D. 组织

【例题6】下列监理工程师对质量控制的措施中，属于技术措施的是（D）。

A. 落实质量控制责任　　　　　　　B. 制定质量控制协调程序

C. 严格质量控制工作流程　　　　　D. 严格进行平行检验

【例题7】下列关于建设工程监理规划编写要求的表述中，正确的有（ ACD ）。

A. 监理工作的组织、控制、方法、措施等是必不可少的内容

B. 由总监理工程师组织监理单位技术管理部门人员共同编制

C. 要随着建设工程的展开进行不断的补充、修改和完善

D. 可按工程实施的各阶段来划分编写阶段

E. 留有必要的时间，以便监理单位技术负责人进行审核签认

（2）监理规划的审核内容　监理单位技术管理部门是内部审核单位，其技术负责人应当签认。

① 监理范围、工作内容及监理目标的审核。是否理解建设单位的工程建设意图；监理范围、监理工作内容是否已包括全部委托的工作任务；监理目标是否与建设工程监理合同要求和建设意图相一致。

② 项目监理机构的审核。

a. 组织机构方面。组织形式、管理模式等是否合理，是否已结合工程实施特点，是否能够与建设单位的组织关系和施工单位的组织关系相协调等。

b. 人员配备方面。派驻监理人员的专业满足程度，人员数量的满足程度，专业人员不足时采取的措施是否恰当，派驻现场人员计划表。

③ 工作计划的审核。在工程进展中各个阶段的工作实施计划是否合理、可行，审查其在每个阶段中如何控制建设工程目标以及组织协调方法。

④ 工程质量、造价、进度控制方法的审核。对三大目标控制方法和措施应重点审查，看其如何应用组织、技术、经济、合同措施保证目标的实现，方法是否科学、合理、有效。

⑤ 对安全生产管理监理工作内容的审核。审核安全生产管理的监理工作内容是否明确；是否制定了相应的安全生产管理实施细则；是否建立了对施工组织设计、专项施工方案的审查制度；是否建立了对现场安全隐患的巡视检查制度；是否建立了安全生产管理状况的监理报告制度；是否制定了安全生产事故的应急预案等。

⑥ 监理工作制度的审核。主要审查项目监理机构内、外工作制度是否健全、有效。

⑦ 监理设施的审核。按监理合同的约定，是否配备满足监理工作需要的常规检测设备和工具。

【案例1】

某工程监理合同签订后，监理单位负责人对该项目监理工作提出以下四点要求：

（1）监理合同签订后的30天内应将项目监理机构的组织形式、人员构成及总监理工程师的任命书面通知建设单位。

（2）监理规划的编制要依据建设工程的相关法律、法规，项目审批文件、有关建设工程项目的标准、设计文件、技术资料，监理大纲、监理合同文件和施工组织设计。

（3）监理规划中不需编制有关安全生产监理的内容，但需针对危险性较大的分部分项工程编制监理实施细则。

（4）总监理工程师代表应在第一次工地会议上介绍监理规划的主要内容，并委托给总监理工程师代表以下工作。

① 组织编制监理规划，第一次工地会议后尽快提交建设单位；

② 签发工程款支付证书，调解建设单位与承包单位的合同争议。

【问题】

（1）指出监理单位负责人所提要求中的不妥之处，写出正确做法。

（2）指出总监理工程师授权总监理工程师代表工作的不妥之处，写出正确做法。

【参考答案】

（1）监理单位负责人所提要求的不妥之处如下：

① 监理合同签订后的 30 天内应将项目监理机构的组织形式、人员构成及总监理工程师的任命书面通知建设单位不妥，应在 10 天内；

② 施工组织设计作为监理规划编制依据不妥，应将有关建设工程合同文件作为编制依据；

③ 监理规划中不需编制有关安全生产监理的内容不妥，在监理规划中应编制安全生产监理的相关内容；

④ 监理规划在第一次工地会议后提交建设单位不妥，应在第一次工地会议前提交。

（2）总监理工程师代表组织编制监理规划不妥，应由总监理工程师组织编制监理规划；签发工程款支付证书，调解建设单位与承包单位的合同争议不妥，应由总监理工程师签发、调解。

【案例 2】

某工程建设单位与监理单位签订了设计施工阶段监理合同。设计工作开始前，建设单位要求监理单位提交监理规划，总监理工程师解释说：本工程目前设计工作还未开始，施工图纸还未完成，资料不全，不好编写监理规划，施工开始前再提交监理规划，建设单位同意。

【问题】

（1）总监理工程师的做法是否正确？为什么？

（2）监理规划与监理大纲是两份不同的监理文件，说明二者的不同点。

【参考答案】

（1）总监理工程师说法不正确。监理规划作为指导监理机构开展监理活动的领导性文件，应在监理工作开展前编制完成，该工程业主委托监理单位进行设计和施工两个阶段的监理工作，监理单位应在设计工作开始前编写设计阶段监理规划，在施工开始前应编写施工监理规划，两者是不能相互替代的。

（2）不同点如下：

① 作用不同：监理大纲的作用是，承揽监理任务，为今后开展监理工作提供方案，为编写规划提供直接依据；监理规划的作用是，指导项目监理机构全面开展监理工作，监理主管机构对监理单位实施监督的依据，建设单位确认监理单位履行监理合同的依据，监理单位的存档资料；

② 编写时间不同：监理大纲是在建设单位要求的投标时间之前编写的；监理规划应在签订监理合同后开始编写（施工监理规划还要求收到设计文件后开始编写）；

③ 编写主持人不同：监理规划的编写应由总监理工程师组织专业监理工程师参加编制；监理大纲编制人员为监理单位指定人员或该单位的技术管理部门。

10.1.4 建设工程监理实施细则

10.1.4.1 监理实施细则编写依据和要求

监理实施细则是在监理规划指导下，在落实各专业的监理责任后，由专业监理工程师针对项目的具体情况制定的更具有实施性和可操作性的业务文件。它起着指导监理业务开展的作用。

（1）监理实施细则编写依据　已批准的建设工程监理规划；与专业工程相关的标准、设计文件和技术资料；施工组织设计、（专项）施工方案。

（2）监理实施细则编写要求　《监理规范》规定，采用新材料、新工艺、新技术、新设备的工程，以及专业性较强、危险性较大的分部分项工程，应编制监理实施细则。监理实施细则应符合监理规划的要求，并应结合工程专业特点，做到详细具体、具有可操作性。

监理实施细则可随工程进展编制，应在相应工程开始前由专业监理工程师编制完成，并经总监理工程师审批后实施。从监理实施细则目的角度，监理实施细则应该内容全面，针对性强，可操作性强。

10.1.4.2　监理实施细则主要内容

（1）专业工程特点　专业工程特点是指需要编制监理实施细则的工程专业特点，而不是简单的工程概述。

（2）监理工作流程　监理工作流程是结合工程相应专业制定的具有可操作性和可实施性的流程图。不仅涉及最终产品的检查验收，更多地涉及施工中各个环节及中间产品的监督检查与验收。

（3）监理工作要点　监理工作控制要点及目标值是对监理工作流程中工作内容的增加和补充，应将流程图设置的相关监理控制点和判断点进行详细而全面的描述。将监理工作目标和检查点的控制指标、数据和频率等阐明清楚。

（4）监理工作方法及措施　监理规划中的方法是针对工程总体概括要求的方法和措施，监理实施细则中的监理工作方法和措施是针对专业工程而言，应更具体、更具有可操作性和可实施性。

① 监理工作方法。监理工程师通过旁站、巡视、见证取样、平行检测等监理方法，对专业工程作全面监控，对每一个专业工程的监理实施细则，其工作方法必须详尽阐明。

除上述四种常规方法外，监理工程师还可采用指令文件、监理通知、支付控制手段等方法实施监理。

② 监理工作措施。各专业工程的控制目标要有相应的监理措施以保证控制目标的实现。根据措施实施内容不同，可将监理工作措施分为技术措施、经济措施、组织措施和合同措施。根据措施实施时间不同，可将监理工作措施分为事前控制措施、事中控制措施及事后控制措施。

10.1.4.3　监理实施细则报审

（1）监理实施细则报审程序　《监理规范》规定，监理实施细则可随工程进展编制，但必须在相应工程施工前完成，并经总监理工程师审批后实施。

（2）监理实施细则的审核内容

① 编制依据、内容的审核。

a.监理实施细则的编制是否符合监理规划的要求，是否符合专业工程相关的标准，是否符合设计文件的内容，与提供的技术资料是否相符合，是否与施工组织设计、（专项）施工方案使用的规范、标准、技术要求相一致。

b.监理的目标、范围和内容是否与监理合同和监理规划相一致，编制的内容是否涵盖专业工程的特点、重点和难点，内容是否全面、翔实、可行，是否能确保监理工作质量等。

② 项目监理人员的审核。

a. 组织方面。组织方式、管理模式是否合理，是否结合专业工程的具体特点，是否便于监理工作的实施，制度、流程上是否能保证监理工作，是否与建设单位和施工单位相协调等。

b. 人员配备方面。人员配备的专业满足程度、数量等是否满足监理工作的需要，专业人员不足时采取的措施是否恰当，是否有操作性较强的现场人员计划安排表等。

③ 监理工作流程、监理工作要点的审核。监理工作流程是否完整、翔实，节点检查验收的内容和要求是否明确，监理工作流程是否与施工流程相衔接；监理工作要点是否明确、清晰，目标值控制点设置是否合理、可控等。

④ 监理工作方法和措施的审核。监理工作方法是否科学、合理、有效，监理工作措施是否具有针对性、可操作性、安全可靠，是否能确保监理目标的实现等。

⑤ 监理工作制度的审核。针对专业建设工程监理，其内、外监理工作制度是否能有效保证监理工作的实施，监理记录、检查表格是否完备等。

10.2 某工程项目监理规划（范例）

目 录

　　10.7　工地会议

11　监理工作制度

12　监理工作设施

1　工程项目概况

1.1　工程概况

1.1.1　工程名称：××工程。

1.1.2　建设地点：（略）。

1.1.3　工程规模：三栋主楼总建筑面积为 $7809.12m^2$，其中 $16^\#$、$17^\#$、$18^\#$ 楼地上 4 层，地上一层为商铺，层高 4.8m，二层及以上为住宅，层高 3.0m，建筑高度 16.2m。

1.1.4　工程建设相关单位：

① 建设单位（业主）：××房地产开发公司

② 设计单位：××建筑设计有限责任公司

③ 地质勘探单位：××土木勘察检测治理有限公司

④ 施工单位：中铁××局第××工程有限公司

⑤ 监理单位：××监理咨询有限责任公司

1.2　主要工程内容

本工程结构形式为框架结构，建筑工程等级为三级，建筑设计使用年限为 50 年，耐火等级为二级，屋面防水等级为二级，抗震设防烈度为 6 度。

基础：采用人工开挖，采用独立柱基、条基，地基承载力特征值 220kPa。

墙体：围护墙体采用页岩多孔砖砌筑。

水电工程内容包括：室内给水、排水系统、雨水系统。

1.3　业主工程目标

① 施工质量目标：

达到国家相关专业施工验收规范中的合格标准。

② 施工进度目标：

总工期＿＿＿个日历天（或 201×年＿＿＿月＿＿＿日开工，201×年＿＿＿月＿＿＿日完工）。

③ 业主隐含目标：

努力降低工程投资，控制工程投资总额；严管安全文明施工，防控重大安全事故。

2　监理工作范围

本项目工程监理服务范围为××工程的施工准备阶段、施工阶段、竣工验收阶段（及缺陷责任期内）的全部监理工作，包括受委托监理工程的施工准备阶段监理、工程建设实施阶段监理、工程竣工验收阶段监理和缺陷责任期阶段监理。如果项目监理合同已明确，监理工作范围可能还包括协助招标投标、材料采购、设备监造等。

3　监理工作内容

3.1　监理工作主要内容（按监控对象）

（略）。

3.2　监理工作具体内容（按施工阶段分）

3.2.1　施工准备阶段监理工作内容

(1) 熟悉工程项目设计图纸文件与施工承包合同；

(2) 参加业主组织的或受业主委托组织有关单位（包括设计单位、承包商等）进行设计交底和组织图纸会审，并将整理的材料或纪要报业主备案；

（3）督促业主按合同规定落实必须提供的施工条件，组织向承包商移交施工场地；检查承包商的开工准备情况；

（4）依据施工承包合同中确定的工程控制性进度计划（工程总工期），审查并批准承包商提交的施工进度计划；

（5）审查并批准承包商提交的施工组织设计、施工技术方案、技术措施等；

（6）审查并确认分包商资质；

（7）审查承包商安全生产许可证、质量/安全保证体系、施工管理人员上岗证和安全生产培训证；

（8）核查承包商特殊工种人员的上岗证；

（9）核查承包商测量仪器设备及特殊施工机械设备的检定证书；

（10）审查承包商对工程施工危害的识别与评估、施工现场紧急情况应急预案。

3.2.2　施工阶段监理工作内容

（1）质量控制

1）审查并批准承包商提交的施工组织设计（和质量计划），并将审查意见报业主备案；

2）审查承包商质量保证体系，并监督其体系的有效运行；

3）核查承包商特殊工种进场人员的人证相符，核查承包商施工人力资源（包括数量、工种、技术水平、工作能力、工作态度等）是否满足工程质量与进度的要求，核查承包商满足进度需要的施工机械设备的数量、种类、能力及实物合格状况，对不符合合同规定要求的人员和设备，有权令其更换或增添；

4）审批承包商采用的施工技术规范及施工规程等施工质量标准文件；

5）通过巡查、核验、抽检、见证、旁站等手段，督促承包商认真执行合同及标准规范的施工要求和设计图纸的规定要求，严格控制工程施工质量，特别是覆盖前的基础工程和隐蔽工程。对工程质量进行签认和评定，确保施工质量满足合同要求。主要内容包括：

① 审查用于本工程的各种工程材料、设备、构配件的质量证书（合格证、材质化验单等），必要时见证取样进行材料的试验，对于不合格产品，监督其退场；

② 审批承包商在施工过程中各工序的质量自检报审表，并在施工现场检查工序施工质量，对验收不合格的工序，要求承包商限期整改或返工，重新验收合格，方可进入下一道工序；

③ 承包商未按设计图纸、技术规范、操作规程进行施工时，及时制止并监督整改或下达监理工程师通知单直至工程暂停令，责其纠正/返工，不留隐患；

④ 对重点部位、关键工序实行旁站监理，严格监控；

⑤ 审查工程变更，监督实施已批准的工程变更；

⑥ 组织或参加工程项目施工过程中的重大技术问题的讨论或授权组织技术专题论证；

⑦ 根据国家有关验收规程和合同规定，组织隐蔽工程验收和进行分部工程验收、单位工程预验收，并监督施工单位认真整改不合格项；

⑧ 参加业主组织的阶段验收和竣工验收，审查承包商提交的阶段验收和竣工验收有关资料，依据合同签发竣工证书，参与工程移交。

（2）进度控制

1）检查承包商的开工准备情况，审批承包商的开工报审表，按照合同规定及授权，签批工程开工令；

2）依据合同中确定的工程控制性进度计划，审查并批准承包商提交的施工进度计划、资源计划，检查其实施情况，督促承包商实现计划目标；

3）若发生由于承包商的原因使工期延误时应督促承包商提出补救措施，如属于业主的原因引起工期延误，应向业主提出报告，并提出补救措施的意见供业主决策；

4）审查和批准承包商提出的施工进度计划，跟踪检查计划的实施情况，当发生实际进度与计划进度有实质性偏差时，及时向承包商发出书面指示，督促其采取有效措施追回滞后的进度，同时报告业主；

5）主持监理合同授权范围内的有关协调工作，避免和减少因施工单位之间、施工专业之间的交叉作业带来的质量进度影响；

6）对承包商月（周）进度报表提出审查意见，并将审查意见及承包商的进度报表报送业主备案。

（3）投资控制

1）根据工程进展，协助业主对接材料、设备采购供应计划和相应的资金需求计划；

2）认真进行工程计量，严格核对已完合格工程的工程量，审查承包商提交的计量申请，签发工程计量认证书，保证支付签证的各项工程质量合格、数量准确；

3）按照合同规定及业主授权，审查项目的设计变更和工程变更，分析并与各方协商确定变更的工期与费用；

4）审查承包商提交工程款支付申请，按施工合同规定，签发支付证书；

5）工程结束时，核实最终的工程量，根据设计文件和已批准的工程签证，协助业主审查承包商的最终结算申请；

6）及时收集、整理有关资料，为处理费用索赔提供证据，在维护业主利益的同时，妥善公正地处理好索赔事宜。

（4）安全监管

1）查验承包商的安全生产许可证、特殊行业施工许可证和施工企业法人、项目经理及安全员的个人安全培训考核合格证；

2）查验施工方安全生产保证体系、安全生产责任制、安全监管机构及人员配备情况；

3）在审批施工单位的施工组织设计、专项施工技术方案和业主或施工单位提出的工程变更时，要严格审查其中的安全管理内容；

4）查验施工单位安全防护、文明施工措施专项费用使用计划；

5）审查施工单位对施工过程危害风险和环境影响的识别和采取的控制措施，审查其应急预案和监督预案演练；

6）查验施工方特种作业人员（起重工、架子工、电工、焊工、爆破工、无损检测人员等）的个人资格证、岗位证；

7）查验施工方的起重机械（塔吊、提升机、吊车、桥式起重机、电动或手动葫芦等）的安全许可证报验（有效检定证）及该设备的安装单位资质；查验施工用转动机械（起吊、搅拌、振捣、试压泵等施工设备）的合格证和实物的合格状况；

8）在现场施工监理过程中，通过巡视、查验、旁站等方式，严格监管施工人员施工安全行为，做到预防为主，违规必改，纠错核验，不留隐患；

9）对在现场发现的各种人的不安全行为、物的不安全状态、不安全作业环境和管理上的安全缺陷，或有害于操作人员健康和影响周围环境的施工行为，立即要求施工方予以纠正；

10）当上款中的危害隐患较严重或施工方不及时纠正的，监理工程师及时发出监理工程师通知，督促施工方立即整改，整改合格后回复，监理人员到现场核验其效果；

11）当施工方对监理工程师通知执行不力或施工现场的危害隐患和环境影响严重到已经或可能造成施工质量/安全事故而必须停工时，总监及时下达工程暂停令（同时告知业主），责令施工方立即停工整改，整改合格并由监理工程师查验后，总监签批复工报审表；

12）对拒不停工整改的施工方，总监立即报告业主和建设行政主管部门；

13）督促和协助业主、施工单位组织特大自然灾害（地震、泥石流、长时间暴雨或暴风雪、台风、海啸等）的预防与救灾工作和重大流行性疾病的防治工作；

14）监督落实承包方在施工工地相应的显著位置设置各种规定的警示标志牌，提醒一些危险隐患、不安全行为；

15）适时编写工程监理安全情况报告，协调施工过程中有关安全事宜，参与处理施工过程中的安全违规事故。

（5）合同管理

1）协助业主管理工程承包合同的执行；掌握承包商项目负责人、技术负责人基本情况，对不能满意地履行合同的任何成员提出警告，直至向业主提出对其撤换的建议；

2）分析、研究评价承包商可能提出的索赔要求，参与研究并协助做出对索赔的处理意见；

3）参与工程合同争议、仲裁等有关问题的处理，提出必要的证据资料、意见和分析报告。

（6）信息管理

1）核实并掌握工地的各种情况，详细记录工地与工程有关的所有信息，定期向业主报告工地情况，重大或重要事项随时向业主报告；

2）按时提交监理月报，包括进度分析、质量控制、投资分析、安全状况等报告，以及各类专题报告，监理工作总结；

3）及时向业主报送监理部和承包商之间的来往文函；

4）做好有关工程资料和文件的汇总管理工作。

3.2.3 验收阶段

（1）组织工程初验，审查承包商的工程竣工资料；参加业主组织的工程竣工验收和工程移交，并对工程质量提出评估意见；

（2）做好验收记录，督促承包商及时整改验收中的不合格项；

（3）在工程竣工验收后，按规定要求向业主移交工程项目监理文件。

3.2.4 缺陷责任期阶段

（1）协助业主签订该项目的保修合同及保修终止合同；

（2）及时到现场监督承包商认真解决工程在缺陷责任期内发现的问题；

（3）监理工程师有责任在缺陷责任期内通知承包商及时到现场维修，并鉴定存在的质量问题，提出维修措施，组织承包商进行维修；

（4）监理部应对每一维修项目建立详细的保修档案；

（5）监理部协助业主进行责任期内保修结算；

（6）缺陷责任期结束后，项目监理部向业主提供保修工作总结及质量问题分析报告。

4 监理工作目标

在项目监理实施过程中，严格执行公司质量管理体系有关规定要求，以认真负责、热情主动的态度为业主提供所承担监理项目的全过程服务，为实现业主工程项目总目标，满足业主在监理合同和监理实施过程中提出的要求，切实把握住工程的关键、重点和难点，忠于职守、严格监控、协调督改、跟踪查验，促进并确保质量、安全、进度、投资等各项目标的实现。

(1) 严格监管，控制工程质量达到业主预期的国家相关标准中的合格目标，争创优质工程；

(2) 协调督促，控制工程进度达到业主预期的工期进度目标；

(3) 监管防控，全面达到安全控制要求，力争重大人身伤亡事故、重大设备事故等重大施工安全事故为零；

(4) 认真核实已完合格工程量和经批准的工程变更发生的费用，协助业主控制工程投资在工程概算之内；

(5) 尊重业主、热情服务、勤奋工作、履行合同，确保监理服务质量事故为零、监理连带责任施工质量/安全重大事故为零。

5　监理工作依据

(1)《中华人民共和国建筑法》《建设工程质量管理条例》《建设工程安全生产管理条例》等国家、行业、铁路、当地政府有关工程建设的政策法令、法律法规；

(2) 国家、行业、铁路、当地政府现行建设工程质量评定标准及验收规范等有关工程建设的标准、规范、规程、标准图；

(3) 国家工程监理标准《工程建设监理规范》(GB 50319—2013)；

(4) 建设单位提交的本项目工程设计图纸文件（设计变更通知）和经批准的工程变更文件，及建设单位在工程建设过程中对工程实施的相关要求、规定；

(5) 本项目的建设工程委托监理合同及业主在工程实施过程中对监理的附加工作要求；

(6) 建设单位与施工承包单位签订的施工承包合同；

(7) 工程实施过程中建设单位、监理单位、EPC 总承包单位、施工承包单位之间形成的会议纪要及其他文字记录；

(8) 本公司已建和在建同类工程项目的监理经验。

6　项目监理机构的组织形式

6.1　项目监理部组织机构图（略）

6.2　项目监理部组织机构主要职责划分（略）

7　项目监理机构的人员配备计划（略）

8　项目监理机构的人员岗位职责（略）

9　监理工作程序

根据本项目特点和实际情况，制订以下主要监理工作流程：

(1) 监理工作总流程（略）

(2) 施工阶段监理工作程序（略）

(3) 施工组织设计审批程序（施工技术方案比照审批）（略）

(4) 施工阶段质量控制程序（略）

(5) 施工阶段进度控制程序（略）

(6) 施工阶段投资控制程序（略）

(7) 工程变更处理程序（略）

(8) 单位工程竣工验收程序（略）

(9) 工程质量事故处理程序（略）

(10) 隐蔽工程质量控制程序（略）

(11) 旁站监理程序（略）

10 监理工作方法及措施

10.1 工程质量控制措施

10.1.1 质量管理体系和质量管理职责

1) 组建本工程项目监理部，总监对工程质量负全责，各专业监理工程师对本专业的工程质量负责；

2) 工程项目质量管理体系（略）；

3) 监理单位质量管理主要职责。

受建设单位委托，监理部负责对承包单位进行全面的质量监督管理，力求工程质量目标的实现。

① 在项目监理规划中明确质量监理内容；

② 编制项目详细的各专业、重点工程的监理实施细则，具体指导质量控制监理工作；

③ 督促承包人建立健全质量管理体系，并保证其正常运行；

④ 确定各专业监理人员的质量职责；

⑤ 按照监理合同中建设单位的委托和授权，严格监控施工质量。

10.1.2 质量控制的原则

1) 工程质量是整个工程项目建设的核心，更是建设监理工作的重点，强调"质量第一"的原则；

2) 贯彻"诚信守法、科学管理、热情服务、持续改进"的质量管理方针；

3) 遵循"预防为主、事前控制、严格监控、动态管理"的原则，把工程质量问题和隐患消除在萌芽状态，确保工程质量；

4) 坚持"上道工序未经监理核验签认，不许进入下道工序"的原则。

10.1.3 项目质量计划

1) 承包单位按质量管理体系的要求，针对项目的特点按监理单位、建设单位要求编制项目质量计划；

2) 在项目准备阶段，承包单位负责编制项目质量计划，并经本单位质量负责人审查后报监理单位、建设单位批准实施；

3) 项目实施过程中，项目监理部按照质量计划的要求对承包单位进行监督、检查，承包单位根据实际运行情况不断制定改进措施，并提出阶段性的评估及分析报告；

4) 工程竣工后，承包单位向监理单位、建设单位提交质量计划执行情况总结报告。

10.1.4 施工质量控制

10.1.4.1 对施工分包单位的选择

审查分包单位的资质、业绩及类似工程的经验，协助建设单位对承包单位的施工分包招标进行监督。

10.1.4.2 施工图会审及设计交底

施工图设计完成以后，监理单位参加建设单位组织的图纸会审，组织设计交底和专业技术专题论证，理解设计意图，配合建设单位审查设计文件，确定质量控制点。

10.1.4.3 审查承包单位质量保证体系

承包单位、施工分包单位必须建立健全质量保证体系，在开工前向监理单位申报，监理单位将不定期检查各单位质量保证体系的运行情况。

10.1.4.4　审核参建施工人员的资格

参加项目施工的各类人员（管理人员、技术人员、特殊岗位作业人员）均应持有相应的岗位证书，承包单位对有关人员的资质应进行严格管理，监理单位将不定期地检查持证上岗、人证相符情况。

10.1.4.5　审查施工组织设计、施工方案（技术措施）

施工组织设计、施工方案（技术措施）是施工单位用以指导施工准备、规划和组织施工活动的全面的指导性技术文件，由施工单位负责编写，其技术负责人审定，承包单位项目经理审批后报项目监理部审查。

10.1.4.6　进场设备、材料及构配件的质量控制

设备、材料和构配件的质量是施工质量的基础。所有进场设备、材料和构配件必须按程序向项目监理部进行报验，经监理检查确认合格后方可在工程上使用。

● 设备、材料和构配件的检查

进场设备、材料和构配件必须随带质量证明文件，以证明设备、材料和构配件的质量符合设计文件、合同约定和质量标准的要求。必要时某些重要材料（如水泥、钢材、阀门等）要按规定进行见证取样送权威机构检测试验。开箱检验中发现问题，由采购单位负责解决。

● 设备、材料和构配件现场保管

进入现场的设备、材料和构配件应分别集中在指定的地点，并按规定摆放，以免混放、错取；保管单位应采取可靠措施，以保证进入现场的设备、材料、构配件不受损坏和污染。

● 不合格品的标识与处理

通过承包单位、施工分包单位自检和监理单位检查，进入施工现场的设备、材料和构配件存在不符合设计文件、合同规定和质量标准要求的为不合格品；不合格品应采取隔离方法并进行标识；由采购单位负责处理，不能降等使用的应退出工程现场。

10.1.4.7　审批开工报告

● 单项工程开工报告由承包单位填写，报监理单位审核，建设单位负责审批。

● 专业开工报告由施工单位填写，报监理单位批准。

● 审核开工报告的过程。

承包单位按《开工报告审批备查表》的内容认真落实，并在表上签字确认，并报监理单位；监理单位对《开工报告审批备查表》的内容进行审核，对存在问题责成承包单位负责解决落实；如果全部满足开工条件要求，总监理工程师签字签发施工开工令。

10.1.4.8　施工过程质量控制

施工过程质量控制是工程施工监理的一项重要内容，制定质量控制点，对施工质量进行监督、检查和验收是施工过程质量监控的主要工作内容。各专业监理工程师要制订各自的监理实施细则，明确监理质量工作的有关监理工作程序、质量控制点、检查验收的方法、检查验收要求等内容。

施工过程中的各个质量环节，专业监理工程师要认真审查 A、B、C 三级质量控制点，按质量梯度分级管理。在日常监理工作中作好相应的记录，严格执行设计规定的质量检查验收标准规范。

1）质量控制点

① 质量控制点等级划分

质量控制点的划分，主要根据项目在施工过程中，按各工序质量对工程最终质量影响的

重要程序划分，将质量控制点的级别划分为 A、B、C 三个等级：

A 级：重要、关键工序的质量控制点（也称停检点）。该级控制点是指在施工过程或工序施工质量不能通过其后的检验或试验而充分得到验证的特殊过程或特殊工序。A 级控制点由监理单位、建设单位、承包单位和施工分包单位共同检查确认签证；未经检查确认严禁进入下道工序施工。

B 级：比较重要的质量控制点（也称见证点）。由监理单位、承包单位和施工分包单位共同检查确认签证。

C 级：一般质量控制点。由施工单位自行检查，监理人员可根据施工质量情况进行抽查。

② 质量控制点的实施程序

对 A 级控制点的检查程序：

承包单位在接到施工分包单位上报的报验通知单后，在确认施工分包单位自检并有自检记录的基础上，通知监理单位、建设单位、质监站（必要时）对控制点进行检查，承包单位会同监理单位、建设单位按约定时间参加控制点的检查，如检查合格按规定在交工资料上签字确认；如检查不合格要求承包单位督促施工分包单位限期整改后重新检查验收。监理单位、建设单位未按约定的时间到场检查，施工单位不得进行该项工作。如果承包单位未按规定对控制点报验，监理单位、建设单位专业工程师有权要求承包单位对隐蔽工程重新剥开进行检查。检查完成后，填写"A 级控制点检查记录"或隐蔽工程记录进行备案，以防漏检。

对 B 级控制点的检查程序：

承包单位在接到施工分包单位上报的报验通知单后，在确认施工分包单位自检并有自检记录的基础上，通知监理单位、建设单位现场代表（必要时）对控制点进行检查，承包单位会同监理单位按约定时间参加控制点的检查，如检查合格按规定在交工资料上签字确认；如检查不合格要求承包单位督促施工分包单位限期整改后重新检查验收。监理单位未按约定的时间到场检查，可视为同意。如果承包单位未按规定对控制点报验，监理单位专业工程师有权要求承包单位对隐蔽工程重新剥开进行检查。检查完成后，填写《B 级控制点检查记录》或隐蔽工程记录进行备案，以防漏检。

对 C 级控制点的检查程序：

施工分包单位按规定对控制点进行检查，并填写控制点质量检查记录，承包单位应加强对现场质量控制点的检查，发现问题及时要求施工分包单位进行整改。监理专业工程师进行巡视检查或根据工程具体情况进行随机抽查。

2）隐蔽工程验收

隐蔽工程验收是指工序施工需隐蔽的分项、分部工程，在其隐蔽前必须经过的验收。

隐蔽工程验收的确认内容，必须由施工单位的专职质检员在其自检合格的基础上，确认隐蔽工程验收记录内容的前提下，由承包单位专业技术人员和监理工程师对以上内容进行复验，并签字认可；隐蔽工程验收不合格的分项、分部工程，严禁转入下道工序的施工。

3）施工产品标识和可追溯性

施工单位应按施工承包合同要求编制施工产品标识和可追溯性的实施办法，并在施工过程中予以实施，监理公司抽查。

4）对施工单位监视和测量设备控制

① 用于工程项目的监视和测量设备（如水平仪、经纬仪、试验用仪表等）必须处于受控状态。承包单位在开工前必须对监视、测量设备向项目监理部进行报验，并附监视和测量

设备一览表，表中注明监视和测量设备的名称、规格型号、精度、检定周期、目前检定报告等，专业监理工程师接到报验表后，对现场监视、测量设备核查后，签署审核意见。

② 在项目施工过程中，监理工程师要审核承包单位实际所用的监视和测量设备是否是经批准使用的监视和测量设备，若不是或监视和测量设备已超期使用时，则要对承包单位监视和测量的结果进行评估，并追溯该设备所有监视和测量的结果且对其进行评估，对评估结果予以确认，必要时纠正其不合格的监视和测量结果。

5）特殊施工过程控制

① 对于特殊的施工过程，承包单位必须上报参加过程施工的人员（如电工、焊工、架子工、爆破工、无损探伤工、起重工等）名单及资质文件，监理工程师要审查其资质原件，并经必要的考试/考核合格后，承包单位特殊过程岗位人员方可上岗。

② 特殊的施工过程（如大件设备吊装、人工挖孔桩等深井作业、特殊钢材焊接等）要有特殊过程作业指导书或文件、技术方案，经监理工程师审查，总监批准后方可组织实施。

6）施工质量缺陷处理措施

① 质量缺陷的处理方式

在各项工程施工的过程中或完工以后，现场监理人员如发现工程项目存在着技术规范所不容许的质量缺陷，或不能与公认的良好工程质量相匹配时，根据缺陷的性质和严重程度，按如下方式处理：

a.当质量缺陷发生在萌芽状态时，及时制止（包括当场口头制止和出具监理工程师通知予以书面制止），要求承包人立刻更换不合格的材料、设备或不称职的施工人员，或要求立刻改变不正确的施工方法及操作工艺；

b.当质量缺陷已出现时，立刻向承包人发出暂停施工指令（先口头后书面），待承包人采取了能足以保证施工质量的有效措施，并对质量缺陷进行了正确的补救处理后，再书面通知恢复施工；

c.当质量缺陷发生在某道工序或单项工程完工以后，而且质量缺陷的存在将对下道工序或分项工程产生质量影响时，拒绝检查验收和工程计量，在对质量缺陷产生的原因及责任作出判定，并确定补救方案后，再进行质量缺陷的处理或下道工序或分项的施工；

d.在交工使用后的缺陷责任期内发现施工质量缺陷时，及时指令承包人进行修补、加固或返工处理。

② 对质量缺陷予以判定

a.首先是凭经验进行目测检查，而且目测的结论能被承包人的施工人员所接受；

b.如果监理人员无法以目测对质量缺陷作出准确的判断，或目测的判断不能使承包人所接受，立即通知材料测量或试验等有关单位人员和专业监理人员并会同承包人的自检及试验人员，进行见证取样或现场检验测试，检测结果作为认定质量缺陷存在与否的依据；

c.当质量缺陷被认定，而且质量缺陷的严重程度将影响工程安全时，应立即报告给总监理工程师，以便尽早责令停工并采取有效处理措施。

③ 质量缺陷的修补与加固

a.对因施工原因而产生的质量缺陷的修补与加固，先由承包人提出修补方案及方法报送专业监理工程师，专业监理工程师批准后方可实施；对因设计原因而产生的质量缺陷，通过总监向建设单位提出处理方案及方法，由承包人进行修补；

b.重大质量缺陷的修补，须召集有关专家会议，进行论证，经总监审批后方可进行；

c.修补措施及方法应不降低质量控制指标和验收标准,并应是技术规范允许的或是行业公认的良好工程技术;

d.如果已完工程的缺陷,并不构成对工程安全的危害,并能满足设计和使用要求时,经征得建设单位的同意,可不进行加固或返工处理;

e.如工程的缺陷属于承包人的责任,通过与建设单位及承包人的协商,降低对此项工程的支付费用。

7)工程变更(包含设计变更)的管理

工程变更是工程现场有关方提出的对工程实施内容的变更;设计变更是指由设计人员签发的对设计内容进行修改的文件。

工程变更经总监理工程师审核后,报建设单位同意,由设计单位出具设计变更文件,由监理部交承包单位实施。未经总监签发的工程变更,施工单位不能实施。

对建设单位提出的工程变更,总监主要审查变更的危害性和可行性;对施工单位提出的工程变更,总监主要审查变更的必要性和合理性。

由设计方自主提出的设计变更文件必须由设计人员和现场设计总代表确认后,由总监理工程师审核后,报建设单位同意,交承包单位实施。

8)组织竣工预验收和参加竣工验收

工程施工结束后,由总监理工程师组织竣工预验收并签署意见,建设单位、质监站、施工承包单位、分包单位参加。合格后,向建设单位出具初验合格报告;参加建设单位组织的工程竣工验收,并签署意见。

9)交工资料验收

• 交工资料验收,按有关交工技术文件规定或按合同规定执行;

• 建设单位有要求的按建设单位规定执行。

10.1.5 质量控制程序

10.1.5.1 施工准备阶段监理工作程序

10.1.5.2 施工阶段质量控制程序

10.1.6 施工质量过程控制文件资料控制

项目的文件资料是项目管理活动过程执行的依据和记录质量管理和控制的重要内容。

(1)控制的具体文件资料主要有:

a.有关工程建设的法规、标准和技术规范;

b.与工程有关的各类合同、协议、施工图纸、监理规划、施工组织设计及施工方案、质量管理体系文件、质量计划、程序文件等;

c.监理过程记录,包括各类报审表、报验表、验收记录、监理工程师通知及回复单、停工复工令、旁站监理记录、工程变更单、工程会议纪要、事故处理文件、监理日记、监理备忘录、工作联络单等;

d.与项目实施有关的文件、信函、信件以及电子文件。

(2)文件资料的控制程序

a.项目监理过程的记录,是实现监理过程可追溯性的重要依据,对上款 c 所列监理过程记录,施工单位和监理人员必须保证监理部留存归档的要求。

b.项目监理信息工程师,必须认真学习公司质量管理文件有关文件资料控制的有关规定。

c. 项目文件资料的管理要有专人负责，文件资料的编码、传递要按统一规定执行。

d. 接收文件时应进行验证其完整性和有效性，分类登记、编码归档。

e. 图纸、资料、文件、会议纪要的发送、发放要经总监批准，接收人在登记表上签署姓名及接收时间。

f. 及时清理和撤除失效和作废文件，保证项目现场和持有人使用有效文件。

g. 文件资料的发送、发放、借阅必须登记清楚。

h. 监理工程师的监理日志与记录是施工监理资料的重要组成部分，总监或总监代表要定期或不定期地检查监理工程师的工作，并查看其监理日志的记录是否准确、完整。

i. 监理工程师必须记录与保存各自的质量活动情况，对承包单位的各项验证、检验与试验，监理工程师都必须留有记录。

j. 项目结束后，按公司质量管理文件要求，项目监理部成员，按各自职责，将文件分类进行整理、归档。

10.2　工程进度控制措施

10.2.1　进度控制措施

（1）根据建设单位与承包单位签订的承包合同中所确定的工期，与建设单位商定工程进度控制总目标及其总体网络计划。

（2）承包单位编制的施工组织设计或施工方案中的工程进度计划，必须满足工程进度控制总目标。

（3）项目监理部多方面收集工程资料、信息，对工程项目总工期目标的动态实施进行分析、论证。

（4）根据项目总体进度计划及项目网络计划，协调各承包单位的进度，使其满足总体网络计划的要求。

（5）协调承包单位实施进度计划，组织工程进度协调会，协调设计、采购、施工的关系，保证按计划完成任务。

（6）在项目实施过程中，检查工程进度情况，随时将有关信息输入计算机，进行计划值与实际值的比较，发现偏离及时提出意见，协助承包单位修改其施工网络计划，调整资源配置或施工组织或采取合理施工工艺，追回延误的工期，实现进度计划控制总目标。

（7）具体利用组织措施、技术措施、经济措施、合同措施加强对工程进度的控制。

（8）定期编制工程进度月报，向建设单位汇报工程进度方面的进展情况。

10.2.2　施工阶段进度控制工作程序（略）

10.3　工程投资控制措施

10.3.1　投资控制的任务

（1）将建设单位和承包单位签订的工程承包合同中所确定的工程总价款作为投资控制的目标。

（2）根据建设单位和承包单位签订的工程承包合同中所确定的工程款支付方式，审核签认工程款支付申请。

（3）协助建设单位进行工程变更的工程量确认。监督工程项目各月度资金使用计划，并控制其执行。

（4）在项目实施过程中，每月进行投资计划值与实际值的比较，并每月提交各种投资控制报表。

（5）对计划、施工、工艺、材料及设备作必要的技术经济论证，以挖掘节约投资、提高经济效益的潜力。

（6）根据建设单位和承包单位签订的工程承包合同中所确定的工程款结算方式，协助建设单位进行项目的竣工结算。

（7）对工程变更、签证、索赔、反索赔提出意见。

10.3.2　投资控制工作程序（略）

10.3.3　投资控制方法及措施

10.3.3.1　投资控制方法

1）投资事前控制

投资事前控制的目的是进行工程风险预测，并采取相应的防范性对策，尽量减少承包单位提出索赔。

a.将概算进行分解，按界区分割切块管理，并按此控制造价，控制工程款拨付；依据工程图纸、概预算、合同工程量建立工程量台账。

b.通过风险分析，找出工程造价中容易突破的部分、最易发生费用索赔的原因及部位，并制定防范性的对策。

c.按合同规定的条件，督促建设单位按期提供施工场地，使承包单位能按期开工、正常施工。

d.督促承包单位按期、按质、按量地供应材料、设备等。

2）投资事中控制

a.按合同规定，及时答复承包单位提出的问题，以避免造成违约、索赔。

b.施工中协助建设单位主动做好外部协调工作，以避免造成违约、索赔。

c.对设计修改和工程变更持谨慎态度，在充分的技术经济合理性分析后再作决定，重大变更必须报建设单位批准并经设计单位编制设计变更文件后方能施工。

d.严格费用签证。凡涉及费用支出的停窝工签证、用工签证、使用机械签证、材料代用和材料调价等签证，必须由总监理工程师签认后方有效。

e.审查已完工程量，在分项工程质量符合设计及标准规范的条件下，签发工程进度款支付证书。

f.按合同规定，及时向承包单位支付进度款。

g.督促建设单位、承包单位全面履行工程承包合同。

h.定期向建设单位报告工程投资动态情况。

i.定期或不定期地进行工程费用超支分析，并提出控制工程费用突破的方案和措施。

3）投资事后控制

a.审核承包单位提交的工程结算书。

b.公正地处理承包单位提出的索赔。

10.3.3.2　投资控制措施

1）组织措施：建立健全监理组织，完善职责分工及有关制度，落实投资控制的责任；编制各阶段投资控制工作计划和详细的工作流程图。

2）技术措施：审核设计文件、施工组织设计和施工方案；对设计变更进行经济技术分析，严格控制施工中的设计变更；合理支出施工措施费，以及合理安排工期和资源，避免不必要的赶工费。

3) 经济措施：经常检查工程计量和工程款的支付情况，编制资金使用计划，分解投资控制目标，定期地进行投资实际支出值与计划目标值的比较、分析，发现偏差，分析产生偏差的原因，采取纠偏措施；严格审核各项费用支出，采取对节约工程投资有利的奖励措施。

4) 合同措施：严格执行双方签订的工程承包合同所确定的合同价、单价和约定的工程款支付办法支付工程款，防止过早、过量的资金支付；严格执行工程计量和工程款支付的程序和时限要求，在报验不全、与合同文件约定不符、未经质量签认合格或其他违约的情况下，坚持不予审核和计量；严格执行建设单位批准的设计变更程序和现场签证程序，审查和管理设计变更和现场签证，合理公正地处理由设计变更、合同变更和违约所引起的索赔费用。

10.4　合同管理与信息管理

10.4.1　合同的履行管理

合同管理工作的主要内容是对承包单位的活动进行规范、监督和检查，提醒建设单位全面履行合同义务，为项目创造必要的条件，尽量减少索赔事件，保证合同全面履行；监理单位合同管理工程师主要对承包合同的履行进行管理，该工程师按建设单位的要求向建设单位合同管理部门汇报合同履行情况。因此监理单位合同管理工程师应对合同进行认真的分析和研究，对合同执行情况进行跟踪了解，全面做好合同管理工作。

(1) 认真研究合同的所有文件，包括合同条款、合同谈判记录、备忘录等，熟悉合同谈判背景及相关资料。

(2) 在认真研究和分析合同文件的基础上，制定出合同管理主要控制点。

(3) 研究制定执行合同的策略，了解建设单位优先考虑和关心的事项，研究潜在风险的可能性，制定出防御和避免风险措施，并向建设单位提出专题报告。

(4) 承包单位应按合同约定的进度控制点计划、监理工程师批准的进度计划和建设单位在项目实施过程中提出的其他要求组织实施，在合同规定的工期内完成承包任务，尤其要准点到达合同约定的进度控制点，不得拖延开工日期、中间交接日期和竣工日期，否则将承担违约责任。监理部协助建设单位按合同约定履行自己的各项职责和义务，为工程开工和施工的顺利进行创造条件，尽量减少承包单位提出工期索赔的机会，促使其按计划完成承包任务。

(5) 项目实施过程中的进度控制主要由专业工程师负责。专业监理工程师要关心合同的进度控制点是否准时到达，是否按时开工、按时完工，如果发现进度计划偏离合同控制点，应及时向项目总监和有关人员发出合同风险预警报告，以便及时采取纠偏措施。另外，专业工程师应对影响施工进度的主要因素（如图纸交付、物资供应、资金状况、外部环境等）进行跟踪控制并作好记录。如在合同履行过程中，需对合同进行补充、修改，专业工程师应报告项目总监理工程师，以便组织召集相关人员处理合同变更事宜。

(6) 在项目执行过程中，项目监理部根据合同主要控制点对承包合同的履行情况进行跟踪、统计、分析和协调，建立合同台账，将所有合同文件（包括合同、合同附件、有关签证、记录、协议、合同变更、备忘录、函件、电报、电话记录、电传和电子邮件等）进行建档管理。项目总监对有关合同的重大事项，要及时报告建设单位，必要时向公司本部汇报有关情况。

(7) 在合同执行中发生合同纠纷或合同索赔时，总监负责联络索赔涉及的各方人员，包括进度、费用、质量、安全等管理人员研究索赔证据，及索赔事件产生的后果，包括进度和费用影响，并整理报告。

(8) 在项目结算时，项目监理部协助建设单位完成结算工作，并提供有关合同变更、索赔等资料。

(9) 建立合同管理的计算机信息系统，以满足决策者在合同管理信息方面的需要，提高管理水平。

10.4.2 合同跟踪管理

(1) 进度控制

专业监理工程师依据合同中关于进度的内容要求，对合同控制点、总体计划的变更、工期索赔和其他影响合同履行的有关进度的事件进行监控，以保证合同中有关进度的目标按合同要求实现。

1) 对承包单位提出的工期索赔，专业监理工程师提出审核意见，并将信息传递项目总监。

2) 项目总监应向专业工程师提供及反馈合同管理信息，包括：有关进度的合同控制点的设置、当月有关进度的控制点信息、总监发出的合同备忘录中有关进度的信息；工期索赔处理中总监的意见及最终得到批准的索赔工期。

(2) 投资控制

投资控制是合同管理的一个重要内容，项目总监依据总承包合同对分包合同款项的支付条件、费用索赔及其他影响总承包合同目标实现的有关费用的事件进行监控，以保证合同中有关投资目标的实现。

1) 总监定期收集费用信息，包括：合同款项支付信息；各分包单位累计发生的变更费用信息；费用控制目标是否正常的信息。

2) 总监负责起草合同备忘录、处理承包商提出的索赔报告，并及时向建设单位汇报。

(3) 质量控制

项目总监依据合同对项目的质量结果进行监控，以保证项目合同的质量目标得到实现。

1) 专业监理工程师定期收集质量信息，包括：各专业质量控制点及完成情况的信息；重大质量问题及处理的信息；质量计划及其重大变更。并将这些信息及时反馈给总监。

2) 总监应向专业工程师提供信息，包括：各专业与质量有关的合同控制点的设置；有关工程质量控制的建设单位要求信息；已发生的合同变更中有关质量的信息。以指导专业工程师按合同要求控制工程质量。

10.4.3 违约责任

总监应对合同中的违约责任条款进行认真研究和分析，跟踪检查承包单位是否有违约行为，并经常提醒建设单位有关人员履行合同规定的义务，避免违约事件的发生。如果发现承包单位有违约行为，总监应配合有关人员进行处理，制止违约事件的进一步延伸，必要时可向承包单位提出反索赔。

10.4.4 工程变更管理

工程变更一般包括设计变更、进度计划变更、施工条件变更、技术规范和标准变更、施工程序变更、工程数量变更。一切涉及分包范围变更、合同价款的调整、标准规范的变化等重大问题，均应通过谈判，分析对工程进度及费用的影响，取得一致意见后签订书面协议，作为合同不可分割的一部分。

总监应参与工程变更过程的跟踪管理，准确及时地从各专业工程师获得有关变更信息，分析哪些变更会对合同条款的约定的工程进度和工程费用产生影响，及时与承包单位进行协商，对合同进行补充、修改，并将这些信息形成报表或报告，并建立合同变更台账。

10.4.5　合同管理监理工作程序（略）

10.4.6　合同索赔与反索赔

（1）索赔的预控

为维护合同各方合法利益，保证建设单位与承包单位签订的合同顺利履行，减少索赔事项的发生，应做好以下几项工作：

1）审阅建设单位与承包单位签订的合同条款有无含糊字句及分工不明、责任界限不清的地方，索赔条款内容是否明确，为做好索赔预控创造条件。

2）协助建设单位督促有关各方严格履行合同，以达到预控质量、进度、费用等目的。

3）在工程实施过程中，严格控制工程变更，尽量减少不必要的工程签证，特别要控制有可能发生费用索赔的工程签证。

4）对于有可能发生费用索赔的变更或签证，要按建设单位的授权和施工合同的规定审核签认。

（2）索赔的处理

索赔事件一旦发生，总监组织专业监理工程师收集、整理有关证据，处理承包单位索赔和建设单位反索赔事项。

在本工程（或分部工程）完成以后，进行工程决（结）算，本着"合理合法，实事求是"的原则，划清索赔界线，处理好索赔争议。

10.4.7　合同纠纷与争议的解决

合同在履行过程中发生合同纠纷或争议后，项目总监按合同规定的处理程序进行处理。先应与合同当事人友好协商，力求达成一致意见，使问题得到解决。如协商未能达成一致意见，可通过合同管理部门进行调解，不愿调解或调解不成时，可向仲裁机构申请仲裁或向人民法院诉讼。

10.4.8　合同风险管理

由于各种客观条件的影响及不可抗力因素的存在，工程合同依然存在着风险，为了尽量降低风险减少损失，监理单位在合同谈判过程中应建设单位邀请，可参加建设单位组织的合同谈判，协助建设单位尽量完善合同条款，防止不必要的风险。对于不可避免的风险，由合同双方合理分担。同时，要加强合同履行管理，防范风险。还可以在分析工程风险的基础上，通过工程保险转移风险。

10.4.9　项目信息管理

建立工程项目在质量、安全、投资、进度、合同等方面的信息管理网络，在项目业主及各参建单位的配合下，收集、发送和反馈工程信息，形成信息共享。做好文件整理、保管和归档工作。指定文件分类整理、保管、归档责任人，有利于过程的控制和处理问题的快速有效；也有利于文件控制和文件的完整性。

10.4.9.1　文件、信息管理的任务

建立本工程项目监理的文件管理制度，所有监理文件均在现场信息管理工程师的控制之下，保持文件的完整性、保密性和可查性。

建立监理周报、月报和专题报告制度，定期或不定期向业主报告监理工作情况。

整理工程技术文件、资料，并编制归档。

10.4.9.2　文件、信息管理的方法

1）项目监理部按本公司有关规定，明确本工程项目的信息传递程序和方法，加强与业主、EPC单位、施工单位等的联系，保持本工程项目信息畅通，运转有效。

施工阶段监理资料包括：

- "总承包合同"及"监理合同"；
- 水文地质勘察报告；
- "监理规划"；
- "监理实施细则"；
- 分包单位资格报审表；
- 设计交底与图纸会审会议记录；
- "施工组织设计"报审表及审批意见；
- 工程开工/复工报审表及工程暂停令；
- 测量核验资料；
- 工程进度计划；
- 工程材料、构配件、设备的质量证明文件；
- 检查试验资料；
- 工程变更资料；
- 隐蔽工程验收资料；
- 工程计量表和工程款支付证书；
- "监理通知单"；
- 监理工作联系单；
- 报验申请表；
- 会议纪要；
- 来往函件；
- 监理日志；
- "监理月报"；
- 质量缺陷与事故处理文件；
- 分部工程、单位工程等验收资料；
- 索赔文件资料；
- 竣工结算审核意见书；
- 工程项目"质量评估报告"等专题报告；
- "监理工作总结"。

施工阶段的基本表式为：（略）

2）与业主商定施工单位竣工资料的有关要求（略）

3）根据合同规定，按规定的时限、方式报送报告、报表等（包括监理月报、周报、日报和监理工作阶段报告及专题报告）；及时传递和分送施工协调会和专题会议纪要。

4）督促施工单位制定相应的信息管理规定来保障信息的传递、更新和保存。

5）按照施工合同的规定检查验收施工单位的施工竣工资料，确保竣工资料符合业主要求。

6）全体监理人员及时做好现场监理记录与信息反馈。

7）按规定时间完成监理工作总结并报送给业主。

8）监理资料由信息管理工程师负责整理，监理服务合同完成或终止时按规定将监理资料移交给业主：

① 信息管理工程师应根据要求认真审核资料，不得接受经涂改的报验资料，并在审核整理后妥善存放。

② 信息管理工程师对收存的监理过程中的监理资料，应按单位工程建立案卷盒（夹），分专业存放保管并编目，方便检索。监理资料的收发、借阅必须通过管理人员履行手续。

③ 信息管理工程师负责收存、整理监理工作的各种文件、通知、记录、检测资料、图纸等，必要时报总监理工程师审签后，按照监理合同的约定交付给业主。

10.5　项目监理现场的综合管理和协调

项目监理部根据招标书及合同要求，主持工程建设有关协作单位的组织协调，主持召开工程协调会议及综合管线协调会议，调解有关工程建设各种合同争议，处理索赔事项。

10.5.1　总图的综合管理与协调

1）总体要求现场总图管理以设计总平面图和批准的施工总平面图为依据。

2）现场总图由监理协助建设单位统一规划、统筹管理，各承包单位应在施工组织设计中做出施工平面规划图，在监理和建设单位批准后实施，并对其各自施工区域的总图负责管理。

3）进入现场的各承包单位须服从监理的统一指挥。未经许可，不得任意占用场地、堆放物资或修建临时建筑物、构筑物；不得任意放设或拆除临时供水、供电线路；不得任意挖掘临时道路；不得堵塞、填满临时排水管渠，破坏排水系统；不得堵塞、断绝交通，尤其是消防通道。

4）凡涉及改变已批准的施工总平面图的各项活动，承包单位应事先提出书面申请，经监理和建设单位同意后方可实施。

5）全工程的综合管线协调由总监召开有建设单位、各相关施工承包单位、相关监理工程师参加的专题会议进行协商确定。

10.5.2　临时设施及临时占用场地的综合管理与协调

1）各承包单位临时堆放设备、材料、脚手架、预制件等其他物品时，必须按建设单位预先规划的位置堆放。

2）各承包单位搭建临时设施，必须按建设单位统一规划的方案进行布置、搭建。

3）原则上不允许承包单位利用正式建筑物作为施工临时设施，当承包单位需要短期使用时，必须书面向建设单位提出申请，经批准后才能使用，并且不得影响正式交工。

4）各承包单位材料、物品的堆放，应保证不影响相邻的其他承包单位的正常施工，并做到堆放整齐，妥善保管。

5）施工人员不得进入未完工建构筑物内临时居住。

10.5.3　道路的综合管理与协调

1）任何单位不得占用道路堆放物品、停放车辆。

2）任何单位不得在道路上进行施工作业，确属需要，必须向项目监理部提出申请，并得到监理批准后，方可实施。

3）确因工程需要，短期阻断某路段的交通，承包单位必须在1周前提出断路申请及断路方案，由监理和建设单位协调审查，于断路前3天予以答复，断路前两天指定车辆绕行路线或采取其他措施，并及时通知现场各有关单位。

10.5.4　施工用水、用电的综合管理与协调

1）施工现场需要架设临时电线、电缆，铺设临时水管，须提前3天提出铺设方案，经监理工程师审批后方可动工。架设的临时电线应符合安全管理规定。

2）现场任何单位未经许可不得擅自断水、断电而影响正常水、电供应。确因工作需要必须断水、断电，应提前提出书面申请，经监理和建设单位审查批准后，方可断水、断电。否则，由此而造成的后果及经济损失由责任者负责。

3）各承包单位不得随意排放生活及施工废水，必须按建设单位的规定排放到指定位置。

10.5.5　与各单位之间的协调

10.5.5.1　与建设单位的协调

1）准确理解建设工程总目标，把握建设单位意图。做好工程项目"三控二管一协调"工作及安全的监管工作，及时向建设单位通报工程进展情况。

2）尊重建设单位，加强与建设单位的沟通，维护建设单位合法权益，提供优质服务。

3）通过规范化、标准化、制度化的监理工作，提供及时、到位、有效的监理服务，增进建设单位对现场监理工作的理解和支持，促使各方协同一致，实现既定的工程建设目标。

10.5.5.2　施工承包单位的协调

对承包单位施工方面的综合管理和协调要做到公平、公正、实事求是，既要坚持原则，严格按规范、规程办事，又要讲究方式、方法，充分尊重承包单位、施工人员的人格，以理服人。

1）对承包单位项目经理关系的综合管理和协调

总监要经常与项目经理沟通，处理问题做到既要公正、坚持原则，又要通情达理并善于理解项目经理的意见；发出明确的指示，及时答复承包单位所提出的问题，及时督促项目经理落实业主和监理的决定；工作方法要灵活。

2）进度问题的综合管理和协调

施工进度的综合管理和协调就是综合考虑各单项工程施工进度计划，根据整个工程项目总体要求，加强与施工负责人的沟通，合理安排人力、物力，平衡各施工标段的施工节奏，促使整个监理工程施工进度按计划有序推进，达到预期的目标。

3）质量问题的综合管理和协调

在质量控制方面实行监理工程师质量签字认可制度。对没有出厂质量证明、不符合使用要求的原材料、设备和构件，不准使用；对工序交接实行报验签证，上道工序未完，不准进入下道工序；对不合格的工程部位不予计算工程量，不予支付工程款。在工程实施过程中，项目监理部要认真审查工程变更，合理计算价格，与有关各方充分协商，达成一致意见。

4）对承包单位违约的处理

在监理权限范围内，妥善处理承包单位的违约行为，并注意合理的时限。

5）合同争议的协调

首先采用协商解决的方式，协商不成由当事人向合同管理机关申请仲裁。

6）处理好人际关系

严格遵守职业道德，真诚与各施工单位及人员合作，共同促进工程的优质安全进展。

10.5.5.3　与设计单位的协调

1）真诚尊重设计单位的意见。组织设计单位向施工承包单位进行技术交底，介绍工程概况、设计意图、技术要求、施工难点等，把标准过高、设计遗漏、图纸差错等问题解决在

施工之前；施工阶段，严格按图施工，协调设计单位按合同规定时间出图，及时完善、更改设计；邀请设计单位参加基础验槽、专业工程验收、交工验收等工作；若发生工程质量事故，认真听取设计单位的处理意见。

2）施工中发现的设计问题，应及时向设计单位提出，以免造成重大损失。

3）加强与设计现场代表的沟通，及时协调施工过程中各种不可预见因素所导致的设计变更、施工联络单等，切实解决施工中遇到的设计问题。

10.5.5.4　与材料设备供应单位的综合管理和协调

1）协调材料设备供应进度

供应进度受到诸多因素的制约，协调供应与施工的进度关系，是项目协调工作中最关键的部分。在协调工作中，需要有关各方紧密配合。与供应单位的进度协调由承包单位自行协调，监理单位予以检查督促。

2）协调材料设备供应质量问题

材料设备供应质量是工程质量的基础，没有材料设备质量作保证，将无法保证工程质量。承包单位采购的材料设备出现质量问题时，应由承包单位自行协调解决，监理单位予以监督。

10.5.5.5　与质量监督站的协调

1）协助建设单位做好工程质量监督站对工程质量监督检查活动的组织准备工作。在进行工程质量控制和质量问题处理时，要做好与工程质量监督站的交流和协调。

2）出现重大质量事故，在承包单位采取急救、补救措施的同时，应敦促承包单位立即向上级有关部门报告情况，接受检查和处理。

10.5.5.6　与地方的协调

1）工程建设应争取当地居民的理解，要督促承包单位在施工中注意防止环境污染和对周边居民点居民生活的干扰，坚持做到文明施工，与地方保持和谐关系。

2）协调与社会团体的关系

工程建设会引起社会各界关注，通过监理的协调，促使参与工程建设有关各方把握机会，适时宣传，自我约束，诚信互赢，争取社会各界对工程建设的关心、理解和支持。

10.5.6　监理内部的综合管理和协调

1）总监根据工程进展情况，合理安排监理人员进场和调整监理人员工作。

2）建立健全项目监理部管理制度，明确各监理人员职责分工。

3）总监通过监理部内部学习培训，不断提高监理人员的素质。

4）总监定期或不定期检查各监理人员职责履行情况，并及时进行讲评。

5）总监要及时了解、掌握监理人员思想动态，疏导监理人员不良思想情绪，充分调动全体监理人员的工作积极性。

6）采取积极措施，及时消除工作中的矛盾和冲突，维护监理内、外部的和谐氛围。

7）加强对监理设施的管理，做好监理资源的合理配置。

10.5.7　现场综合管理和协调的措施

（1）会议协调法：主要是定期召开监理例会、协调会，不定期召开专题会、设计交底等（详见5.6.8款）。

（2）交谈协调法：包括面对面的交谈和电话交谈两种形式。

（3）访问协调法：主要用于外部协调中，有走访和邀访两种形式。

（4）情况介绍法：形式上主要有口头的，也伴有书面的，通常与其他综合管理和协调方法结合在一起使用。

10.6　交工及缺陷责任期的监理方法（略）

10.7　工地会议

10.7.1　工地会议的组织形式

工地会议一般采用如下几种组织形式

①工地例会；②设计交底会；③专题会（技术方案讨论会、重大进度调整会等）；④事故分析会；⑤各种形式协调会。

10.7.2　工地会议的主要内容及规定

1）工地例会（工程协调会议）。工地例会第一次会议由建设单位主持，主要就项目前期工作进行部署，介绍各有关单位基本情况，提出总的工程要求，并明确对项目监理机构的授权；总监提出对承包单位的监理要求等。以后的工地例会由总监理工程师主持，一般每周召开一次。会议纪要由监理机构负责起草并经与会代表签字，总监理工程师签字盖章后下发。纪要的主要内容为：

- 检查上次会议事项落实情况。
- 对现阶段工程进度、质量、投资、安全管理、合同管理、信息管理情况进行讲评。
- 部署下一阶段工作，协调解决有关问题。
- 对有关问题作出决议或形成意见，向有关部门报告和反映情况。

2）设计交底会。

3）专题会（包括综合管线协调会议）。专题会一般由专业监理工程师或总监理工程师主持，根据各专业需要不定期召开。会议纪要由专业监理工程师负责起草，并经与会代表签字和总监理工程师签字盖章后下发。

①专业工程师根据项目情况就有关问题和需要进行讨论的事项组织进行，具体内容根据具体事项议定。

②有关各方就有关问题协商形成具体意见，提出要求等。

③未尽事宜向有关部门报告。

4）事故分析会。事故分析会分为质量事故分析会和安全事故分析会两类，具体要求参照有关规定执行。

5）其他各种形式协调会。其他各种形式会议的规定依实际情况在监理细则中再另行规定。

11　监理工作制度

11.1　施工图会审及设计交底制度

监理工程师在收到承包人设计文件、图纸后，于开工前会同有关单位参加承包人图纸会审及设计交底，复查设计图纸，避免图纸出现差错或遗漏。会后形成会议纪要作为施工依据。

11.2　施工组织设计（施工方案）审核制度

监理工程师应对承包人提交的施工组织设计（或施工方案）进行审核，施工组织设计（或施工方案）一经审核批准，各方均应按照核准的方案、意见进行施工和检查，不得擅自变更施工及检验程序、方法。如需更改，需重新报批。

11.3　工程开工申请制度

当工程主要施工准备工作已完成，已进行施工设计图纸会审及交底，施工组织设计（或施工方案）已审核批准后，承包人应提交《工程开工报告书》，监理工程师现场核实无误签署意见后，报总监理工程师、建设单位批准后开工。开工报告未经批准，承包人不得擅自开工。

11.4　单项工程（或单位工程）中间交接制度

（1）单项工程承包人完成后，达到了合同规定的"基本竣工"要求，通过合同规定的质量检查后，承包人应以书面形式提出工程交接申请，同时附上在规定时间内完成未尽事宜的书面保证及完整的工程竣工资料。

（2）监理工程师收到承包人以书面形式提出的《工程交接申请》后，对工程完成情况及工程未尽事宜进行复核，同意后通知建设单位对工程进行预验收。

11.5　工程质量检验制度

监理工程师对承包人的施工质量有监督管理的权利和责任。

（1）监理工程师在检查工程中发现一般的质量问题，应随时通知承包人及时改正并作好记录。检验不合格时，可发出监理工程师通知单限期整改，整改后回复监理工程师复验。

（2）如承包人不及时改正，情节较严重的，总监理工程师可在报请建设单位批准后，签署部分工程暂停指令。待承包人整改后，报监理工程师进行复验，合格后由总监理工程师发出部分工程复工指令。

（3）承包人对单位工程、分部工程及分项工程完工并经自检合格后，填写工程报验单，经监理工程师现场检验合格后，签署工程报验单。

（4）承包人逐月填写"工程质量检验评定统计表"，监理人员填写"工程质量月报表"。

11.6　工程质量事故处理制度

（1）凡在建设过程中，由于承包人原因，造成工程质量不符合规范或设计要求超出验收标准规定的偏差范围，需做返工处理的统称工程质量事故。

（2）工程质量事故发生后，承包人必须以书面形式逐级上报。

（3）凡对工程质量事故隐瞒不报，或拖延处理，或处理不当，或处理结果未经工程师同意的，对事故部分或受事故影响的部分工程均为不合格工程，待合格后，再补办签证手续。

（4）承包人应及时上报质量问题报告单，并抄报建设单位和监理单位各一份。对于工程质量事故，由承包人研究处理，填写事故报告一式二份报监理单位。对于较大的质量事故，由承包人填写事故报告一式三份报监理和建设单位，由承包人提出处理方案经监理单位和有关单位审核批准后实施；对于重大质量事故，承包人填写事故报告一式四份报监理单位，由承包人提出事故处理报告，报有关单位研究，经建设单位和政府质检部门批准后，承包人方能进行事故处理。

（5）事故处理后，经监理单位复查，确认无误，方可继续施工。

11.7　施工进度监督及报告制度

（1）监督承包人严格按照承包合同规定的计划进度组织实施，审查承包人提交的各类进度报表，分析进度偏差，提出补救意见。

（2）监理单位每月以月报的形式向建设单位报告各项工程进度完成情况。

11.8　设计变更/工程变更管理制度

如因设计考虑不周，或发现实际情况与设计不符时，由设计单位或由承包人提出设计变更/工程变更申请，报监理审查。对于增加费用、延长工期的变更，由承包人提出变更增加费用申请报监理审查，变更申请应报建设单位批准后转交设计单位进行设计变更。承包人方可依据设计变更进行变更。

11.9 监理组织工作制度

（1）会议制度

A.一周例会

召开时间：每周五。

主持人：总监理工程师。

参加单位及人员：承包人项目经理、技术质量负责人及安全负责人，建设单位代表或委派人员，监理工程师及有关监理员。

会议内容：检查讲评一周内承包人施工质量、安全及进度情况，发生的事故处理，讨论影响施工质量、安全、进度的因素及应采取的措施以及其他需协调的问题。

会议纪要：由项目监理部编写分发。

B.专题会议

召开时间：临时决定。

主持人：监理工程师/总监（或专业监理工程师）。

参加单位及人员：有关单位及人员，由监理工程师通知。

会议内容：各类需要单独研究的事项或紧急事故进行讨论。

会议纪要：由项目监理部编写分发。

（2）监理日志制度

监理日志是重要的工程档案资料，每位监理人员应按日将所从事的监理工作写入监理日志，监理日志的内容必须真实、准确、完整。监理日志按公司统一印制的格式和规定填写，总监进行不定期检查并签署。

（3）监理月报制度

监理月报每月1期，于每月5日发出，按公司规定的统一格式内容编制，监理月报一式三份，建设单位一份，现场监理部、监理公司本部各一份。监理月报由信息管理工程师在各专业工程师的协助下编制，总监理工程师审签后发出。

11.10 监理职业准则

（1）维护国家的荣誉和利益。

（2）按照"守法、诚信、公正、科学"的职业准则执业。

（3）维护业主利益及其他参建方的合法权益。

（4）维护本监理公司的荣誉和利益。

11.11 监理行为规范

（1）执行有关工程建设的法律法规、标准规范和制度，履行监理合同规定的义务和职责。

（2）努力学习专业技术和建设监理知识，不断提高业务水平和监理水平。

（3）不同时在两个或两上以上监理单位注册和从事监理活动，不在政府部门和施工、材料设备的生产供应等单位兼职，不以个人名义承揽监理业务。

（4）不为所监理项目指定承建商、建筑构配件供应商、设备供应商、材料供应商。

（5）不收受任何礼金。

（6）不泄露受监理工程参建各方认为需要保密的事项。

12　监理工作设施（略）

【案例 3】

某施工，实施过程中发生如下事件：

事件 1：总监理工程师对项目建立机构的部分工作安排如下：

造价控制组：①研究制定预防索赔措施；②审查确认分包单位资格；③审查施工组织设计与施工方案。

质量控制组：④检查成品保护措施；⑤审查分包单位资格；⑥审批工程延期。

事件 2：为有效控制建设工程质量、进度、投资目标，项目监理机构拟采取下列措施开展工作：

（1）明确施工单位及材料设备供应单位的权利和义务。

（2）拟定合理的承发包模式和合同计价方式。

（3）建立健全实施动态控制的监理工作制度。

（4）审查施工组织设计。

（5）对工程变更进行技术经济分析。

（6）编制资金使用计划。

（7）采用工程网络计划技术实施动态控制。

（8）明确各级监理人员职责分工。

（9）优化建设工程目标控制工作流程。

（10）加强各单位（部门）之间的沟通协作。

事件 3：采用新技术的某专业分包工程开始施工后，专业监理工程师编制了相应的监理实施细则，总监理工程师审查了其中的监理工作方法和措施等主要内容。

【问题】

（1）逐项指出事件 1 中总监理工程师对造价控制组和质量控制组的工作安排是否妥当。

（2）逐项指出事件 2 中各项措施分别属于组织措施、技术措施、经济措施和管理措施中的哪一项。

（3）指出事件 3 中专业监理工程师做法的不妥之处，总监理工程师还应审查监理实施细则中的哪些内容。

【参考答案】

（1）不妥当。其中，②审查确认分包单位资格和③审查施工组织设计与施工方案均应属于质量控制组工作，⑥审批工程延期属于进度控制组工作。

总监理工程师对造价控制组的安排不妥当。理由：②审查确认分包单位资格和③审查施工组织设计与施工方案均应属于质量控制组工作。

总监理工程师对质量控制组的安排不妥当。理由：⑥审批工程延期属于进度控制组工作。

（2）组织措施有（1）、（3）、（8）、（9）、（10）；技术措施有（4）、（7）；经济措施有（5）、（6）；合同措施有（2）。

（3）在采用新技术的某专业分包工程开始施工后，专业监理工程师才编制监理实施细则不妥。

总监理工程师还应审查监理实施细则以下几个方面：编制依据、内容的审核；项目监理人员的审核；监理工作流程、监理工作要点的审核；监理工作制度的审核。

根据《监理规范》规定，监理实施细则可随工程进展编制，但必须在相应工程施工前完成，并经总监理工程师审批后实施。

【案例4】

业主将钢结构公路桥建设项目的桥梁下部结构工程发包给甲施工单位，将钢梁的制作、安装工程发包给乙施工单位。业主还通过招标选择了某监理单位承担该建设项目施工阶段监理任务，并提出了项目监理规划编写的几点要求：①为使该项目监理规划有针对性，要分别编写两份监理规划；②项目监理规划要把握项目运行的内在规律；③项目监理规划的表达方式应规范化、标准化、格式化；④根据桥梁架设进度，监理规划可分阶段编写。但编写完成后，应由监理单位审核批准并报业主认可，一经实施，就不得再行修改。

【问题】

请逐条回答监理工程师提出的上述监理规划编写要求是否妥当，为什么？

【参考答案】

在总监理工程师提出的监理规划编写要求中，第①条要求不妥，因为一份监理合同只能编写一份监理规划；第②条要求妥当，因为监理规划的主要作用是指导项目监理组织全面开展监理工作，监理工程师只有把握建设项目运行的内在规律，才能对该项工程实施有效的监理；第③条要求妥当，因为监理规划的编写只有规范化、标准化、格式化，才能使监理规划表达得更明确、简洁、直观，才能便于审查和实施；第④条不妥，监理规划可以修改，但应按原审批程序报监理单位审批，并经业主认可。

本章作业

一、单选题

1. 根据《监理规范》(GB/T 50319—2013)，监理规划应在（ ）编制。
   A. 接到监理中标通知书及签订建设工程监理合同后
   B. 签订建设工程监理合同及收到施工组织设计文件后
   C. 接到监理投标邀请书及递交监理投标文件前
   D. 签订建设工程监理合同及收到设计文件后

2. 根据《监理规范》，下列文件资料中，可作为监理实施细则编制依据的是（ ）。
   A. 工程质量评估报告　　　　　　B. 专项施工方案
   C. 已批准的可行性研究报告　　　D. 监理月报

3. 监理实施细则需经（ ）审批后实施。
   A. 总监理工程师代表　　　　　　B. 工程监理单位技术负责人
   C. 总监理工程师　　　　　　　　D. 相应专业监理工程师

4. 监理规划编制完成后，须经（ ）审核批准。
   A. 总监理工程师　　　　　　　　B. 监理单位经营部门负责人
   C. 监理单位技术负责人　　　　　D. 监理单位负责人

5. 监理实施细则可随工程进展编制，应由（ ）审批后实施。
   A. 监理员　　　　　　　　　　　B. 总监理工程师

C. 专业监理工程师　　　　　　　　D. 总监理工程师代表

二、案例分析

【案例分析1】

某业主计划将拟建的工程项目的实施阶段委托光明监理公司进行监理，监理合同签订以后，总监理工程师组织监理人员对制定监理规划问题进行了讨论，有人提出了如下一些看法：

（1）监理规划的作用与编制原则如下：

① 监理规划是开展监理工作的技术组织文件；

② 监理规划的编制应符合监理合同、项目特征及业主的要求；

③ 监理规划应一气呵成，不应分阶段编写；

④ 应符合监理大纲的有关内容；

⑤ 应为监理细则的编制提出明确的目标要求。

（2）监理规划文件分为三个阶段制定，各阶段的监理规划交给业主的时间安排如下：

① 监理规划应在设计单位开始设计前的规定时间内提交给业主；

② 施工招标阶段监理规划应在招标书发出后提交给业主；

③ 施工阶段监理规划应在正式施工后提交给业主。

【问题】

监理单位讨论中提出的监理规划的作用及基本原则是否恰当？哪些项目不应该编入监理规划？

【案例分析2】

某工程，建设单位和施工单位按《建设工程施工合同（示范文本）》签订了施工合同，在施工合同履行过程中发生如下事件：

事件1：工程开工前，总监理工程师主持召开了第一次工地会议。会后总监理工程师组织编制了监理规划，报送建设单位。

事件2：施工过程中，由于施工单位遗失工程某部位设计图纸，施工人员凭经验施工，现场监理员发现时，该部位的施工已经完毕。监理员报告了总监理工程师，总监理工程师到现场后，指令施工单位暂停施工，并报告建设单位。建设单位要求设计单位对该部位结构进行核算。经设计单位核算，该部位结构能够满足安全和使用功能的要求，设计单位电话告知建设单位，可以不作处理。

事件3：由于事件2的发生，项目监理机构认为施工单位未按图施工，该部位工程不予计量；施工单位认为停工造成了工期拖延，向项目监理机构提出了工程延期申请。

事件4：主体结构施工时，由于发生不可抗力事件，造成施工现场用于工程的材料损坏，导致经济损失和工期拖延，施工单位按程序提出了工期和费用索赔。

【问题】

（1）指出事件1中的不妥之处，写出正确做法。

（2）指出事件2中的不妥之处，写出正确做法。该部位结构是否可以验收？为什么？

（3）事件3项目监理机构对该部位工程不予计量是否正确？说明理由。项目监理机构是否应该批准工程延期申请？为什么？

（4）事件4中施工单位提出的工期和费用索赔是否成立？为什么？

附录 监理工作基本表式（示例）

1. 监理报表体系

（1）A类表（工程监理单位用表）

表 A.0.1 总监理工程师任命书

表 A.0.2 工程开工令

表 A.0.3 监理通知单

表 A.0.4 监理报告

表 A.0.5 工程暂停令

表 A.0.6 旁站记录

表 A.0.7 工程复工令

表 A.0.8 工程款支付证书

（2）B类表（施工单位报审、报验用表）

表 B.0.1 施工组织设计/（专项）施工方案报审表

表 B.0.2 工程开工报审表

表 B.0.3 工程复工报审表

表 B.0.4 分包单位资格报审表

表 B.0.5 报验申请表

表 B.0.6 工程材料/构配件/设备报审表

表 B.0.7 ＿＿报审、报验表

表 B.0.8 分部工程报验表

表 B.0.9 监理通知回复单

表 B.0.10 单位工程竣工验收报审表

表 B.0.11 工程款支付报审表

表 B.0.12 施工进度计划报审表

表 B.0.13 费用索赔报审表

表 B.0.14 工程临时/最终延期报审表

（3）C类通用表

表 C.0.1 工作联系单

表 C.0.2 工程变更单

表 C.0.3 索赔意向通知书

2. B类表（施工单位报审、报验用表）填报说明

（1）施工组织设计或（专项）施工方案报审表。

施工单位编制的施工组织设计、施工方案、专项施工方案经其技术负责人审查后，需要连同《施工组织设计或（专项）施工方案报审表》一起报送项目监理机构。

先由专业监理工程师审查后，再由总监理工程师审核签署意见。

《施工组织设计或（专项）施工方案报审表》需要由总监理工程师签字，并加盖执业印章。对于超过一定规模的危险性较大的分部分项工程专项施工方案，还需要报送建设单位审批。

（2）工程开工报审表。

单位工程具备开工条件时，施工单位需要向项目监理机构报送《工程开工报审表》。

同时具备下列条件时，由总监理工程师签署审查意见，并报建设单位批准后，总监理工程师方可签发《工程开工令》：

1）设计交底和图纸会审已完成；

2）施工组织设计已由总监理工程师签认；

3）施工单位现场质量、安全生产管理体系已建立，管理及施工人员已到位，施工机械具备使用条件，主要工程材料已落实；

4）进场道路及水、电、通信等已满足开工要求。

《工程开工报审表》需要由总监理工程师签字，并加盖执业印章。

（3）工程复工报审表。

导致工程暂停施工的原因消失，具备复工条件时，施工单位需要向项目监理机构报送《工程复工报审表》。

总监理工程师签署审查意见，并报建设单位批准后，总监理工程师方可签发《工程复工令》。

（4）分包单位资格报审表。

施工单位按施工合同约定选择分包单位时，需要向项目监理机构报送《分包单位资格报审表》及相关证明材料。《分包单位资格报审表》由专业监理工程师提出审查意见后，由总监理工程师审核签认。

（5）施工控制测量成果报验表。

施工单位完成施工控制测量并自检合格后，需要向项目监理机构报送《施工控制测量成果报验表》及施工控制测量依据和成果表。专业监理工程师审查合格后予以签认。

（6）工程材料、构配件、设备报审表。

施工单位在对工程材料、构配件、设备自检合格后，应向项目监理机构报送《工程材料、构配件、设备报审表》及相关质量证明材料和自检报告。专业监理工程师审查合格后予以签认。

（7）_____报验、报审表。

该表主要用于隐蔽工程、检验批、分项工程的报验，也可用于为施工单位提供服务的试验室的报审。专业监理工程师审查合格后予以签认。

（8）分部工程报验表。

分部工程所包含的分项工程全部自检合格后，施工单位应向项目监理机构报送《分部工程报验表》及分部工程质量控制资料。在专业监理工程师验收的基础上，由总监理工程师签署验收意见。

（9）监理通知回复单。

施工单位在收到《监理通知单》后，按要求进行整改、自查合格后，应向项目监理机构报送《监理通知回复单》。

项目监理机构收到施工单位报送的《监理通知回复单》后，一般可由原发出《监理通知单》的专业监理工程师进行核查，认可整改结果后予以签认。重大问题可由总监理工程师进行核查签认。

（10）单位工程竣工验收报审表。

单位（子单位）工程完成后，施工单位自检符合竣工验收条件后，应向项目监理机构报送《单位工程竣工验收报审表》及相关附件，申请竣工验收。

总监理工程师在收到《单位工程竣工验收报审表》及相关附件后，应组织专业监理工程师进行审查并签署预验收意见。《单位工程竣工验收报审表》需要由总监理工程师签字，并加盖执业印章。

（11）工程款支付报审表。

该表适用于施工单位工程预付款、工程进度款、竣工结算款等的支付申请。项目监理机构对施工单位的申请事项进行审核并签署意见，经建设单位批准后方可作为总监理工程师签发《工程款支付证书》的依据。

（12）施工进度计划报审表。

该表适用于施工总进度计划、阶段性施工进度计划的报审。

施工进度计划在专业监理工程师审查的基础上，由总监理工程师审核签认。

（13）费用索赔报审表。

施工单位索赔工程费用时，需要向项目监理机构报送《费用索赔报审表》。项目监理机构对施工单位的申请事项进行审核并签署意见，经建设单位批准后方可作为支付索赔费用的依据。

《费用索赔报审表》需要由总监理工程师签字，并加盖执业印章。

（14）工程临时或最终延期报审表。

施工单位申请工程延期时，需要向项目监理机构报送《工程临时或最终延期报审表》。

项目监理机构对施工单位的申请事项进行审核并签署意见，经建设单位批准后方可延长合同工期。

《工程临时或最终延期报审表》需要由总监理工程师签字，并加盖执业印章。

3.监理工作基本表式示例

表 A.0.1　总监理工程师任命书

工程名称：　　　　　　　　　　　　　　　　　　　　　　　编号：

致：＿＿＿＿＿＿＿＿＿＿＿＿＿＿（建设单位）

　　兹任命＿＿＿＿＿＿（注册监理工程师注册号：＿＿＿＿＿）为我单位＿＿＿＿＿＿＿＿＿＿项目总监理工程师。负责履行建设工程监理合同、主持项目监理机构工作。

工程监理单位（盖章）

法定代表人（签字）

　　年　　月　　日

注：本表一式三份，项目监理机构、建设单位、施工单位各一份。

表 A.0.2　工程开工令

工程名称：　　　　　　　　　　　　　　　　　　　编号：

致：＿＿＿＿＿＿＿＿＿＿＿＿＿＿＿（施工单位）

　　经审查,本工程已具备施工合同约定的开工条件,现同意你方开始施工,开工日期为：＿＿＿年＿＿＿月＿＿＿日。

　　附件：工程开工报审表

项目监理机构（盖章）

总监理工程师（签字、加盖执业印章）

年　　月　　日

注：本表一式三份，项目监理机构、建设单位、施工单位各一份。

表 A.0.3 监理通知单

工程名称： 编号：

致：＿＿＿＿＿＿＿＿＿＿＿＿＿＿（施工项目经理部）

事由:关于特种作业人员上岗资质事宜。

内容:经查,你项目部特种作业人员塔吊司机(刘某某)的上岗证已经过期,电焊工(陈某某)没有上岗证,均属于违章操作。必须立即停止操作,更换具有有效上岗证的操作人员。

签收人(签字)＿＿＿＿＿

项目监理机构(盖章)

总/专业监理工程师(签字)

年 月 日

注：本表一式三份,项目监理机构、建设单位、施工单位各一份。

表 A.0.4　监理报告

工程名称：××工程　　　　　　　　　　　　　　　　　　编号：BG-001

致：＿＿＿＿＿＿＿某质量监督站＿＿＿＿＿（主管部门）

　　由×××建设工程有限责任公司(施工单位)施工的＿＿＿＿＿＿＿一层混凝土框架柱(工程部位)，在钢筋安装工程未经监理机构验收的情况下，擅自进行模板的安装，我监理机构已于××年××月××日发出《监理通知单 TZ-002》，要求拆除模板进行验收；施工单位不但不拆除模板，反而开始浇筑该部位的混凝土；我方又于××年××月××日签发了《工程暂停令 ZT-001》，施工单位仍不停止施工。

　　特此报告。

　　附件：

　　1.《监理通知单 TZ-002》。

　　2.《工程暂停令 ZT-001》。

　　3.照片二张。

　　　　　　　　　　　　　　　　　　　　　　项目监理机构(盖章)

　　　　　　　　　　　　　　　　　　　　　　总监理工程师(签字)

　　　　　　　　　　　　　　　　　　　　　　　　××年××月××日

注：本表一式四份，主管部门、建设单位、工程监理单位、项目监理机构各一份。

表 A.0.5　工程暂停令

工程名称：××工程　　　　　　　　　　　　　　　　编号：T-001

致：××公司××项目部(施工项目监理部)

　　由于××工程基坑开挖导致基坑北侧 5 个监测点的水平位移,从××年××月××日起,连续 3 天的位移量超过了设计报警值,现通知你方于××年××月××日 16 时起,暂停基坑开挖施工,并按下述要求做好后续工作。

　　要求：

　　1.暂停基坑开挖,采取有效措施控制因基坑变形而导致的基坑北侧的管线位移。

　　2.启动应急预案,控制基坑继续变形。

　　签收人(签字)＿＿＿＿＿＿

项目监理机构(盖章)

总监理工程师(签字、加盖执业印章)

××年××月××日

注：本表一式三份,项目监理机构、建设单位、施工单位各一份。

表 A.0.6　旁站记录

工程名称：　　　　　　　　　　　　　　　　　　　　　编号：

旁站的关键部位、 关键工序	一层剪力墙、柱， 二层梁、板混凝土浇筑	施工单位	
旁站开始时间	年　月　日　时　分	旁站结束时间	年　月　日　时　分

旁站的关键部位、关键工序施工情况：

　　采用××商品混凝土，天泵车输送，2台振捣棒振捣，现场施工员1名，质检员1名，泥工8名，护筋工2名，护模工2名，水电护管工1名，人工收浆，共浇捣混凝土695m³（其中一层墙、柱C40 230m³，二层梁、板C35 465m³），施工情况正常。

　　现场见证取样制作试块10组（C35 6组，5标养，1同条件；C40 4组，3标养，1同条件）。

　　检查施工单位现场质检人员到岗情况，施工单位按施工方案进行施工，检查混凝土标号和出场合格证，检查结果正常。

　　剪力墙、柱、梁、板浇捣顺序按照方案执行。

　　现场抽检混凝土坍落度，梁、板C35为175mm、190mm、185mm、175mm（设计坍落度为180mm±30mm），剪力墙、柱C40为175mm、185mm、175mm（设计坍落度为180mm±30mm）。

　　现场抽检板厚，1-3/A-C轴为9.8cm（设计为10cm）、6-10/B-F轴为12.1cm（设计为12cm）、×-×/×-×轴为×cm（设计为×cm）、×-×/×-×轴为×cm（设计为×cm）、×-×/×-×轴为×cm（设计为×cm）、×-×/×-×轴为×cm（设计为×cm）、×-×/×-×轴为×cm（设计为×cm）。

发现的问题及处理情况：

　　浇捣至××处开始下小雨，为避免混凝土外观质量受影响，指令施工单位做好防雨措施，进行表面覆盖，已整改。

旁站监理人员（签字）

年　　　月　　　日

注：本表一式一份，项目监理机构留存。

表 A.0.7 工程复工令

工程名称： 编号：

致：＿＿＿＿＿＿＿＿（施工项目经理部）

我方发出的编号为＿＿＿＿＿＿＿＿《工程暂停令》，要求暂停施工的＿＿＿＿＿＿＿＿部位（工序），经查已具备复工条件。经建设单位同意，现通知你于＿＿＿年＿＿＿月＿＿＿日时起恢复施工。

附件：工程复工报审表

项目监理机构（盖章）

总监理工程师（签字、加盖执业印章）

年 月 日

注：本表一式三份，项目监理机构、建设单位、施工单位各一份。

表 A.0.8　工程款支付证书

工程名称：　　　　　　　　　　　　　　　　　　　　编号：

致：＿＿＿＿＿＿＿＿＿＿＿＿（施工单位）

　　根据施工合同约定，经审核编号为＿＿＿＿＿＿工程款支付报审表，扣除相关款项后，同意支付工程款共计（大写）

＿＿＿＿＿＿＿＿＿＿＿＿＿＿＿＿＿＿＿＿＿＿＿＿＿（小写：＿＿＿＿＿＿＿＿＿＿＿＿＿＿＿＿）。

　　其中：

　　　　□ 施工单位申报款为：

　　　　□ 经审核施工单位应得款为：

　　　　□ 本期应扣款为：

　　　　□ 本期应付款为：

　　附件：工程款支付报审表及附件

　　　　　　　　　　　　　　　　　　　项目监理机构（盖章）

　　　　　　　　　　　　　　　　　　　总监理工程师（签字、加盖执业印章）

　　　　　　　　　　　　　　　　　　　　　　　　年　　月　　日

　　注：本表一式三份，项目监理机构、建设单位、施工单位各一份。

表 B.0.1 施工组织设计/(专项) 施工方案报审表

工程名称：　　　　　　　　　　　　　　　　　　　　　编号：

致：　　　　　　　　　　　　　　　　(项目监理机构) 　　我方已完成　　　　　　　工程施工组织设计/(专项)施工方案的编制和审批,请予以审查。 　　附件:□ 施工组织设计 　　　　　□ 专项施工方案 　　　　　□ 施工方案   　　　　　　　　　　　　　　　　　　　　施工项目经理部(盖章) 　　　　　　　　　　　　　　　　　　　　　项目经理(签字) 　　　　　　　　　　　　　　　　　　　　　　　年　月　日
审查意见: 　　1.编审程序符合相关规定; 　　2.本施工组织设计编制内容能够满足本工程施工质量目标、进度目标、安全生产和文明施工目标均满足施工合同要求; 　　3.施工平面布置满足工程质量进度要求; 　　4.施工进度、施工方案及工程质量保证措施可行; 　　5.资金、劳动力、材料、设备等资料供应计划与进度计划基本衔接; 　　6.安全生产保障体系及采用的技术措施基本符合相关标准要求。 　　　　　　　　　　　　　　　　　　　　专业监理工程师(签字) 　　　　　　　　　　　　　　　　　　　　　　　年　月　日
审核意见: 　　同意专业监理工程师的意见,请严格按照施工组织设计组织施工。   　　　　　　　　　　　　　　　　　　项目监理机构(盖章) 　　　　　　　　　　　　　　　　　　总监理工程师(签字、加盖执业印章) 　　　　　　　　　　　　　　　　　　　　　年　月　日
审批意见(仅对超过一定规模的危险性较大的分部分项工程专项施工方案):   　　　　　　　　　　　　　　　　　　建设单位(盖章) 　　　　　　　　　　　　　　　　　　建设单位代表(签字) 　　　　　　　　　　　　　　　　　　　　　年　月　日

注：本表一式三份,项目监理机构、建设单位、施工单位各一份。

表 B.0.2　　工程开工报审表

工程名称：　　　　　　　　　　　　　　　　　　　　　　　　　编号：

致：＿＿＿＿＿＿＿＿＿＿＿＿＿＿＿＿＿＿＿＿（建设单位）

　　＿＿＿＿＿＿＿＿＿＿（项目监理机构）

　　我方承担的＿＿＿＿＿＿＿＿＿＿＿工程，已完成相关准备工作，具备开工条件，申请于＿＿＿＿年＿＿＿＿月＿＿＿日开工，请予以审批。

　　附件：证明文件资料

施工单位（盖章）

项目经理（签字）

年　　　月　　　日

审核意见：

　　1. 本项目已进行设计交底及图纸会审，图纸会审中的相关意见已经落实。

　　2. 施工组织设计已经项目监理机构审核同意。

　　3. 施工单位已建立相应的现场质量、安全生产管理体系。

　　4. 相关管理人员及特种施工人员资质已审查并到位，主要施工机械已进场并验收完成，主要工程材料已落实。

　　5. 现场施工道路及水、电、通信及临时设施已按施工组织设计落实。

　　经审查，本工程现场准备工作满足开工要求，请建设单位审批。

项目监理机构（盖章）

总监理工程师（签字、加盖执业印章）

年　　　月　　　日

审批意见：

建设单位（盖章）

建设单位代表（签字）

年　　　月　　　日

注：本表一式三份，项目监理机构、建设单位、施工单位各一份。

表 B.0.3 工程复工报审表

工程名称：   编号：

致：_____(项目监理机构)

  编号为_____《工程暂停令》所停工的_____部位(工序)已满足复工条件,我方申请于_____年

_____月_____日复工,请予以审批。

  附件:证明文件资料

施工项目经理部(盖章)

项目经理(签字)

年 月 日

审核意见：

  施工单位已采取有效的措施进行整改,具备复工条件,同意复工要求。

项目监理机构(盖章)

总监理工程师(签字)

年 月 日

审批意见：

  经核查,条件已具备,同意复工要求。

建设单位(盖章)

建设单位代表(签字)

年 月 日

  注：本表一式三份、项目监理机构、建设单位、施工单位各一份。

表 B.0.4 分包单位资格报审表（范例）

工程名称：××工程   编号：FB-001

致：监理部(项目监理机构)

    经考察,我方认为拟选择的××公司(分包单位)具备承担下列工程的施工或安装资质和能力,可以保证,请予以审查。

分包工程名称(部位)	分包工程量	分包工程合同额
智能建筑专业工程	包括综合布线、广播、网络、门禁、安防	2500.00 万元
合　计		2500.00 万元

    附件:1.分包单位资质材料:营业执照、资质证书、安全生产许可证复印件。

        2.分包单位业绩材料:近3年类似工程施工业绩。

        3.分包单位专职管理人员和特种作业人员的资格证书。

        4.施工单位对分包单位的管理制度。

项目经理(签字)_____

××年××月××日

审查意见：

    经核查,××公司具有智能建筑专业施工资质,未超资质范围承担业务;已取得全国安全生产许可证,且在有效期内;各类人员资格符合要求,人员配置满足工程施工要求;具有同类施工资历,且无不良记录。

专业监理工程师(签字)_____

××年××月××日

审核意见：

    同意××公司进场施工。

项目监理机构(盖章)

总监理工程师(签字)_____

××年××月××日

    注：本表一式三份,项目监理机构、建设单位、施工单位各一份。

表 B.0.5 施工控制测量成果报验表

工程名称： 编号：

致：_____(项目监理机构)

我方已完成_____的施工控制测量,经自检合格,请予以查验。

附件:1.施工控制测量依据资料;

2.施工控制测量成果表。

施工项目经理部(盖章)

项目技术负责人(签字)

年 月 日

审查意见:

经复核,控制网复核方位角传递均联系两个方向,水平角观测误差均在原来的度盘上两次复测无误;距离测量复核符合要求。

应对工程基准点、基准线,主轴线控制点实施有效保护。

项目监理机构(盖章)

专业监理工程师(签字)

年 月 日

注：本表一式三份,项目监理机构、建设单位、施工单位各一份。

表 B.0.6　工程材料、构配件、设备报审表

工程名称：××工程　　　　　　　　　　　　　　　　编号：CL-001

致：××监理部(项目监理机构)：

　　于××年××月××日进场的拟用于工程<u>挖孔桩桩身的钢筋 HRB400 φ 25 钢筋</u>,经我方检验合格,现将相关资料报上,请予以审查。

　　附件:1.工程材料、构配件或设备清单:本次进场钢筋清单;

　　　　2.质量证明文件:

　　　　1)质量证明书;

　　　　2)钢筋见证取样复试报告。

　　　　3.自检结果:

　　　　外观、尺寸符合要求。

施工项目经理部(盖章)

项目经理(签字)：＿＿＿＿＿＿

××年××月××日

审查意见：

　　经复查,上述工程材料符合设计文件和规范的要求,同意进场并使用于拟定部位。

项目监理机构(盖章)

专业监理工程师(签字)＿＿＿＿＿＿

××年××月××日

注：本表一式二份,项目监理机构、施工单位各一份。

表 B.0.7　钢筋安装工程检验批报审/报验表（范例）

工程名称：××工程　　　　　　　　　　　　　　　　编号：JYP-009

致：××监理部(项目监理机构)
我方已完成<u>一层框架柱钢筋安装</u>工作，经自检合格，现将相关资料报上，请予以审查或验收。 　　附件：1.隐蔽工程检查记录(检查记录的编号、日期)； 　　　　　2.检验批质量验收记录(验收记录的编号、日期)； 　　　　　3.本部位所用钢筋的合格证、复检报告编号。   　　　　　　　　　　　　　　　　　　　　　　　施工项目经理部(盖章) 　　　　　　　　　　　　　　　　　　　项目经理或项目技术负责人(签字)：＿＿＿＿＿＿ 　　　　　　　　　　　　　　　　　　　　　　　　　　　　××年××月××日
审查或验收意见： 　　经现场验收检查，钢筋安装质量符合设计文件和规范的要求，同意进行下一道工序的施工。   　　　　　　　　　　　　　　　　　　　　　　　项目监理机构(盖章) 　　　　　　　　　　　　　　　　　　　专业监理工程师(签字)＿＿＿＿＿＿ 　　　　　　　　　　　　　　　　　　　　　　　　　　　　××年××月××日

　　注：本表一式二份，项目监理机构、施工单位各一份。

　　(本表适用于检验批、隐蔽工程、分项工程的报验。也可用于关键部位或关键工序施工前的施工工艺质量控制措施和施工单位试验室、试验测试单位、重要材料/构配件/设备供应单位、试验报告、运行调试等其他内容的报审)

表 B.0.8　分部工程报验表
（以主体结构工程为例）

工程名称：　　　　　　　　　　　　　　　　　　　　　编号：

致：＿＿＿＿＿＿＿＿＿＿＿＿＿＿＿＿＿＿＿＿（项目监理机构）

　　我方已完成＿＿＿＿＿＿＿＿＿＿＿＿＿＿（分部工程），经自检合格，请予以验收。

附件：分部工程质量资料

1．主体结构分部（子分部）工程质量验收记录；

2．单位（子单位）工程质量控制资料核查记录（主体结构分部）；

3．单位（子单位）工程安全和功能检验资料核查及主要功能抽查记录（主体结构分部）；

4．单位（子单位）工程观感质量检查记录（主体结构分部）；

5．主体混凝土结构子分部工程结构实体混凝土强度验收记录；

6．主体结构分部工程质量验收证明书。

施工项目经理部（盖章）

项目技术负责人（签字）

××年××月××日

验收意见：

1．主体结构工程施工已完成；

2．各分项工程所含的检验批质量符合设计和规范要求；

3．各分项工程所含的检验批质量验收记录完整；

4．主体结构安全和功能检验资料核查及主要功能抽查符合设计和规范要求；

5．主体结构混凝土外观质量符合设计和规范要求；

6．主体结构实体检测结果合格。

专业监理工程师（签字）

××年××月××日

验收意见：

　　同意验收。

项目监理机构（盖章）

总监理工程师（签字）

××年××月××日

注：本表一式三份，项目监理机构、建设单位、施工单位各一份。

表 B.0.9 监理通知回复单

工程名称：××工程　　　　　　　　　　　　　　　　编号：TZH-008

致：××监理部(项目监理机构)

我方接到编号为 TZ-005 的监理通知单后,已按要求完成相关工作,请予以复查。

附件:需要说明的问题

根据项目监理机构所提出的要求,我公司在接到通知后,立即对通知单中所提钢筋安装过程出现的问题进行整改:

1.对于③-④轴上层钢筋保护层过厚的问题,已通过增加钢筋支架数量、提高楼板上层钢筋标高的措施进行整改;

2.已按设计要求调整楼板预留洞口的补强钢筋和八字筋。

附件:整改后图片 3 张

施工项目经理部(盖章)

项目经理(签字)：＿＿＿＿＿

××年××月××日

复查意见:

经复查验收,已对通知单中所提问题进行了整改,并符合设计和规范要求。要求在今后的施工过程中引起重视,避免此类问题的再发生。

项目监理机构(盖章)

总监理工程师或专业监理工程师(签字)＿＿＿＿＿

××年××月××日

注：本表一式三份,项目监理机构、建设单位、施工单位各一份。

表 B.0.10　单位工程竣工验收报审表

工程名称：　　　　　　　　　　　　　　　　　　　　编号：

致：_____(项目监理机构)
我方已按施工合同要求完成_____工程,经自检合格,现将有关资料报上,请予以验收。

附件:1.工程质量验收报告;

　　　2.工程功能检验资料:

　　1)单位(子单位)工程质量竣工验收记录;

　　2)单位(子单位)工程质量资料核查记录;

　　3)单位(子单位)工程安全和功能检验资料核查及主要功能抽查记录;

　　4)单位(子单位)工程观感质量检查记录。

施工单位(盖章)

项目经理(签字)

年　　月　　日

预验收意见：

　　经预验收,该工程合格/不合格,可以/不可以组织正式验收。

项目监理机构(盖章)

总监理工程师(签字、加盖执业印章)

年　　月　　日

　　注：本表一式三份,项目监理机构、建设单位、施工单位各一份。

表 B.0.11 工程款支付报审表

工程名称： 编号：

致：_____（项目监理机构）

　　根据施工合同约定,我方已完成_____工作,建设单位应在_____ 年___ 月___ 日

前支付工程款共计(大写)_____(小写：_____),请予以审核。

　　附件：

　　　　□ 已完成工程量报表

　　　　□ 工程竣工结算证明材料

　　　　□ 相应支持性证明文件

施工项目经理部(盖章)

项目经理(签字)

年　　　月　　　日

审查意见：

　　　　□ 施工单位应得款为：

　　　　□ 本期应扣款为：

　　　　□ 本期应付款为：

　　附件：相应支持性材料

专业监理工程师(签字)

年　　　月　　　日

审核意见：

　　经核查,专业监理工程师审查结果正确,请建设单位审核。

项目监理机构(盖章)

总监理工程师(签字、加盖执业印章)

年　　　月　　　日

审批意见：

建设单位(盖章)

建设单位代表(签字)

年　　　月　　　日

　　注：本表一式三份,项目监理机构、建设单位、施工单位各一份；工程竣工结算报审时本表一式四份,项目监理机构、建设单位各一份,施工单位二份。

表 B.0.12　施工进度计划报审表

工程名称：　　　　　　　　　　　　　　　　　　编号：

<table>
<tr><td colspan="2">
致：_____(项目监理机构)

　　根据施工合同约定,我方已完成_____工程施工进度计划的编制和批准,请予以审查。

　　附件:□ 施工总进度计划

　　　　　□ 阶段性进度计划

施工项目经理部(盖章)

项目经理(签字)

年　　月　　日

</td></tr>
<tr><td colspan="2">
审查意见:

　　施工总进度计划:经审核,本工程总进度计划施工内容完整,总工期满足合同要求,符合国家相关工期管理规定,同意按此计划组织施工。

　　阶段性进度计划:经审核,施工内容完整,施工顺序合理,工期计划满足总进度计划要求,同意按此计划组织施工。

专业监理工程师(签字)

年　　月　　日

</td></tr>
<tr><td colspan="2">
审核意见:

　　同意按此计划组织施工。

项目监理机构(盖章)

总监理工程师(签字)

年　　月　　日

</td></tr>
</table>

注:本表一式三份,项目监理机构、建设单位、施工单位各一份。

表 B.0.13 费用索赔报审表

工程名称：××工程 　　　　　　　　　　　　　　　　　编号：SP-002

致：××监理部(项目监理机构)
根据施工合同专用合同条款第 16.1.2 第(4)、(5)条款,由于甲供材料未及时进场,致使工程工期延误,且造成我公司现场施工人员停工的原因,我方申请索赔金额(大写)叁万伍仟元人民币,请予批准。 　　索赔理由:因甲供进口大理石未按时到货,造成我司现场工人窝工,及其他后续工序无法进行。 　　附件:索赔金额的计算   　　　　　　　　　　　　　　　　　　　　　　　　　项目经理部(盖章) 　　　　　　　　　　　　　　　　　　　　　　　　　项目经理(签字)：_____ 　　　　　　　　　　　　　　　　　　　　　　　　　　　　××年××月××日
审核意见: 　　同意此项索赔。 　　理由:由于停工 10 天中有 3 天为施工单位应承担的责任,另外有 2 天虽为开发商应承担的责任,但不影响机械使用及人员可另作安排别的工种工作,此 2 天只须赔付人工降效费,只有 5 天须赔付机械租赁费及人员窝工费。 　　　　　　　　　　5×(1000+15×100)+2×5×50＝13500(元) 　　注:根据协议解析租赁费每天按 100 元、人员窝工费每天按 100 元、人工降效费每天按 50 元计算。   　　　　　　　　　　　　　　　　　　　　　　　　　项目监理机构(盖章) 　　　　　　　　　　　　　　　　　　　　　　　　　总监理工程师(签字)_____ 　　　　　　　　　　　　　　　　　　　　　　　　　　　　××年××月××日
审批意见: 　　同意监理意见。   　　　　　　　　　　　　　　　　　　　　　　　　　建设单位(盖章) 　　　　　　　　　　　　　　　　　　　　　　　　　建设单位代表(签字)_____ 　　　　　　　　　　　　　　　　　　　　　　　　　　　　××年××月××日

　　注：本表一式三份，项目监理机构、建设单位、施工单位各一份。

表 B.0.14 工程临时/最终延期报审表

工程名称：××工程　　　　　　　　　　　　　　　　　　编号：YQ-002

致：××监理部(项目监理机构)

　　根据施工合同第2.4、第7.5条(条款)，由于<u>非我方原因停水、停电</u>原因，我方申请工程临时/最终延期　2　(日历天)，请予批准。

　　附件：1.工程延期依据及工期计算：16小时/8小时＝2(天)；

　　　　　2.证明材料：(1)停水通知/公告；(2)停电通知/公告。

项目经理部(盖章)

项目经理(签字)：_____

××年××月××日

审核意见：

　　同意临时或最终延长工期　2　(日历天)。工程竣工日期从施工合同约定的××年××月××日，延迟到××年××月××日。

项目监理机构(盖章)

总监理工程师(签字)_____

××年××月××日

审批意见：

　　同意临时延长工程工期2天。

建设单位(盖章)

建设单位代表(签字)_____

××年××月××日

注：本表一式三份，项目监理机构、建设单位、施工单位各一份。

表 C.0.1 工作联系单

工程名称：××工程 编号：GZ-L001

<table>
<tr><td>

致：××监理部(项目监理机构)
　×××公司恩施州传媒中心项目部(施工项目监理部)

　　我方已于设计单位商定于××年××月××日上午 9 时进行本工程设计交底和图纸会审工作,请贵方做好有关准备工作。

发文单位(盖章)

负责人(签字) ＿＿＿＿＿＿

××年××月××日

</td></tr>
</table>

注：本表一式三份，项目监理机构、建设单位、施工单位各一份。

表 C. 0. 2　工程变更单

工程名称：××工程　　　　　　　　　　　　　　　　　编号：BG-002

致：××项目指挥部、××建筑设计院、××监理部
由于 HRB365 ϕ 12 钢筋不能及时供货原因，兹提出工程 3 层梁板钢筋改用 HRB4005 ϕ 12 钢筋代换，钢筋间距作相应调整工程变更，请予以审批。

附件：1. 变更内容；

　　　2. 变更设计图；

　　　3. 相关会议纪要。

变更提出单位：＿＿＿＿＿＿＿＿

负责人：＿＿＿＿＿＿＿＿＿

××年××月××日

工程数量增或减	无
费用增或减	无
工期变化	无

同意	同意
       施工项目经理部(盖章) 项目经理(签字)：＿＿＿＿＿＿	 设计单位(盖章) 设计负责人(签字)＿＿＿＿＿＿
同意	同意
       项目监理机构(盖章) 总监理工程师(签字)＿＿＿＿＿	 建设单位(盖章) 负责人(签字)＿＿＿＿＿

　　注：本表一式四份，建设单位、项目监理机构、设计单位、施工单位各一份。

表 C.0.3 索赔意向通知书

工程名称：××工程 　　　　　　　　　　　　　　　编号：SPTZ-001

致：××项目指挥部
　　××监理部
　　根据《建设工程施工合同》专用合同条款第 16.1.2 第(4)、(5)(条款的约定)，由于发生了甲供材料未及时进场，致使工程工期延误，且造成我司现场施工人员窝工事件，且该事件的发生非我方原因所致。为此，我方向×××指挥部(单位)提出索赔要求。

　　附件：索赔事件资料

　　　　　　　　　　　　　　　　　　　　　　　提出单位(盖章)

　　　　　　　　　　　　　　　　　　　　　　　负责人(签字)_____

　　　　　　　　　　　　　　　　　　　　　　　××年××月××日

注：本表一式三份，项目监理机构、建设单位、施工单位各一份。

参考文献

[1] 中国建设监理协会.建设工程监理概论.北京：中国建筑工业出版社，2019.

[2] 栗继祖.建设工程监理.北京：机械工业出版社，2018.

[3] 李惠强.建设工程监理.第 3 版.北京：中国建筑工业出版社，2017.

[4] 中国建设监理协会.建设工程监理案例分析.第 4 版.北京：中国建筑工业出版社，2019.

[5] 巩天真，张泽平.建设工程监理概论.第 4 版.北京：北京大学出版社，2018.

[6] 李明安.建设工程监理操作指南.第 2 版.北京：中国建筑工业出版社，2017.

[7] 周国恩.工程监理概论.第 2 版.北京：化学工业出版社，2018.

[8] 中国建设监理协会.建设工程监理合同（示范文本）应用指南.北京：知识产权出版社，2012.

[9] 马静.建设工程监理.西安：西安交通大学出版社，2015.

[10] 本书编委会.建设工程质量、投资、进度控制：全国监理工程师资格考试历年真题详解＋权威预测试卷.第 2 版.北京：中国建筑工业出版社，2019.

[11] 中国建设监理协会.建设工程进度控制.北京：中国建筑工业出版社，2019.

[12] 中国建设监理协会.建设工程质量控制.北京：中国建筑工业出版社，2019.

[13] 中国建设监理协会.建设工程投资控制.北京：中国建筑工业出版社，2019.

[14] 全国一级建造师执业资格考试用书编写委员会.项目管理.北京：中国建筑工业出版社，2019.

[15] 中国建设监理协会.建设工程合同管理.北京：中国建筑工业出版社，2019.

[16] 中国建设监理协会.建设工程监理规范 GB/T 50319—2013 应用指南.北京：中国建筑工业出版社，2013.